예제 중심의
쉽게 따라할 수 있는
3D모델링

SOLIDWORKS
솔리드웍스

이정호 · 김병남 · 한원신 공저

SOLIDWORKS의 가장 기본이 되는 기능과 실무에서 사용할 때 꼭 필요한 TIP들을
예제를 중심으로 직접 실습하면서 자연스럽게 익힐 수 있도록 구성

 예문사

산업의 급속한 성장과 함께 CAD프로그램 또한 괄목한 만한 발전을 이루었으며, 이러한 추세는 실제로 현장에서 프로그램을 다루어야 할 설계자들에게 업무에서의 전문성과 기술적 역량을 지속적으로 향상시킬 것을 요구하고 있습니다.
그러나 이러한 현실적 요구나 그 효용성에도 불구하고 '3차원CAD는 다루기 어렵다'는 인식 때문에 대부분의 2DCAD 사용자들이 3차원CAD의 사용을 꺼리는 경향이 있습니다.

이 책에서 다루고 있는 SolidWorks는 설계자가 편하게 접할 수 있고 기능 또한 전반적인 설계업무에 적합하게 만들어져 있어 누구나 쉽게 3차원CAD에 적응할 수 있게 해줄 뿐 아니라, 다양한 제조산업 분야의 제품설계 및 제작에 필수적인 소프트웨어로 강력하고 다양한 기능을 가진 프로그램입니다. 또한 다른 3차원CAD 프로그램에 비해 직관적인 인터페이스를 가지고 있어 처음 접하는 설계자도 쉽게 모델링을 할 수 있으며 도면과 파트, 조립품의 연계성을 유지해 설계자의 의도대로 쉽게 편집과 수정이 가능하다는 장점도 지니고 있습니다.

본서는 SolidWorks의 가장 기본이 되는 기능과 실무에서 사용할 때 꼭 필요한 Tip들을 예제를 중심으로 직접 실습하면서 자연스럽게 익힐 수 있도록 구성하였기 때문에 누구든지 편하게 프로그램을 다룰 수 있게 될 것입니다.

끝으로 이 책이 독자들에게 요긴한 학습교재로서 사용되기를 바라며, 출간을 위해 많은 도움을 주신 이건춘님과 예문사 장충상 전무님, 그리고 편집부 직원들께 감사의 인사를 전합니다.

저자

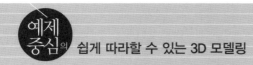

예제 중심의 쉽게 따라할 수 있는 3D 모델링

SolidWorks

PART

SolidWorks 시작하기

02 PART

SolidWorks 따라하기

CONTENTS

SolidWorks

PART 01 | SolidWorks 시 작 하 기

01 SolidWorks란

기계설계자동화 소프트웨어는 기능을 쉽게 익힐 수 있는 Windows^{TM}그래픽 환경(GUI)을 채택한 피처기반, 파라메트릭 솔리드 모델링 설계도구입니다.
사용자는 설계의도를 살리기 위해 자동 또는 사용자 지정 구속조건을 통해 구속조건을 적용하거나 적용하지 않은 상태로 완전 연관된 3D 솔리드 모델을 작성할 수 있습니다.

02 파라메트릭

피처 작성 시 사용된 치수와 구속관계가 모델에 포함되고 저장됩니다.
이 모델링 기법을 통해 설계 의도를 표현하고 모델을 간편하게 변경할 수 있습니다.

03 피처

SolidWorks에는 두 가지 유형의 피처가 있습니다.

1 스케치 피처
돌출, 회전, 스윕, 로프트와 같은 피처로 도형 스케치에 적용하여 만드는 피처를 말합니다.

2 적용 피처
모따기, 필렛, 쉘과 같은 피처로 스케치 없이 모델에 직접 적용하는 피처를 말합니다.

파트의 첫 번째 피처를 베이스(기초 피처)라고 하며, 다른 피처를 작성하는 기초가 됩니다.
베이스 피처는 돌출, 회전, 스윕, 로프트, 곡면 두껍게, 판금 플랜지 등이 될 수 있지만, 대부분은 베이스 피처로 사용됩니다. SolidWorks 파트를 만들 때 사용할 수 있는 일부 피처들은 아래와 같습니다.

- 돌출 : 돌출은 2D 스케치를 3D 모델로 돌출시켜 피처를 만드는 기능을 가지며, 베이스(재질 붙이기), 보스(흔히 돌출의 다른 방향에 재질 추가) 또는 컷(재질 제거)이 있습니다.
- 회전 : 하나 이상의 프로파일을 중심선을 기준으로 회전하여 재질을 추가하거나 제거하는 피처를 만듭니다. 피처는 솔리드, 얇은 벽 또는 곡면이 될 수 있습니다.

- 로프트 : 프로파일 사이를 연결하여 피처를 만드는 로프트는 베이스, 보스, 컷, 곡면일 수 있습 니다.
- 스윕 : 스윕은 경로를 따라 프로파일(단면)을 이동하여 만드는 베이스, 보스 또는 컷입니다.

04 치수

SolidWorks 도면의 치수는 모델과 연관되어 있어 모델에서 변경하면 도면에 반영됩니다.
모델 치수. 보통 치수는 각 파트 피처를 만들 때 작성한 다음 이를 여러 도면 뷰에 삽입합니다. 모 델에서 치수를 변경하면 도면이 업데이트되고 도면에 삽입된 치수를 변경하면 모델이 변경됩니다.

05 SolidWorks 사용자 인터페이스

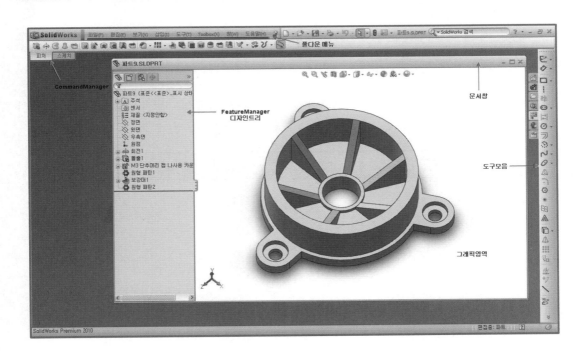

(1) 도구모음

1 도구모음 꺼내기

SolidWorks 창틀 빈 공간에 마우스 오른쪽 버튼을 클릭합니다. 팝업 창이 뜨면 꺼내져 있는 도구모음이 체크되어 있습니다. 다른 도구모음을 꺼내고자 할 경우에는 체크하면 됩니다.

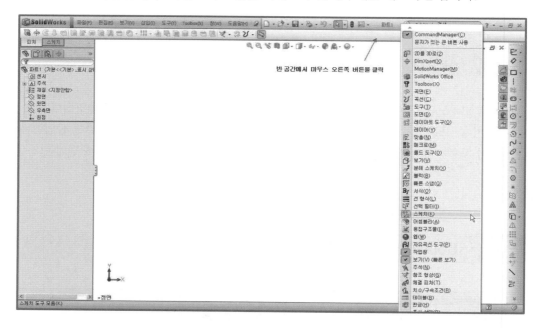

2 꺼내온 도구모음 배치하기

마우스 왼쪽 버튼을 누른 상태에서 도구모음의 왼쪽 세로 줄을 놓고 싶은 곳으로 드래그 하여 위치를 잡습니다.

3 해당 도구모음에 필요한 아이콘 추가하기

예를 들어 스케치에 관련된 아이콘이 필요하여 추가하려면 SolidWorks 창틀 빈 공간에 마우스 오른쪽 버튼을 클릭하고 사용자 정의를 클릭합니다. 사용자 정의 창이 뜨면 명령탭을 클릭하고 카테고리에서 스케치 도구모음을 선택한 다음 필요로 하는 버튼을 도구모음으로 드래그해 놓습니다.

잘 사용하지 않는 아이콘을 없애는 방법은 위의 과정을 역순으로 하면 됩니다. 그러나 사용자 정의 명령에서 해당 카테고리를 선택하지 않아도 위치를 찾아갑니다.

4 명령어 바로가기 지정하기

사용자 정의 창에서 키보드 탭을 클릭하고 바로가기를 지정하고 싶은 명령어를 선택한 후 바로가기란에 문자를 입력하여 바로가기를 지정합니다. 예를 들어 스케치 도구모음의 사각형 명령어의 바로가기를 R 로 지정하고, R 을 누르면 사각형 명령이 실행됩니다. 또한 Ctrl 과 Shift 의 조합으로 바로가기를 지정할 수 있습니다. Ctrl 을 누른 채 R 을 누르면, Ctrl + R 이 지정되고, Ctrl 을 누른 채 Shift 와 R 을 누르면, Ctrl + Shift + R 이 지정됩니다.

현재 변경사항을 취소하려면, 취소를 클릭합니다.

지정된 바로가기를 제거하려면, 명령어를 선택하고 바로가기 제거(R)를 클릭합니다.

모든 바로가기를 시스템 기본값으로 재설정하려면, 기본값으로 재설정(D)을 클릭합니다.

(2) FeatureManager 디자인트리

설계자의 작업내용을 확인하고 순차적으로 저장되며, 작업수정을 할 수 있습니다.

1 작업내용에 관련된 항목의 이름 변경

작업내용에 관련된 항목의 이름을 변경하고자 할 때에는 변경하려는 항목에 마우스를 대고 왼쪽 버튼을 시간 차를 두고 두 번 클릭하여 해당 항목에 커서가 깜빡거리면 원하는 이름을 입력하여 변경합니다.

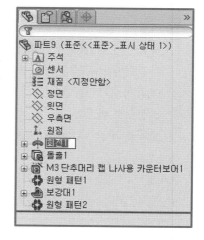

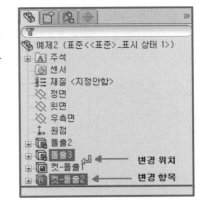

② 작업순서 변경하기

설계의도 또는 잘못된 작업순서를 변경하고자 할 경우 변경
하고자 하는 항목을 선택한 후 드래그하여 순서를 재조정합
니다.

③ 작업수정

스케치나, 피처 등의 작업에 관한 수정을 원할 경우, 해당 항목을 선택한 후 마우스 오른쪽 버튼
을 누르고 스케치편집이나, 피처편집을 선택합니다. 그런 후에 해당 작업을 바로 수정하거나 해
당 항목을 클릭하여 치수를 보이도록 해서 수정하고자 하는 치수를 더블클릭하여 수정합니다.

여기서 변경된 치수를 형상에 적용하려고 하면 재생성 **⑧** (Ctrl + B)를 클릭합니다.

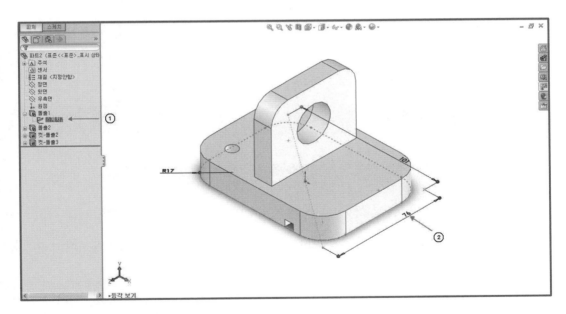

① 변경하고자 하는 스케치나 피처항목을 선택하고 클릭합니다.

② 변경하고자 하는 스케치 치수나 피처 치수를 더블클릭하고 치수 수정 창에서 치수를 수정
한 다음 재생성 버튼을 클릭합니다.

4 작업 추가

작업항목 사이에 새로운 작업을 추가하고자 하면 뒤돌아가기 바를 드래그하여 작업 전의 형상으로 되돌려 놓고 새로운 작업을 실행하여 실행된 작업을 그 사이에 삽입합니다.

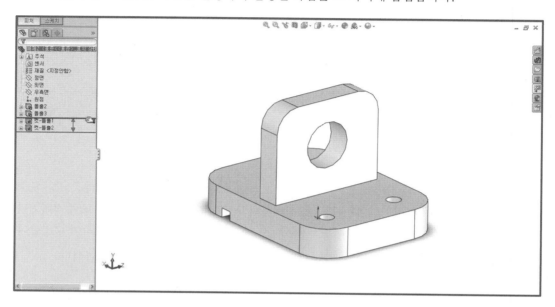

06 마우스 사용하기

3버튼 마우스를 사용할 경우 다음 보기 명령을 동적으로 사용할 수 있습니다.

1 모든 문서 유형 화면 이동 : Ctrl 을 누른 채 가운데 마우스 버튼을 누르고 드래그합니다.

2 파트나 어셈블리 회전 : 가운데 마우스 버튼을 누르고 마우스를 상하좌우로 이동하여 그래픽 형상을 회전시킵니다.

3 모든 문서 유형 확대/축소 : Shift 를 누른 채 가운데 마우스 휠 버튼을 상하로 움직이면서 확대 및 축소합니다.

마우스 가운데 버튼은 동적 보기명령(보기 도구모음의 확대/축소 🔍 (Shift +휠), 화면이동 ✣ (Ctrl +휠), 또는 뷰 회전 🔁)이 활성된 경우 왼쪽 마우스 버튼과 같은 기능을 합니다.

4 마우스 왼쪽 버튼은 아이콘, 그래픽 요소 등을 선택하는 버튼이고, 마우스 오른쪽 버튼은 선택된 개체에 해당하는 바로가기 메뉴가 표시됩니다.

5 형상의 모서리를 마우스 왼쪽 버튼으로 선택하고 휠 버튼으로 선택할 모서리를 다시 선택하면 커서의 형상이 바뀝니다. 이때 휠 버튼을 누르고 돌리면 선택한 모서리를 축으로 하여 형상을 회전시킬 수 있습니다.

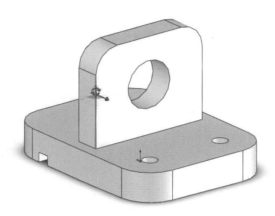

07　키보드 사용

1 Ctrl 을 누른 채 키보드의 방향키를 누르면 화면이 이동하고, Alt 를 누른 채 키보드의 좌우방향키를 누르면 15°씩 회전합니다. 만약 그냥 방향키를 누르면 15°씩 회전하면서 3D형상을 보여줍니다. Shift 를 누른 채 좌우상하 방향키를 누르면 90°씩 회전합니다.

2 선택 시 Ctrl 을 누른 채 마우스 왼쪽 버튼을 누르면 여러 요소를 선택할 수 있습니다.

08 보기방향

1 그래픽영역에서 빠른 보기 도구모음의 뷰 방향 ⬚ ▾을 클릭하고, 보고자 하는 뷰 방향을 선택합니다.

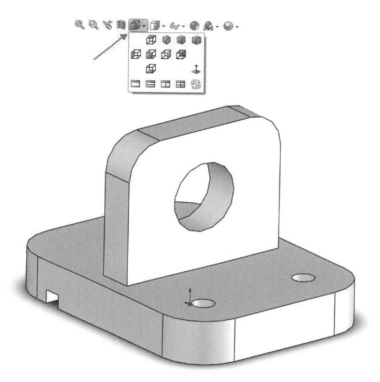

▢ 정면(Ctrl + 1), ▢ 후면(Ctrl + 2), ▢ 좌측면(Ctrl + 3), ▢ 우측면(Ctrl + 4), ▢ 윗면(Ctrl + 5), ▢ 아랫면(Ctrl + 6), ⬤ 등각보기(Ctrl + 7), ⬛ 트리메트릭, ⬛ 디메트릭, ⬍ 면에 수직으로 보기(Ctrl + 8)

모델에서, 평면이나 평면인 면, 원통면이나 원추면, 단일 스케치로 작성된 피처 등 하나의 면을 선택하면 선택한 면과 바라보는 시점이 수직하여 돌아갑니다. 면의 수직보기는 스케치 상태에서 많이 사용하는데 원하는 스케치 평면을 비틀림 없이 보고자 할 때 면의 수직보기를 사용하는데 ⬍ 면에 수직으로 보기를 한 번 더 누르면 면이 180° 회전합니다.

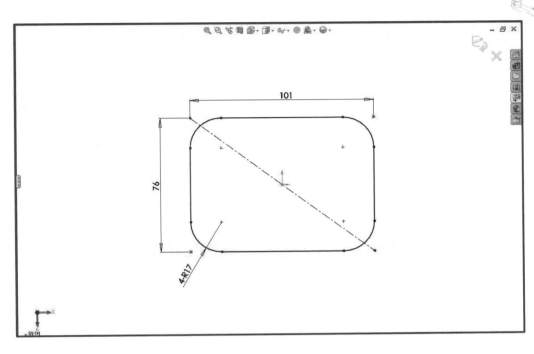

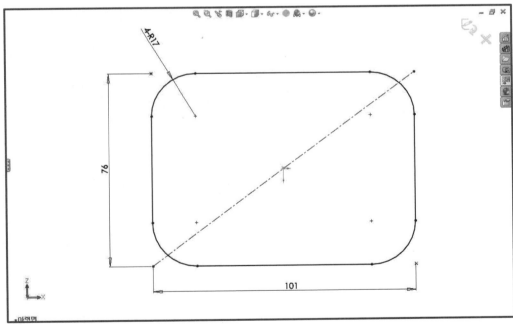

(면에 수직으로 보기(Ctrl + 8)를 한 번 더 클릭한 상태)

09   SolidWorks 스케치

(1) 대부분의 SolidWorks 스케치는 2D 스케치로 시작

새 파트 문서를 열고, 우선 스케치를 작성합니다. 이 스케치는 3D 모델 작성을 위한 기초가 됩니다. 스케치는 기준면(정면, 윗면, 우측면) 또는 작성한 평면에 작성할 수 있습니다.

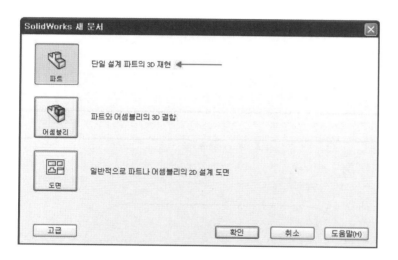

(2) 스케치 요소 도구 또는 스케치 도구로 스케치 시작하기

1 스케치 도구모음에서 스케치 요소 도구(선, 원 등)를 클릭합니다.

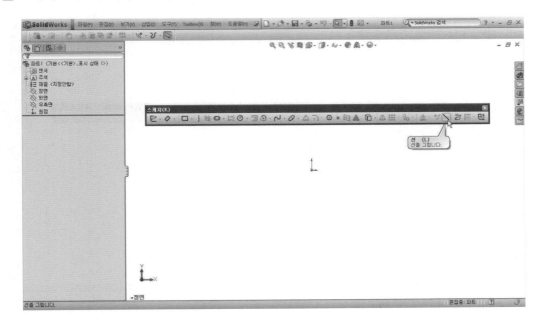

표시된 세 개의 기준면(정면, 윗면, 우측면) 중 하나의 면을 선택합니다.

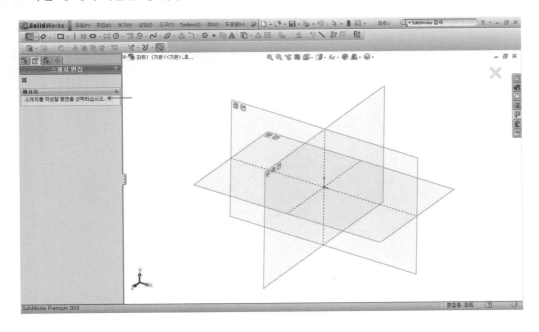

■2 스케치 도구모음에서 스케치 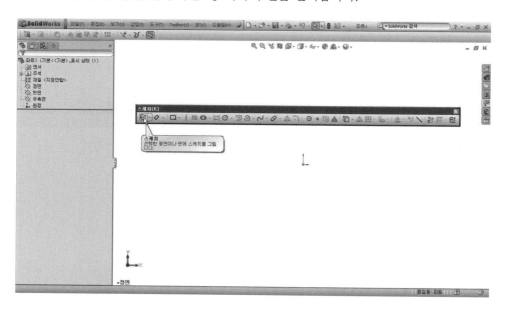를 클릭하거나 풀다운 메뉴, 삽입, 스케치를 클릭합니다. 표시된
세 개의 기준면(정면, 윗면, 우측면) 중 하나의 면을 선택합니다.

■3 평면에 스케치 시작하기

FeatureManager 디자인트리에서 하나의 면을 선택하고, 스케치 도구모음에서 스케치 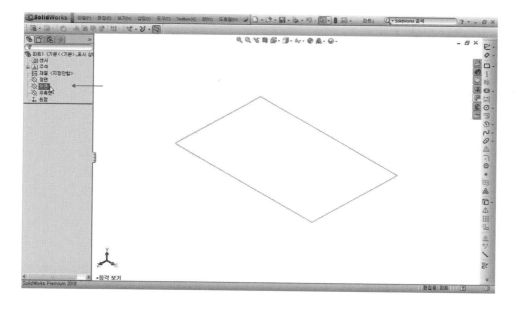를 클
릭합니다.

선택한 면이 회전하면서 면에 수직보기 상태가 됩니다. 이는 파트의 첫 번째 스케치 작업 시에만 나타납니다.

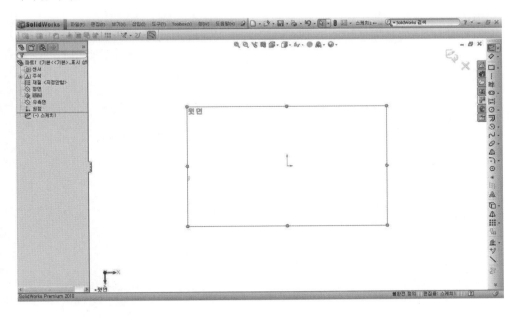

(선택한 윗면이 회전하여 면에 수직보기 상태로 됩니다.)

(3) 스케치 표시기호

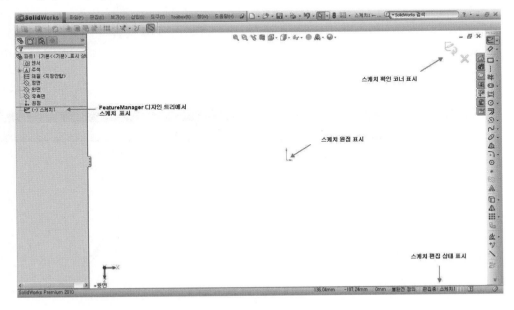

1 스케치 확인코너

- 스케치가 작업 중이거나 열려 있을 때 확인코너에 두 개의 기호가 표시됩니다.
- 하나는 모양이 스케치 아이콘과 같으며 다른 하나는 모양입니다.
- 스케치 기호를 클릭하면 스케치가 종료되고 변경사항이 모두 저장됩니다.
- 기호를 클릭하면 스케치가 종료되고 변경사항이 취소됩니다.

(4) 스케치 도구모음의 선을 이용하여 2D스케치하기

1 FeatureManager

디자인트리에서 정면을 선택하고, 스케치 도구모음에서 선을 클릭

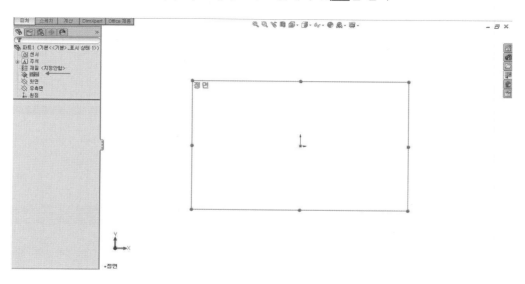

선 명령상태에서 선을 스케치하기 위해 한 점을 스케치 원점에 일치되도록 클릭하고 다른 한 점은 선이 수평이 되도록 그립니다.

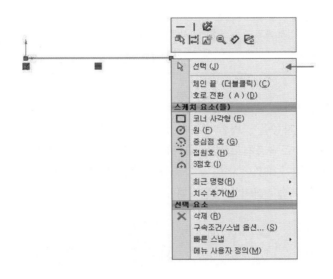

커서에 ▬ 기호가 나타나 선에 자동으로 수평
구속조건이 부가됨을 나타내줍니다.
숫자는 선의 길이를 나타냅니다.

명령을 끝내려면 스케치 도구모음의 선 ╲ 을 다시 클릭하여 비활성화되게 만들거나, Esc 버튼
을 누르거나 마우스 오른쪽 버튼을 클릭한 다음 선택을 클릭합니다.

2 선 그리기 방법
  ❶ 첫 번째 점을 마우스 왼쪽 버튼으로 클릭하고 선분의 다른 한 점을 클릭하여 연속적으로 이
     어진 선분을 그릴 수 있습니다.(클릭-클릭 모드)
  ❷ 첫 번째 점을 마우스 왼쪽 버튼으로 클릭한 상태에서 원하는 다음 점까지 드래그하여 단일
     선을 계속해서 그릴 수 있습니다.(클릭-드래그 모드)

3 자동스케치 구속조건
   자동구속조건은 지오메트리를 스케치할 때 부가됩니다.
   자동구속조건이 작성될 때 스케치 피드백을 통해 확인할 수 있습니다.

TIP

피드백은 커서 화살표에 특정기호가 붙은 형식으로 표시되어 현재 선택하는 항목을 나타내줍니다.

스케치 요소를 추가할 때 구속조건을 자동으로 부가할 것인지 여부를 지정합니다.
스케치 요소와 포인터 위치에 따라 여러 개의 구속조건을 동시에 표시할 수 있습니다.
Ctrl 을 누른 상태에서 스케치를 하면 자동구속조건이 부여되지 않습니다.

4 자동구속 사용 선택 전환하기
① 도구, 스케치 세팅, 구속 자동을 클릭합니다.
② 도구, 옵션, 시스템 옵션, 구속조건/스냅을 클릭하고 구속자동을 선택합니다.
③ 스케치할 때 포인터 모양이 바뀌어 어떤 구속조건이 생성될지를 보여줍니다.
④ 구속 자동을 선택하면, 구속조건이 부가됩니다.

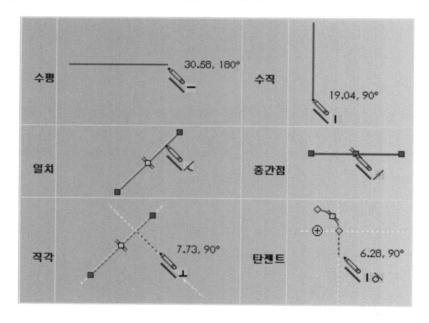

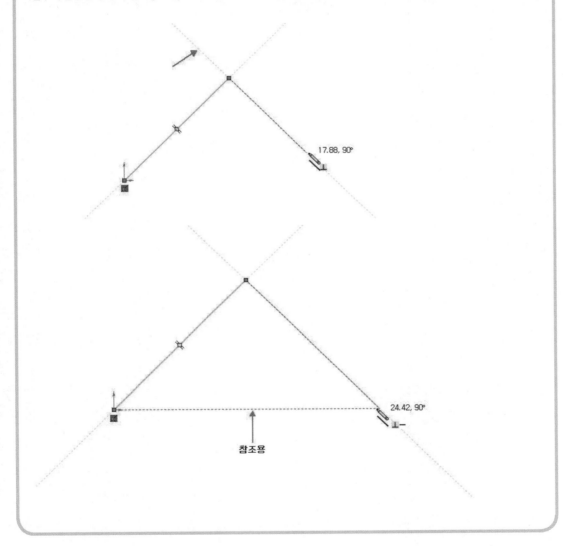

추론선(도움선)

스케치를 할 때 추론선은 점선으로 표시됩니다.

포인터를 중간점과 같은 스케치 요소에 가져가면, 다른 스케치 요소와의 관계를 표시하는 추론선이 표시되는데, 이러한 선으로는 기존 선 벡터, 수평, 수직, 탄젠트, 중심 등이 있습니다.

일부 추론선은 순전히 참조용이며, 따라서 구속조건이 생성되지 않고 파란색으로 표시됩니다.

17.88, 90°

24.42, 90°

참조용

이상에서 살펴본 솔리드웍스의 기본 개념을 토대로 Project를 하나하나 수행하면서 여러 가지 개념과 도구 사용방법을 익히도록 하겠습니다.

SolidWorks

PART 02 | SolidWorks 따라하기

Project 01~Project 36

PROJECT 01 돌출예제

▶▶ 스케치 도구모음 - 선, 지능형 치수, 스케치 구속조건

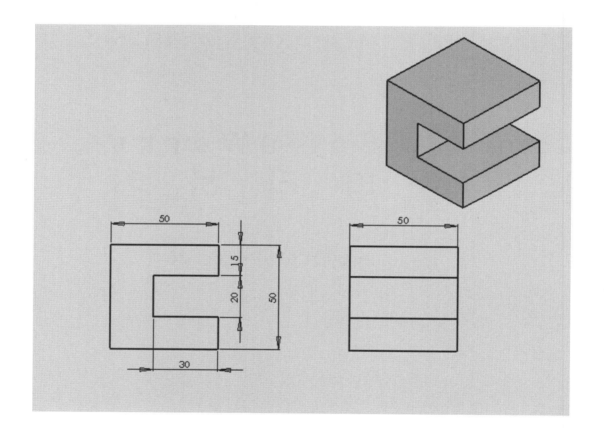

01   2D평면 선택하여 스케치하기

1 FeatureManager 디자인트리에 있는 세 개의 기준면(정면, 윗면, 우측면) 중 정면을 선택하고, 스케치 도구모음에서 스케치 ✎를 클릭합니다.

새 파트에서 평면이 면에 수직으로 보기 방향에 표시됩니다.

2 스케치도구막대의 선 ✎ 아이콘을 클릭합니다.

3 한 점을 원점에서 시작하고 스케치 피드백과 추론선을 이용하여 수직·수평 되게 다음과 같이 2D 스케치 형상을 만듭니다.

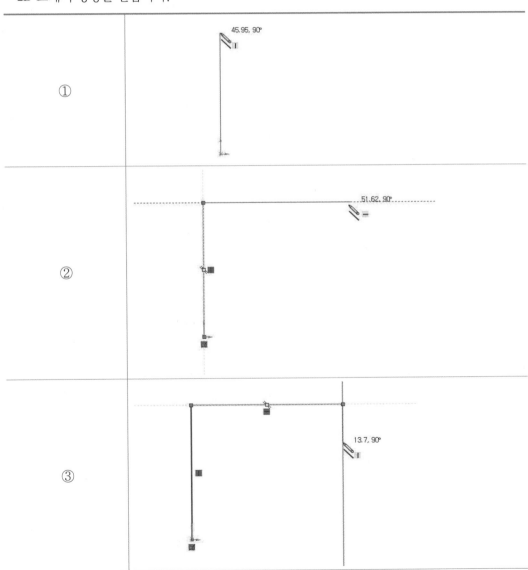

① 45.95, 90°

② 51.62, 90°

③ 13.7, 90°

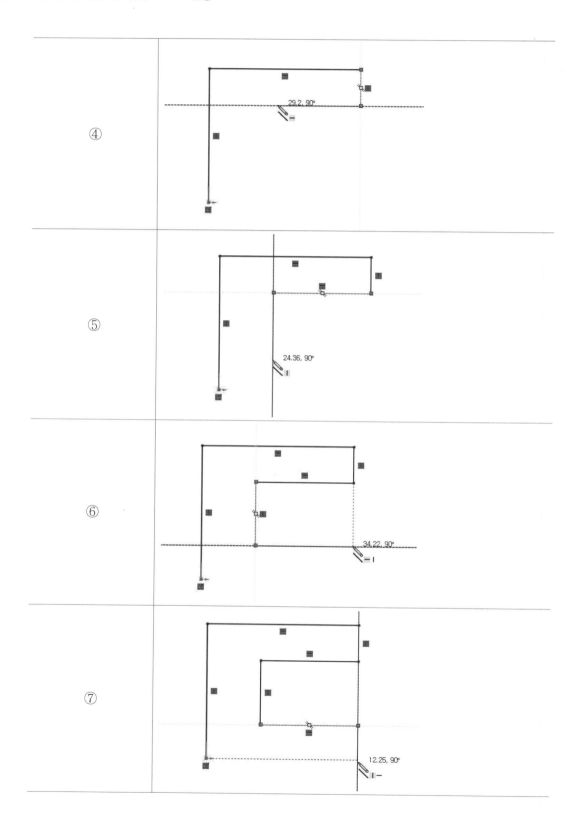

④

⑤

⑥

⑦

⑧

53.11, 90°

T I P

SolidWorks 소프트웨어는 치수제어방식이므로 치수로 지오메트리 크기가 조절됩니다. 따라서 스케치를 할 때 정확한 선의 길이에 맞추지 않아도 됩니다. 우선 대략적인 크기와 모양으로 스케치한 후 정확한 치수를 부가하면 됩니다. 이처럼 스케치에 치수를 부가하지 않고도 피처를 작성할 수 있으나 되도록 스케치에 치수를 부가하는 습관을 들이는 것이 좋습니다.

치수는 모델의 설계의도와 상응합니다.

예를 들어, 여러 개의 구멍을 설계할 때 모서리 끝에서부터 일정한 거리를 지정하거나 또는 두 구멍 간의 일정한 거리를 지정하여 설계하는 등 설계자가 원하는 대로 할 수 있습니다.

---

4 2D스케치 형상에 치수 부여하기

① 스케치 도구모음에서 지능형 치수 🔷 를 클릭하거나 도구, 치수, 지능형을 클릭합니다. 디폴트 치수 유형은 평행입니다.

또는 마우스 오른쪽 버튼을 클릭하고 바로가기 메뉴에서 지능형 치수를 선택합니다.

확대/축소/화면이동/회전 ▶
스케치 요소(들)
＼ 선 (F)
☐ 코너 사각형 (G)
◎ 직선 홈 (H)
◎ 중심점 직선 홈 (I)
ℰ 3점호 홈 (J)
ℰ 중심점 호 홈 (K)
◎ 원 (L)
⟳ 중심점 호 (M)
⟲ 접원호 (N)
⌒ 3점호 (O)
┊ 중심선 (P)
∿ 자유곡선 (Q)
≭ 요소 잘라내기 (R)
치수 추가(M) ▶

❷ 치수넣기

선이나 모서리 선의 길이 : 선을 클릭하거나 선분의 끝점을 클릭하여 치수를 부가합니다.

선분의 끝점과 끝점을 클릭하여 선분의 치수를 부여합니다.	
선분을 클릭하여 선분에 대한 치수를 부여합니다.	
마우스 커서를 이동하고 클릭하여 치수의 위치를 지정합니다.	

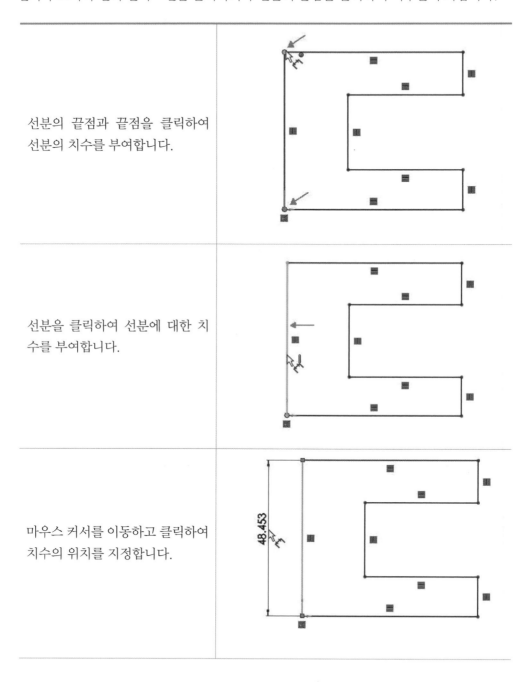

치수수정 창이 뜨면 치수50을 입력합니다. 수정된 치수에 따라 선분의 크기가 변합니다.)

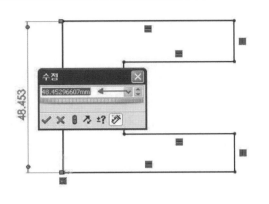

오른쪽과 같은 방법으로 치수를 부여합니다.

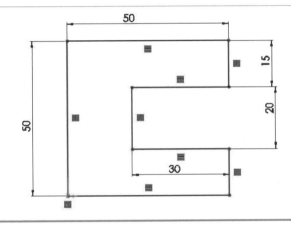

❸ 치수수정

생성된 치수문자를 더블클릭하면 치수 수정창이 뜨는데 이때 다른 치수 값을 기입하면 됩니다.

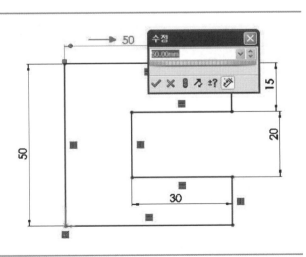

(5) 스케치 상태

스케치는 세 가지 정의 상태 중 하나가 될 수 있습니다. 스케치 상태는 지오메트리와 이를 정의하는 치수 간의 기하구속조건에 따라 달라집니다.

스케치 요소의 점과 선분의 색깔로 스케치 요소상태를 나타냅니다.

❶ 검은색 : 스케치에 완전한 정보가 포함된 상태입니다(완전정의). 스케치의 모든 선과 곡선, 그리고 그 위치가 치수나 구속조건 또는 이둘 모두로 정의되어 있습니다.

❷ 파란색 : 스케치의 완전한 정보를 가지고 있지는 않지만 이 스케치를 피처 적성에 이용할 수 있습니다. 대부분 설계 시작단계에서는 스케치를 완전히 정의할 정보가 부족하므로 차후 정보를 확보하면 나중에 나머지 정의를 추가할 수 있습니다(불완전정의). 즉, 스케치의 일부 치수나 구속조건이 정의되지 않았거나 변경의 여지가 있습니다.

❸ 초과정의 : 스케치에 중복치수나 충돌되는 구속조건이 있고 이 문제를 해결하기 전까지는 사용할 수 없습니다. 중복되는 치수나 구속조건을 모두 삭제해야 합니다.

❹ 초록색 : 스케치 요소를 선택하였을 때의 색상입니다.

충돌되는 구속조건을 보고 삭제하려면 PropertyManager(속성창)에서 초과정의된 구속조건을 삭제합니다.

📂 Example

한 선분은 수평한 동시에 수직할 수 없으므로 초과정의된 상태입니다.
초과정의된 구속조건을 삭제하려면 초과정의된 선분을 클릭하여 선의 PropertyManager(속성창)에서 초과정의된 구속을 삭제합니다.

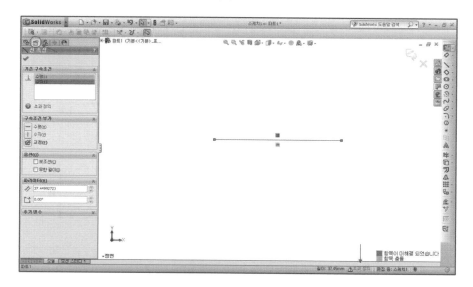

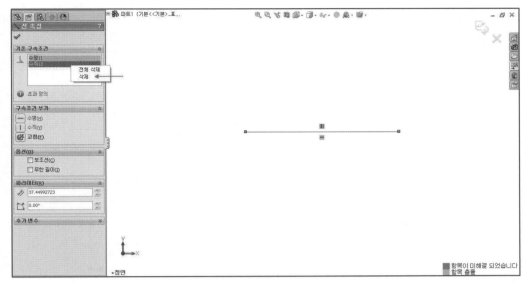

(6) 스케치 구속조건 부여

스케치 구속조건을 사용하여 스케치 요소의 동작을 구속함으로써 설계의도를 반영합니다. 일부 구속조건은 자동으로 부여되며 그 외 구속조건은 필요에 따라 부여할 수 있습니다.

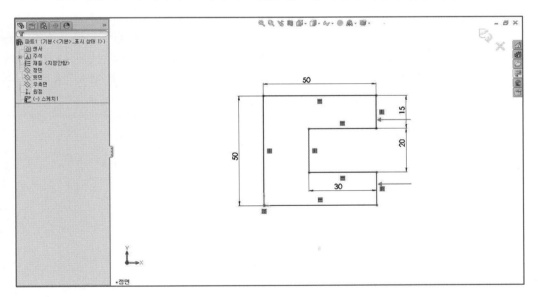

한 선을 클릭하고 Ctrl 을 누른 채 다른 선을 선택하여 두 선을 선택한 후 PropertyManager(속성 창)에서 구속조건 중 동일 선상조건을 주어서 스케치를 완전정의 내립니다.

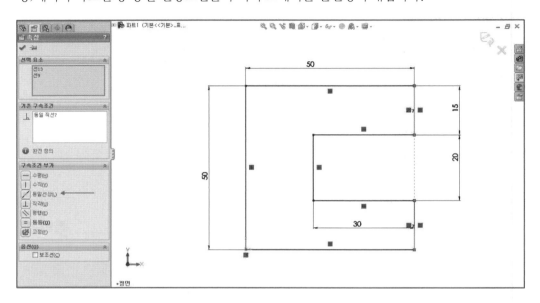

TIP

스케치 요소에 구속조건이 부여되면 구속조건이 스케치 요소 근처에 표시되는데, 이를 보이지 않게 하려면 보기에 스케치 구속조건을 클릭합니다. 또는 그래픽영역에서 빠른 보기도구모음의 항목 숨기기/보이기의 스케치 구속조건 보기의 버튼을 비활성화합니다.

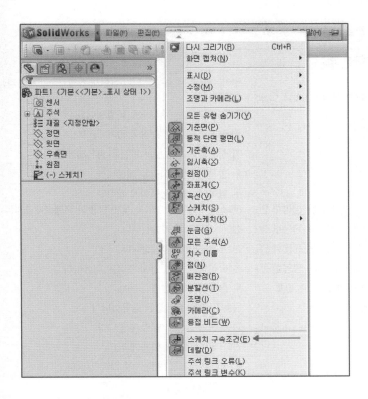

구속조건을 선택할 수 있는 요소와 구속조건의 특성

구속조건	선택할 요소	결과되는 구속조건
수평 또는 수직	한 개 또는 여러 개의 선, 두 개 이상의 점	선이 수평 또는 수직이 됩니다(현재 스케치공간에서 지정한 대로). 점은 수평 또는 수직으로 배열됩니다.
동일 선상	두 개 이상의 선	항목이 같은 무한 선상에 있게 됩니다.
동일 원	두 개 이상의 호	항목이 같은 중심선과 반경을 공유하게 됩니다.
직각	두 선	두 항목이 서로 직각을 이룹니다.
평행	두 개 이상의 선 3D스케치에서 선과 평면(또는 평평한 면)	두 항목이 서로 평행하게 됩니다. 3D스케치에서는 선이 선택한 평면에 평행하게 됩니다.
YZ 평행	3D스케치에서 선과 평면(또는 평평한 면)	선은 YZ평면에 평행합니다.
ZX 평행	3D스케치에서 선과 평면(또는 평평한 면)	선은 ZX평면에 평행합니다.
Z 따라	3D스케치에서 선과 평면(또는 평평한 면)	선이 선택한 평면 면에 수직을 이룹니다.
탄젠트	원호, 타원, 자유곡선과 선 또는 원호	두 항목이 접한 상태가 됩니다.
동심	두 개 이상의 원호, 점, 호	원호가 같은 중심점을 공유합니다.
중간점	두 선 또는 점과 선	점이 선의 중간점에 있게 됩니다.
교차	두 선과 한 점	점이 선의 교점에 있게 됩니다.
일치	점, 선, 호, 타원	점이 선, 원호 또는 타원에 있게 됩니다.
동등	두 개 이상의 선, 두 개 이상의 호	선 길이 또는 반경이 같아집니다.
대칭	중심선, 두 점, 선, 호, 타원	항목이 중심선에 직각인 선에서 중심선으로부터 같은 거리를 유지하게 됩니다.
고정	모든 요소	스케치 요소의 크기와 위치가 고정됩니다. 그러나 고정된 선의 끝점은 그 아래 무한선을 따라 자유롭게 이동됩니다. 또한 원호 또는 타원형 선분의 끝점은 그 아래 원형 또는 타원형을 따라 자유롭게 이동됩니다.
관통	스케치 점과 축, 모서리선, 선 또는 자유곡선	스케치 점이 축, 모서리선 또는 곡선이 스케치평면을 관통하는 위치와 일치하게 됩니다. 관통 관계는 안내 곡선으로 스윕에서 사용됩니다.
점병합	두 개의 스케치 점 또는 끝점	두 개의 점이 하나의 점으로 합쳐집니다.

베이스피처 스케치는 원점으로부터 치수를 구속하는 것이 치수를 적게 하고 완전정의를 내리기에 편합니다.

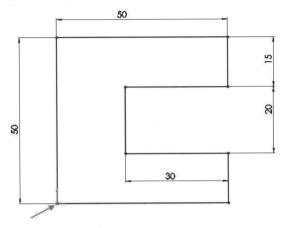

▲ 스케치 원점에 스케치의 위치가 적용된 상태

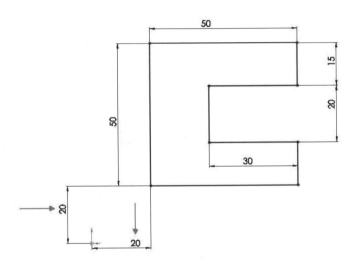

▲ 스케치 원점으로부터 치수를 기입하여 스케치의 위치가 적용된 상태

스케치 원점 ⊥ 은 활성스케치에서 빨간색으로 표시되며, 스케치의 원점은 스케치의 좌표를 이해하는 데 도움을 줍니다.

파트의 모든 스케치에는 그 원점이 있으며 원점 표시를 숨길 수 없습니다.

스케치 평면의 원점 ⊥ 에서 짧은 쪽이 수평, 긴 쪽은 수직을 나타냅니다.

SOLIDWORKS
예제 중심의 쉽게 따라할 수 있는 3D 모델링

7 스케치가 완전 정의되었으면 스케치 확인코너에서 아이콘을 클릭합니다.

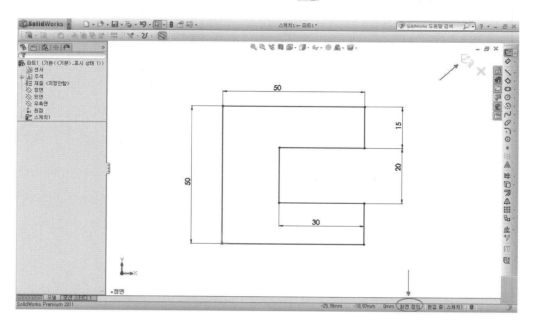

02 스케치한 프로파일을 돌출시켜 파트를 작성하기

TIP

피처

작성하는 모든 컷, 보스, 평면, 및 스케치가 피처로 간주됩니다.
스케치 피처는 스케치를 이용한 피처이며(보스 및 컷) 적용피처는 모서리 또는 면을 이용합니다.(Fillet, Chamfer…)

스케치를 완성하고 나면 첫 번째 피처를 작성하기 위해 스케치를 돌출할 수 있습니다.
돌출은 스케치에 수직방향으로 이루어집니다.

◉ 돌출 메뉴

1 풀다운 메뉴에서 삽입 - 보스/베이스, 돌출을 클릭하거나 피처도구모음에서 돌출 보스/베이스 ▣를 클릭합니다.

돌출 PropertyManager(속성창)에서 마침조건은 블라인드 형태를 선택하고, 깊이는 50을 입력합니다.

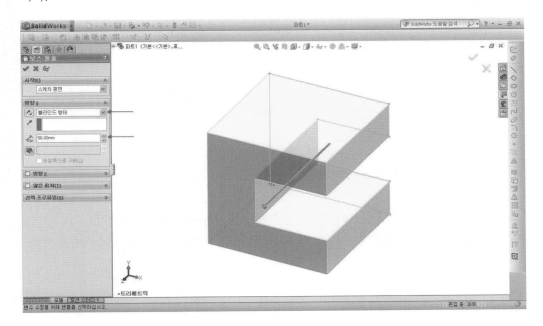

2 돌출 PropertyManager(속성창)

◉ 마침조건

1 블라인드형태 : 피처를 스케치 평면에서 지정한 거리까지 연장합니다.

깊이 ⬈ : 50mm

✔ 확인

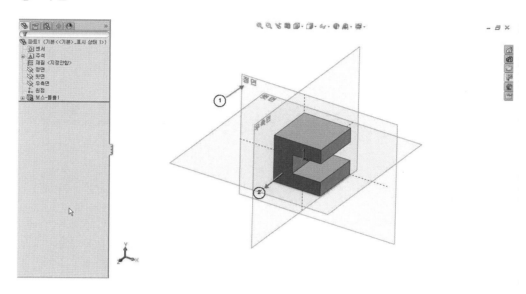

❶ FeatureManager 디자인트리에서 디폴트 평면인 정면에 돌출형상 스케치
❷ 돌출방향 : 스케치한 정면으로부터 지정한 거리값만큼 스케치 평면에 수직하게 돌출

Solid Works

PROJECT

02 돌출, 돌출컷 사용예제

▶▶ 스케치 도구모음 - 사각형, 중심선, 필렛, 원, 요소대칭복사

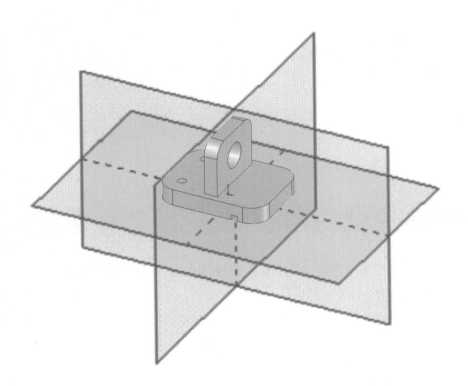

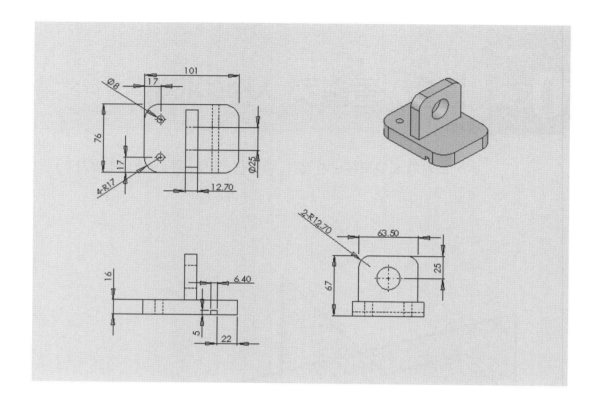

01   2D평면 선택하고 스케치하기 1

FeatureManager 디자인트리에 있는 세 개의 기준면(정면, 윗면, 우측면) 중 윗면을 선택하고, 스케치 도구모음에서 스케치 를 클릭합니다.

또는 윗면 선택 후 마우스 우클릭하여 바로가기 메뉴에서 스케치를 선택합니다.

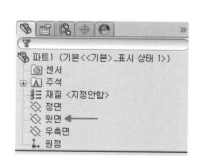

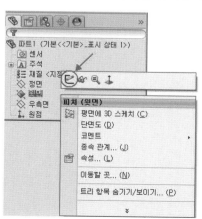

선택한 윗면이 회전하여 화면과 평행하게 되어 스케치가 활성화 됩니다.

1 스케치도구모음의 사각형  아이콘을 클릭하거나 도구, 스케치요소, 사각형을 클릭합니다.

사각형 PropertyManager의 직사각형 유형에 중심 사각형을 선택합니다.

사각형의 중심을 원점에 일치시켜 클릭하고 드래그하여 원하는 크기가 되면 마우스 버튼을 놓습니다. 드래그하는 대신 포인터를 이동하여 원하는 사각형의 크기가 되면 다시 한 번 클릭하여 사각형을 스케치할 수도 있습니다.(클릭-클릭모드)

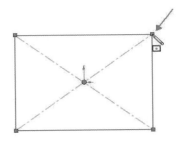

2 지능형 치수 를 클릭하여 사각형의 가로와 세로의 치수를 부여합니다.

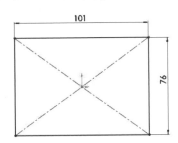

SOLIDWORKS
예제 중심의 쉽게 따라할 수 있는 3D 모델링

02   스케치 필렛

스케치 필렛 도구는 두 스케치 요소가 교차하는 코너를 탄젠트 호를 그리며 잘라줍니다. 이 도구는 2D스케치와 3D 스케치 모두에서 사용할 수 있습니다.

1 스케치 도구모음에서 스케치 필렛 🔲 을 클릭하거나 도구, 스케치 도구, 필렛을 클릭합니다. 스케치 필렛 PropertyManager에서 속성을 설정합니다.

① 필렛 요소 : 필렛할 스케치 꼭짓점이나 요소를 선택합니다.
스케치요소 선택방법 : 두 개의 스케치 요소를 클릭하거나 코너를 선택합니다.

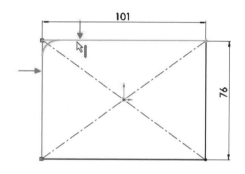 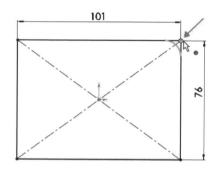

② 반경 : 필렛하고자 하는 반경 값을 부여합니다.

③ 구속 코너 유지 : 필렛을 부여할 꼭짓점에 치수나 구속조건이 있으면 필렛 후에도 가상 교차점까지의 치수나 구속조건을 유지합니다.
구속 코너 유지 확인란을 선택하지 않은 상태에서는 모서리나 꼭짓점에 부여된 치수나 구속조건을 삭제한 후 필렛을 생성합니다.

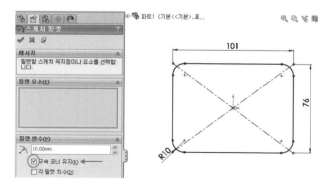

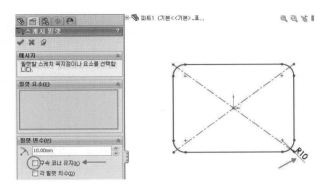

❹ 각 필렛 치수 : 선택하지 않을 경우 반경이 같은 연속 필렛(한 번의 필렛 명령어에서 여러 곳에 필렛을 부여한 경우)은 개별적으로 치수가 지정되지 않고 이들 필렛은 첫 번째 필렛과 자동 동등 관계를 가지게 됩니다.
선택했을 경우라면 개별적인 연속 필렛은 개별적인 치수가 지정됩니다.

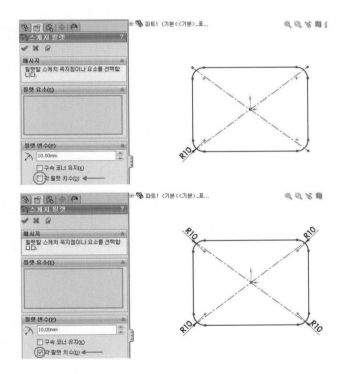

❺ 필렛 반경 값에 17을 입력합니다.
❻ 구속 코너 유지를 선택하고 각 필렛치수는 선택 취소합니다.
❼ 필렛할 요소를 선택합니다.

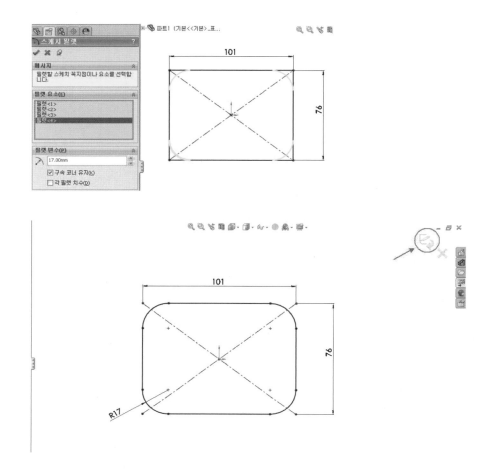

스케치가 완전정의되었으면 스케치 확인코너에서 를 클릭합니다.

03 돌출 보스/베이스 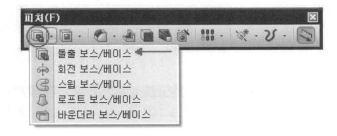 1

피처도구모음에서 돌출 보스/베이스 🔲 를 클릭합니다.

1️⃣ 마침조건 : 블라인드형태

2️⃣ 깊이 🔨 : 16

3️⃣ ✔️ 확인

4️⃣ 돌출방향은 반대방향 🔦 을 이용하여 스케치평면 위쪽을 향하도록 합니다.

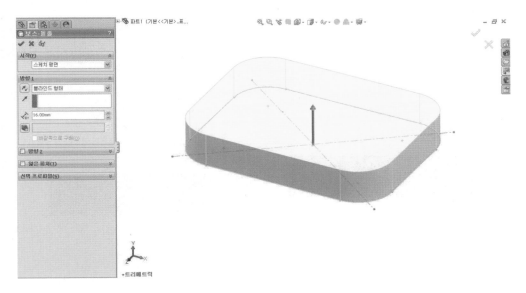

04 2D평면 선택하고 스케치하기 2

FeatureManager 디자인트리에 있는 세 개의 기준면(정면, 윗면, 우측면) 중 우측면을 선택하고, 스케치 도구모음에서 스케치 ✏를 클릭합니다.

1 스케치 도구모음의 사각형 ▣ 아이콘을 클릭하거나 도구, 스케치요소, 사각형을 클릭합니다.

사각형 PropertyManager의 직사각형 유형에 코너 사각형을 선택합니다.

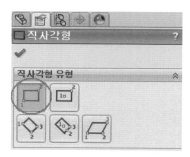

아랫면 모서리 선분과 사각형의 한 코너 점을 일치시키고 사각형 모양이 되도록 다른 코너 점을 클릭합니다.

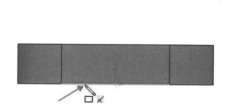
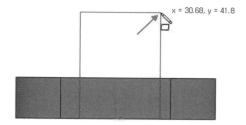

2 다음과 같이 스케치 요소에 마우스를 가져다 놓고 오른쪽 버튼을 클릭한 다음 바로가기 메뉴 창에서 중간점을 선택하고 Ctrl 을 누른 상태에서 스케치 원점을 선택합니다.

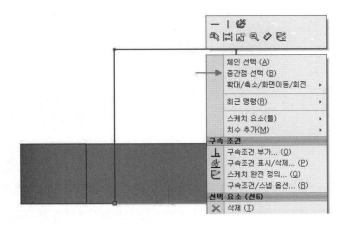

PropertyManager에서 두 점 사이의 구속조건 일치를 부여합니다.

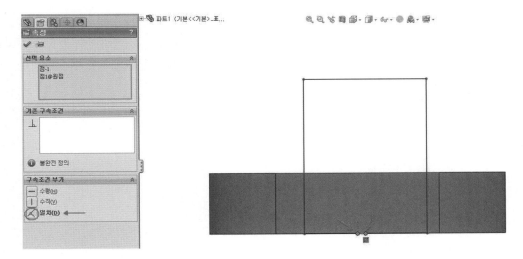

또는 선분과 스케치 원점을 선택하고 중간점 구속조건을 부여해도 됩니다.

3 지능형 치수 ◈ 를 클릭하여 치수를 부여하고 스케치 필렛 ▢ 을 이용하여 아래와 같이 모서리를 필렛합니다.

❶ 필렛 반경 : 12.7
❷ 구속 코너 유지를 선택하고 각 필렛 치수는 선택을 취소합니다.
❸ 필렛할 요소를 선택합니다.

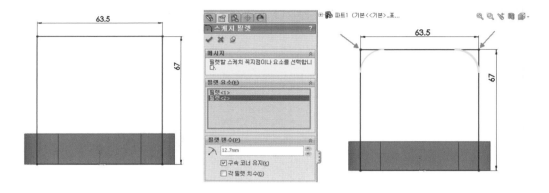

4 원 그리기

스케치 도구모음에서 원 도구 ⊕(도구, 스케치 요소, 원을 클릭)를 사용하여 원을 스케치합니다.

① 포인터 모양이 로 바뀝니다.

② 원 PropertyManager의 원 유형의 원을 선택하면 중심점과 반경을 클릭하여 원을 스케치할 수 있으며, 원주원을 선택하면 원주원 위에 3점을 클릭하여 원을 스케치할 수 있습니다.

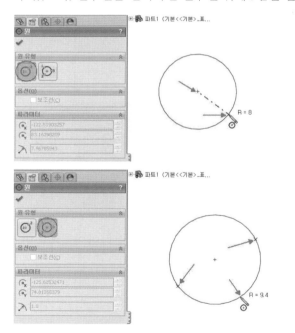

(그려진 원의 중심점을 드래그하면 원의 위치를 이동시킬 수 있고 원주를 드래그하면 원의 크기를 조절할 수 있습니다.)

❸ 다음과 같이 원 PropertyManager의 원 유형의 원을 선택하고 원을 스케치합니다.

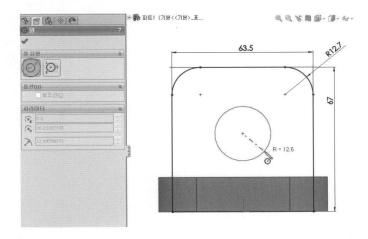

❹ 원을 스케치하고 원의 중심점과 원점을 Ctrl을 눌러 선택한 후 PropertyManager(속성창)에서 구속조건 부여에 수직을 부여한 다음 아래와 같이 원의 위치 치수와 원의 크기(지름) 치수를 부여합니다.

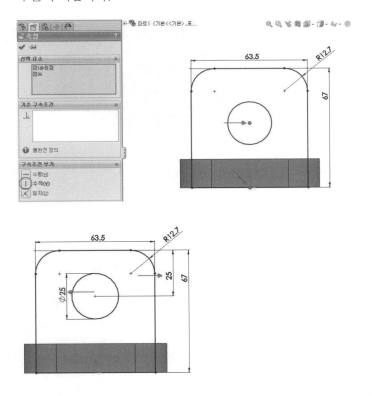

❺ 스케치가 되었으면 스케치 확인코너에서 을 클릭합니다.

05 돌출 2

피처 도구모음에서 돌출 보스/베이스를 클릭합니다.

1 마침조건 : 중간평면

(중간평면 : 피처를 스케치 평면에서 양쪽 방향으로 똑같은 거리로 연장합니다.)

2 깊이 : 12.7

3 ✔ 확인

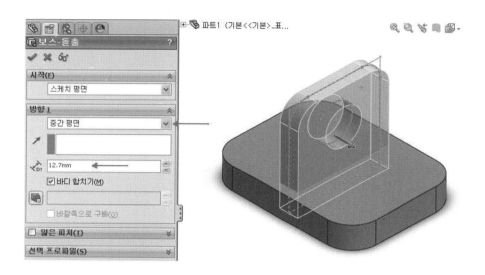

06 2D평면 선택하고 스케치하기 3

FeatureManager 디자인트리에 있는 디폴트평면(정면, 윗면, 우측면) 중 윗면을 선택하고, 스케치 도구모음에서 스케치를 클릭합니다.

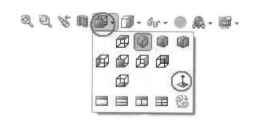

Ctrl + 8 (면에 수직으로 보기)를 누르면 선택한 윗면이 회전하여 화면과 평행하게 되어 스케치가 활성화됩니다.

또는 그래픽 영역에서 빠른 보기 도구모음의 뷰 방향을 클릭하고 면에 수직보기를 선택하여도 됩니다.

1 스케치 도구모음의 중심선 ▐▌ 아이콘을 클릭하거나 도구, 스케치 요소, 중심선을 클릭합니다.

다음과 같이 원점을 지나는 수평한 중심선을 그립니다.

T I P

중심선
- 중심선은 상하 대칭스케치 요소를 작성하거나 회전피처를 작성할 때 보조선으로 사용합니다.
- 중심선은 위치결정이나 치수의 보조적 역할을 할 때 많이 사용되며, 피처에 영향을 미치지 않습니다.

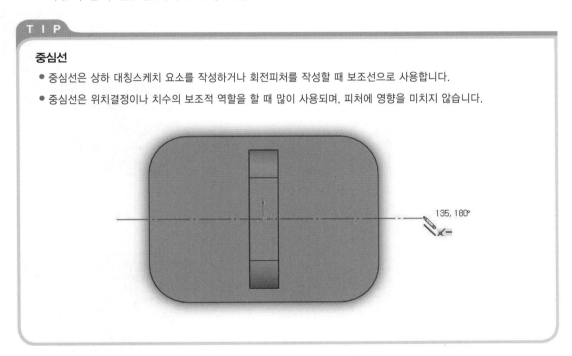

2 스케치 도구모음에서 원 ⊕ 도구를 이용하여 중심선 위에 원 하나를 그립니다.

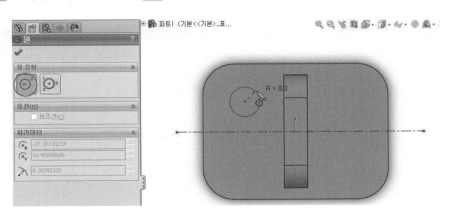

요소 대칭복사 기능

대칭복사할 요소를 기준선을 기준으로 대칭 되게 이동시키거나 대칭복사할 요소를 대칭 기준선을 기준으로 대칭 되게 복사할 수 있습니다.

기준선은 보조선(중심선) 이외에도 모든 유형의 선을 대칭복사 기준선으로 사용할 수 있습니다. 대칭복사 요소를 만들면 대칭 구속조건이 자동으로 부여되기 때문에 대칭복사된 요소를 변경하면 그 원본요소도 기준선을 기준으로 위치와 크기가 변경됩니다.

❶ 대칭복사할 요소를 대칭기준선을 기준으로 대칭 되게 이동시키려면 대칭 PropertyManager 옵션의 복사에 체크하지 않습니다.

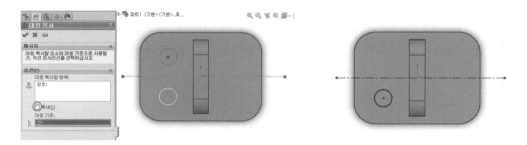

❷ 대칭복사할 요소를 대칭 기준선을 기준으로 대칭되게 복사하려면 복사에 체크합니다.

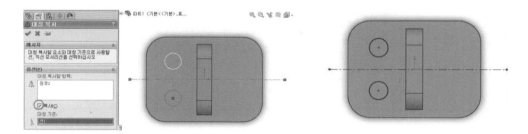

❸ 스케치 도구모음에서 요소 대칭복사 를 클릭하거나 도구, 스케치도구, 대칭을 클릭합니다.

❶ 요소 대칭복사 PropertyManager(속성창)에서 대칭복사할 항목 에 스케치요소인 원을 선택합니다.

대칭기준 으로 사용할 수평한 중심선을 선택하고 복사에 체크표시를 합니다.

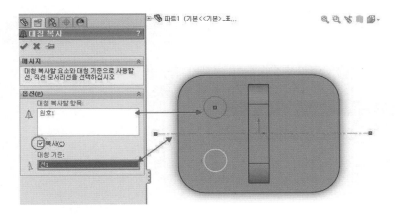

속성창의 확인을 클릭합니다.

대칭복사할 항목과 대칭기준선을 Ctrl 을 이용하여 선택한 다음 요소 대칭복사 ⚠ 를 클릭하면 대칭복사할 항목이 기준선을 기준으로 상하 또는 좌우로 항목선택 없이 바로 대칭복사됩니다.

4 스케치 도구모음에서 지능형 치수 ◈ 를 클릭하여 다음과 같이 치수를 부여합니다.

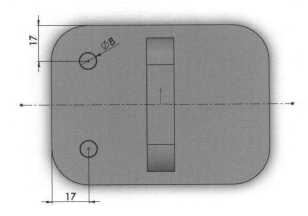

스케치가 완전 정의되었으면 스케치 확인코너에서 ⬇ 클릭합니다.

07 돌출컷 1

피처도구모음에서 돌출컷을 클릭하거나 삽입, 자르기, 돌출을 클릭합니다.

1 마침조건 : 관통(스케치의 수직방향으로 형상의 최종 꼭짓점까지 돌출컷합니다.)

2 반대방향을 클릭하여 돌출컷 방향을 결정합니다.

3 ✔ 확인

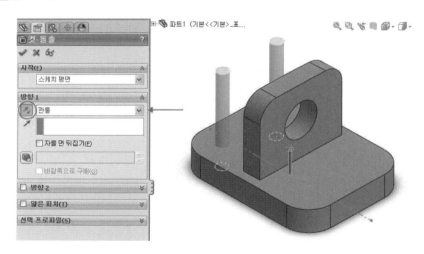

※ 위와 같이 자르기 도구의 돌출컷, 회전컷, 스윕컷, 로프트컷 등을 사용하여 솔리드 모델을 자를 수 있습니다.

08 2D평면 선택하고 스케치하기 4

FeatureManager 디자인트리에 있는 디폴트평면(정면, 윗면, 우측면) 중 정면을 선택하고, 스케치
도구모음에서 스케치 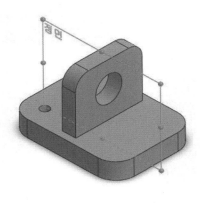 를 클릭합니다.

Ctrl + 8 (면에 수직으로 보기)를 눌러 선택한 정면을 화면과 평행하게 만듭니다.

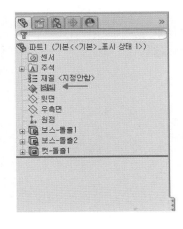

① 스케치 도구모음의 사각형 🔲 아이콘을 클릭하거나 도구, 스케치 요소, 사각형을 클릭합니다.
사각형 PropertyManager의 직사각형 유형에 코너 사각형을 선택합니다.

② 밑면의 모서리선과 사각형의 한 점을 일치시키고 다른 한 점을 클릭하여 다음과 같이 스케치를
하고 치수를 부가합니다.

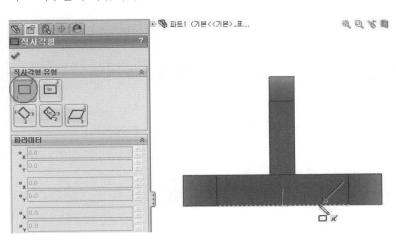

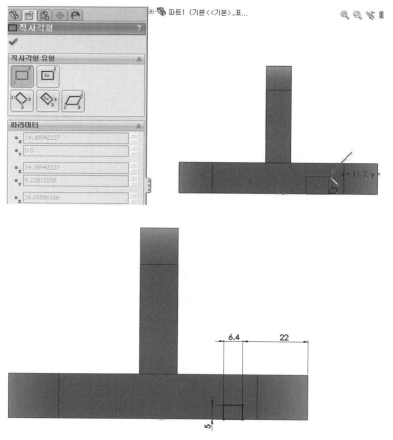

③ 스케치 확인코너에서 클릭합니다.

피처 도구모음에서 돌출컷을 클릭하거나 삽입, 자르기, 돌출을 클릭합니다.
돌출컷 PropertyManager에서 방향 2를 선택합니다. 방향 2를 선택하면 방향 1과 반대방향으로도
돌출컷을 실행할 수 있습니다.

① 방향1 마침조건 : 관통

② 방향2 마침조건 : 관통

③ ✔ 확인

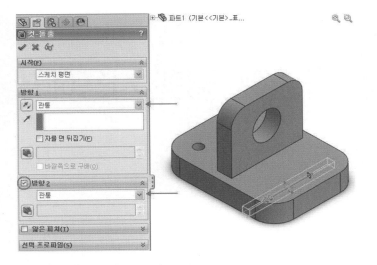

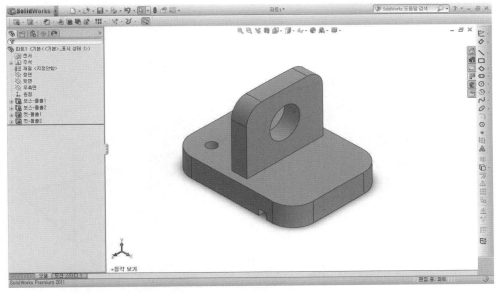

PROJECT 03 돌출, 돌출컷, 필렛 사용예제

▶▶ 스케치 도구모음 - 동적 대칭복사

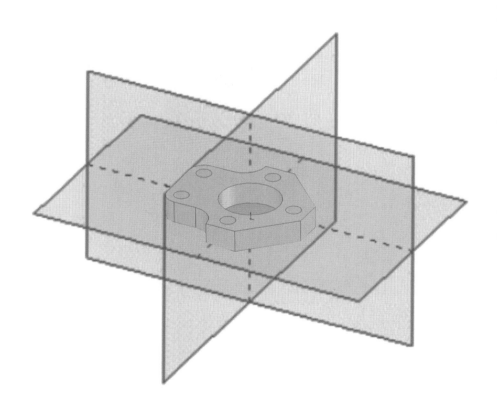

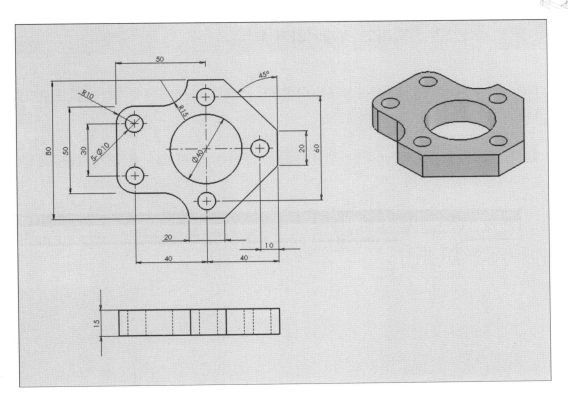

01 새 파트 만들기

풀다운 메뉴, 새 파일, 파트, 확인 또는 Ctrl + N, 파트, 확인을 하여 새 파트를 만듭니다.

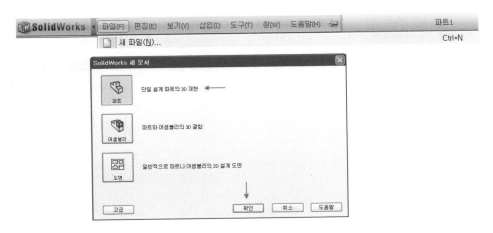

02 2D평면 선택하고 스케치하기 1

FeatureManager 디자인트리에서 윗면을 선택하고, 스케치 도구모음에서 스케치 를 클릭합니다.

1 다음과 같이 스케치 도구모음에서 중심선 을 이용하여 스케치 원점에 수평한 중심선과 수직한 중심선을 그립니다.

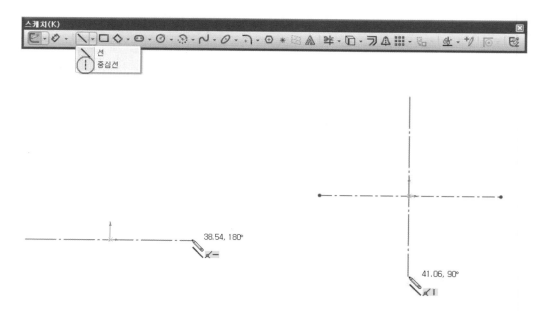

2 스케치한 수평한 중심선을 선택하고 스케치 도구모음에서 동적 대칭복사 를 클릭합니다.

동적 대칭복사

- 대칭 기준요소를 먼저 선택하고 선택한 기준요소의 양 끝에 대칭기호가 표시되면 대칭복사할 요소를 스케치합니다.

- 이미 있는 스케치 요소는 동적 대칭복사를 할 수 없고 새로 스케치한 요소만 동적 대칭 복사가 됩니다.

- 이미 있는 스케치 요소를 대칭복사하려면 요소 대칭복사 🔔 도구를 사용합니다.

- 대칭 복사기준으로 사용할 수 있는 요소로는 중심선, 선, 모델의 직선 모서리선, 도면의 직선이 있습니다.

- 대칭 기능을 해제하려면, 동적 대칭복사 🔔 를 다시 클릭합니다.

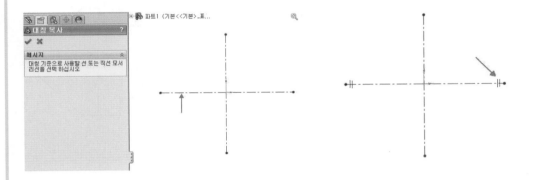

대칭기준요소 상단에 다음과 같이 스케치하면 기준요소를 기준으로 스케치하는 대로 하단에 대칭되며 그려집니다.

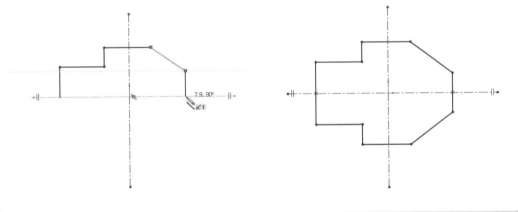

❸ 스케치가 끝났으면 동적 대칭 기능을 해제하기 위해 다시 동적 대칭복사 를 클릭합니다.
다음과 같이 한 선의 중간점과 수직한 중심선에 일치 구속조건을 부가합니다.

➊ 수평한 선분에 마우스를 가져가거나 마우스 왼쪽 버튼으로 선택하고 마우스 오른쪽 버튼을 눌러 중간점을 선택합니다.

➋ **Ctrl** 을 누른 채 스케치 원점을 선택한 후 중간점과 스케치 원점 사이에 구속조건 중 수직 조건을 부여합니다.

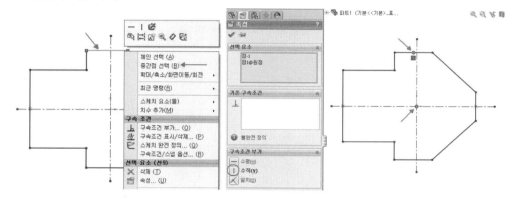

❹ 스케치 도구모음에서 지능형 치수 를 클릭하여 다음과 같이 치수를 부가합니다.

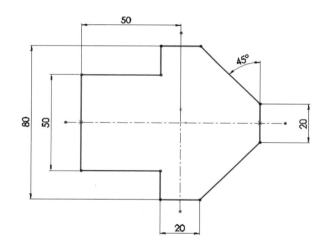

완전정의되었으면 스케치 확인코너에서 클릭합니다.

03 돌출 1

피처 도구모음에서 돌출 보스/베이스를 클릭합니다.

1 마침조건 : 블라인드 형태

2 깊이 D1 : 15

3 ✔ 확인

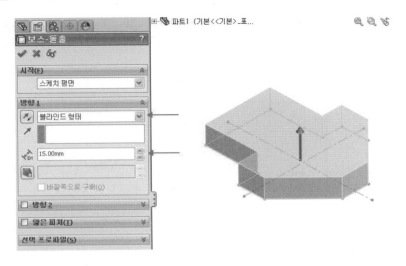

04 2D평면 선택 후 스케치하기 2

솔리드 형상의 윗면을 선택하고, 스케치 도구모음의 스케치를 클릭합니다.
FeatureManager 디자인트리의 디폴트 평면을 선택하지 않고 다음과 같이 솔리드 형상의 면을 클릭하여 스케치 평면을 만들 수 있습니다.
또한 형상의 면을 선택하거나 선택 후 마우스 오른쪽 버튼을 누릅니다. 바로가기 메뉴가 나타나면 스케치를 눌러 스케치를 실행할 수도 있습니다.

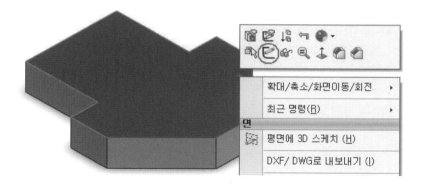

1 다음과 같이 스케치 도구모음의 중심선 을 클릭하여 원점을 지나는 수평한 중심선을 스케치
합니다.

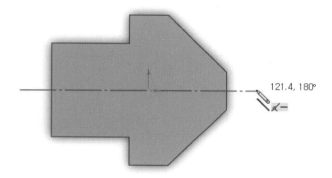

2 스케치도구모음에서 원 을 클릭하고 원 유형에서 원을 선택한 다음 원의 중심점이 원점에 일
치하게 한 후 원의 원주를 드래그하여 원의 반경 형상을 지정합니다.

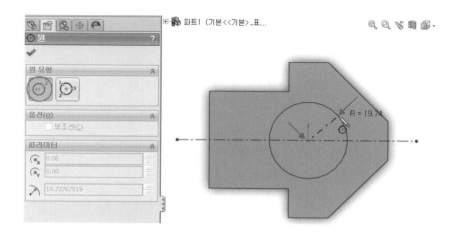

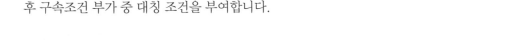

3 계속하여 다음과 같이 원을 중심선 위 아래에 그린 후 원과 중심선 원을 Ctrl 을 이용하여 선택한 후 구속조건 부가 중 대칭 조건을 부여합니다.

TIP

요소 선택 후 PropertyManager(속성창)에서 구속조건 부가 중 대칭조건을 부여할 수 있으나 PropertyManager(속성창)에서 대칭조건 ☑ **대칭(S)** 을 부여할 경우 기준으로 사용할 수 있는 요소는 보조선(중심선)이어야 합니다.

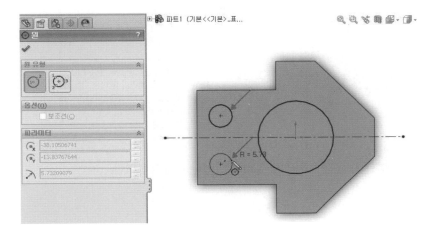

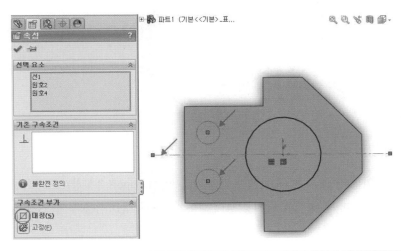

4 다음과 같이 원 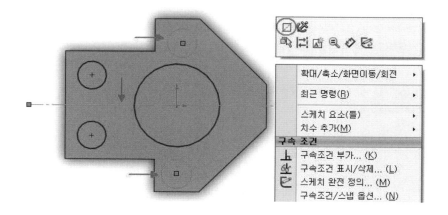 을 사용하여 스케치한 후 위와 같이 PropertyManager(속성창)에서 대칭 조건을 부여합니다. 또는 두 원과 중심선을 선택한 후 바로가기 메뉴의 구속조건에서 대칭을 선택하거나 마우스 오른쪽 버튼을 누르고 바로가기 메뉴에서 구속조건 대칭을 선택하여도 됩니다.

5 다음과 같이 수평한 중심선에 원의 중심점이 일치하도록 그립니다.

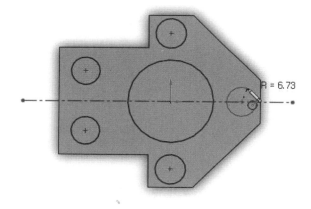

6 세 개의 작은 원을 Ctrl 을 누른 채 선택한 다음 PropertyManager(속성창)에서 구속조건 부가에 = 동등(Q) 을 선택하여 세 개의 원의 반경이 같아지도록 구속조건을 부여합니다.

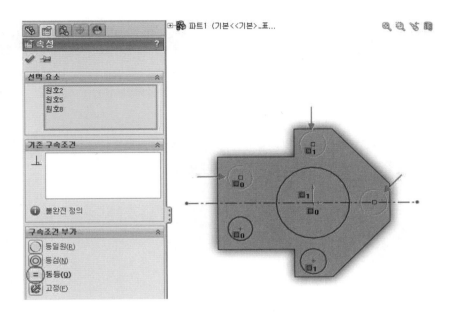

7 위와 같이 스케치가 끝났으면 스케치 도구모음에서 지능형 치수 를 클릭하여 다음과 같이 치

수를 부가한 다음 완전정의되었으면 스케치 확인코너에서 클릭합니다.

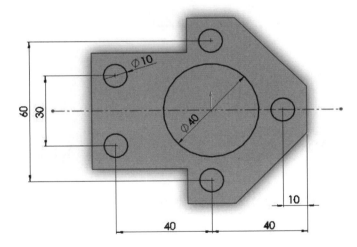

05   돌출컷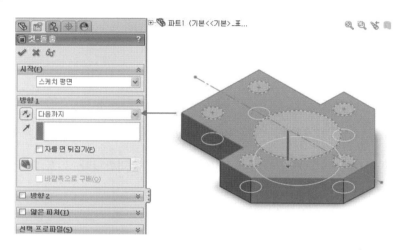

피처 도구모음에서 돌출컷 을 클릭하거나 삽입, 자르기, 돌출을 클릭합니다.

1 마침조건 : 다음까지

(스케치 평면에서 스케치한 전체 스케치 프로파일이 솔리드 형상을 자르는데 자르기의 마침은
전체 스케치 프로파일을 투영할 수 있는 솔리드 형상의 면까지 잘라냅니다.)

2 ✔ 확인

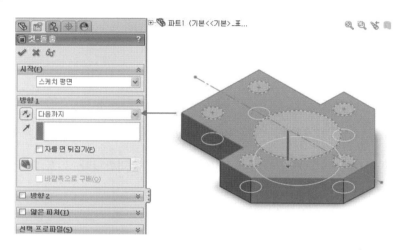

06   필렛 PropertyManager

피처 도구모음에서 필렛 을 클릭하거나 삽입, 피처, 필렛을 클릭합니다.

> **TIP**
>
> 필렛은 파트에 안쪽 또는 바깥쪽 곡면을 만듭니다. 모든 면 모서리, 선택한 면 세트, 선택한 모서리, 모서리 루프에 필렛
> 할 수 있습니다.

1 필렛 권장사항

① 작은 필렛보다 큰 필렛을 먼저 합니다. 꼭짓점에 여러 필렛을 만들 때에도 큰 필렛을 먼저 만듭니다.

② 필렛보다 구배를 먼저 추가합니다. 여러 개의 필렛된 모서리와 구배된 곡면으로 몰딩 또는 캐스트 파트를 만들 경우 대부분의 경우 필렛보다 구배피처를 먼저 추가합니다.

③ 파트 재생성 시간을 단축하려면 일정 반경 필렛이 필요한 여러 모서리를 처리할 때 단일 필렛 작업을 사용합니다.(단, 이렇게 필렛의 반경을 변경하면 같은 작업으로 생성된 모든 필렛이 변경됩니다.)

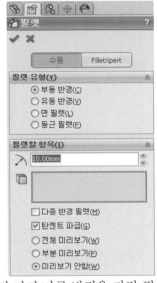

2 새 필렛 피처를 작성하거나 기존 필렛 피처를 편집할 때, 필렛 PropertyManager가 열립니다. PropertyManager가 적성하는 필렛의 유형에 따라 다르게 적절한 옵션을 표시합니다.

3 피처 편집을 사용하여 필렛을 편집할 때, 필렛 PropertyManager가 전환 버튼 없이 표시됩니다.

4 필렛 유형

① 부동반경 : 전체 필렛 길이에 일정한 반경을 가진 필렛을 작성합니다.

② 유동반경 : 필렛이 작성될 모서리에 포인터 점을 이용하여 여러 가지 다른 반경을 가진 필렛을 작성합니다.

③ 면필렛 : 인접하지 않은 면, 비연속면을 혼합합니다.

④ 둥근 필렛 : 인접한 세 개의 면 쌍에 접하는 필렛을 작성합니다.

5 필렛할 항목

① 반경 : 필렛 반경을 지정합니다.

② 모서리선, 면, 피처, 루프 : 그래픽 영역에서 필렛할 요소들을 선택합니다.

③ 다중 반경 필렛 : 모서리마다 반경이 다른 필렛을 작성합니다.(단, 공통 모서리 선을 가진 면이나 루프에는 다중반경을 지정할 수 없습니다.)

④ 탄젠트 파급 : 선택한 면과 접하는 모든 면에 필렛을 연장하여 적용합니다.

⑤ 전체 미리보기 : 모든 모서리의 필렛 미리보기를 표시합니다.

⑥ 부분 미리보기 : 첫번째 모서리의 필렛 미리보기만 표시합니다. 키보드의 A키를 누르면 필렛 미리보기를 하나씩 순서대로 볼 수 있습니다.

⑦ 미리보기 없음 : 복잡한 모델의 재생성 속도가 빨라집니다.

피처 이동/복사하기

이동하고자 하는 피처의 면을 선택하고 핸들이 나타나면 [Shift]를 누른 채 이동하고자 하는 솔리드 형상의 면이나 모서리로 드래그합니다. 이로써 피처와 동일한 조건과 관계를 가지며 이동이 됩니다. 복사하고자 할 때는 [Ctrl] 키를 누르고 이동과 같은 방법을 사용합니다.

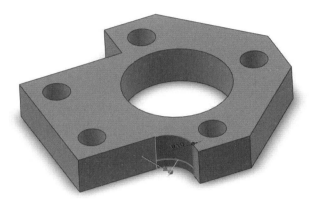

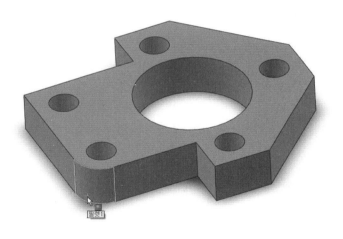

1 다음과 같이 필렛 PropertyManager에서 필렛 유형 중 부동반경을 선택하고 필렛할 항목 반경
📐에 15를 입력하고 형상의 두 모서리 선을 클릭합니다.

2 ✔ 확인

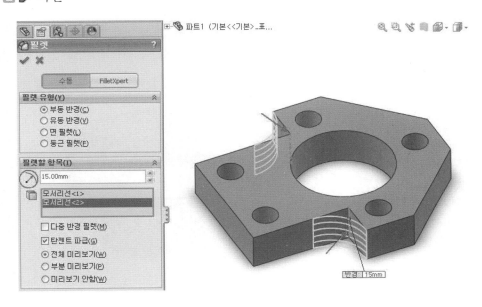

08 필렛🗔2

1 위와 같은 방법으로 필렛 PropertyManager에서 부동반경을 선택하고 반경 ⟋ 10을 입력한 후 형상의 두 모서리 선을 클릭합니다.

2 ✔ 확인

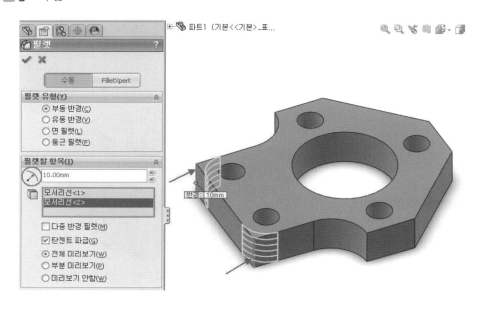

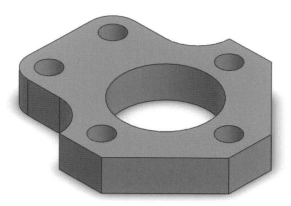

PROJECT
04 돌출, 필렛 사용예제

▶▶ 스케치 도구모음 - 스케치 잘라내기

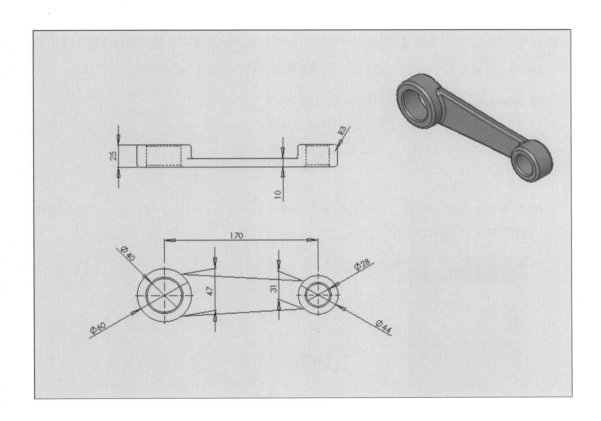

01 2D평면 선택하고 스케치하기 1

FeatureManager 디자인트리에서 정면을 선택하고 스케치 도구 모음에서 스케치 🖉를 클릭합니다.

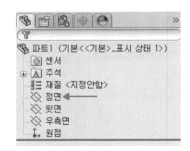

☑ 스케치 도구모음의 중심선 **┊** 을 클릭하여 원점에 일치하는 수평한 중심선을 스케치한 다음 원 ⊕과 선 ＼을 이용하여 다음과 같이 스케치를 합니다.

❶ 원점을 지나는 수평한 중심선을 스케치합니다.

91.24, 180°

❷ 원 유형의 원을 선택하고 원의 중심점을 스케치 원점에 일치되도록 하고 원의 반경을 클릭하여 원을 스케치합니다.

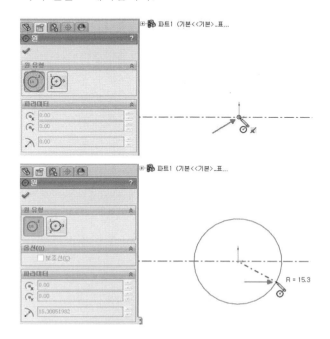

R = 15.3

❸ 원 유형의 원을 선택하고 원의 중심점을 수평한 중심선에 일치되도록 하고 원의 반경을 클릭하여 원을 스케치합니다.

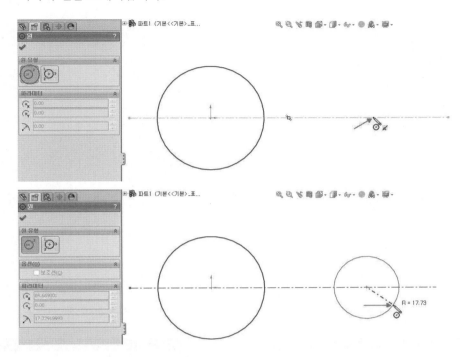

❹ 선을 선택하고 중심선 위, 아래에 두 개의 사선을 스케치합니다.

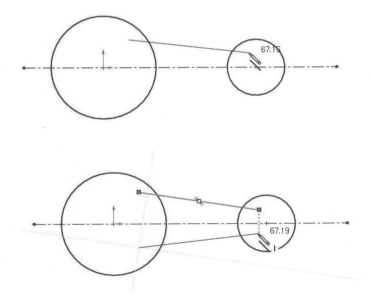

❺ 두 개의 사선과 수평한 중심선을 Ctrl 을 누른 채 선택한 후 PropertyManager(속성창)에서
구속조건 부가란에 대칭조건을 부여합니다. 두 선을 중심선을 기준으로 대칭조건이 이루어
집니다.

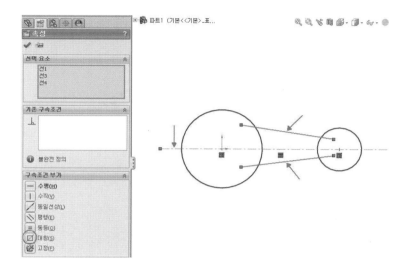

② 필요없는 요소는 스케치 도구모음의 스케치 잘라내기 🔀 도구를 사용하여 잘라냅니다.

③ 스케치 잘라내기 🔀의 PropertyManager(속성창) 옵션

① 지능형

- 자르기 : 포인터를 스케치 요소로 끌어 여러 개의 인접 스케치 요소를 잘라냅니다. 마우스 왼쪽 버튼을 누르고 잘라낼 스케치 요소까지 마우스를 드래그합니다. 드래그한 경로를 따라 흔적이 생기며 자를 요소를 지나면 마우스가 ⇖ 로 바뀌며 스케치 요소가 잘려집니다. 포인터를 누른 채로 원하는 요소를 끌어 잘라내기 작업을 계속할 수 있습니다.

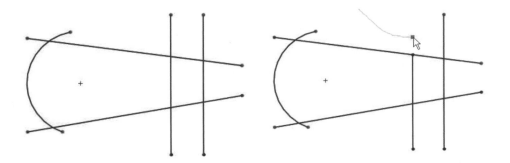

- 복원하기 : 마우스가 지나간 흔적과 잘라진 요소가 교차되는 부위에 포인터가 생기는데 이 포인터에 커서를 가져다 놓으면 잘라진 이전 형상으로 되돌아갑니다.

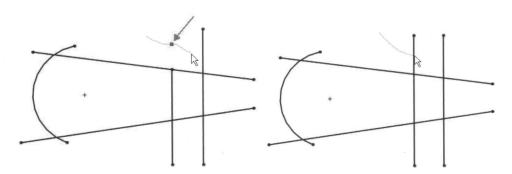

- 연장하기 : 연장할 스케치요소를 선택 후 드래그합니다.

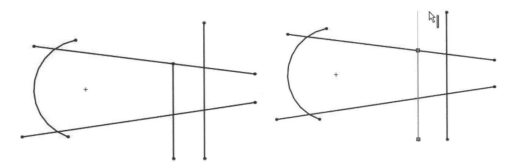

또는 자를 요소를 선택하고 기준이 될 요소를 선택하여 교차 부분까지 정확히 자를 수 있습니다.

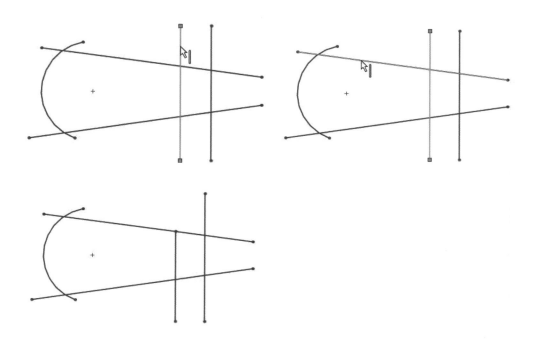

❷ 코너

두 스케치 요소가 가상 교차점에 이를 때까지 요소를 연장하거나 잘라냅니다.

● 코너 자르기

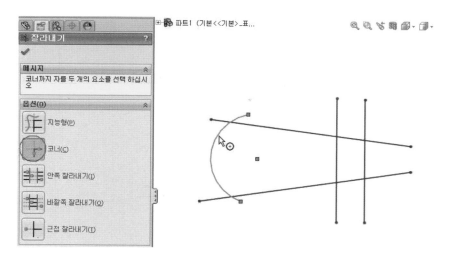

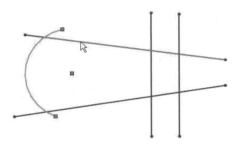
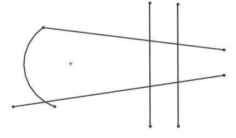

● 코너 연장하기

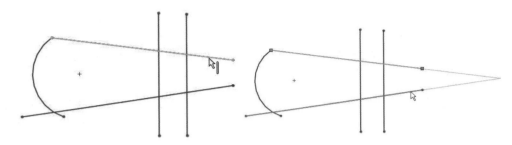

❸ 안쪽 잘라내기 ╪╪ : 두 개의 경계요소 안에 있는 스케치 요소를 잘라냅니다. 두 개의 경계
요소를 선택한 후 잘라낼 스케치 요소를 선택합니다.

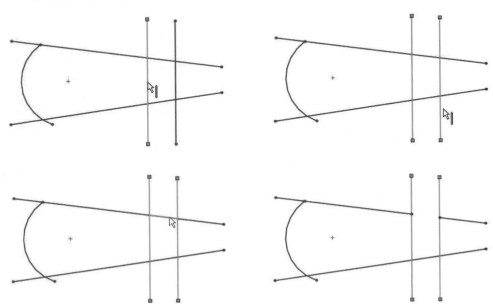

❹ 바깥쪽 잘라내기
두 개의 경계 요소 바깥쪽에 있는 스케치 요소를 잘라냅니다.

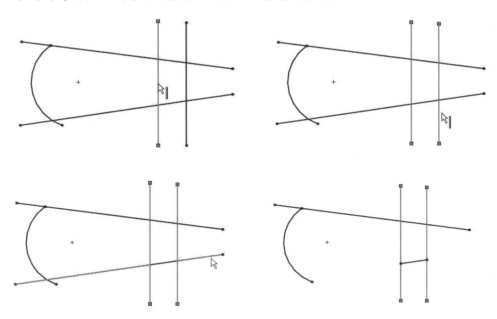

❺ 근접 잘라내기
잘라내려는 요소를 클릭하여 잘라냅니다.

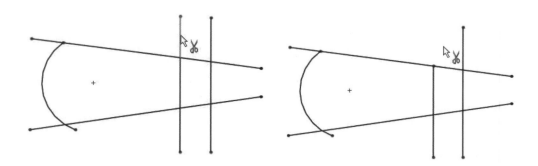

4 스케치 잘라내기 ✂ 옵션 중 근접 잘라내기를 이용하여 다음과 같이 필요 없는 요소를 잘라냅니다.

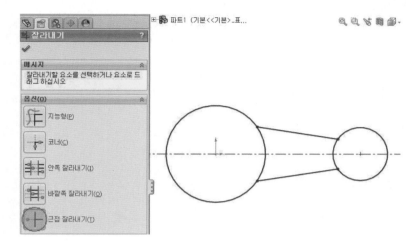

5 스케치 도구모음의 원 ⊙을 선택하고 원 유형의 원을 이용하여 스케치한 후 지능형치수 ◇를 클릭하여 치수를 다음과 같이 부여 합니다.

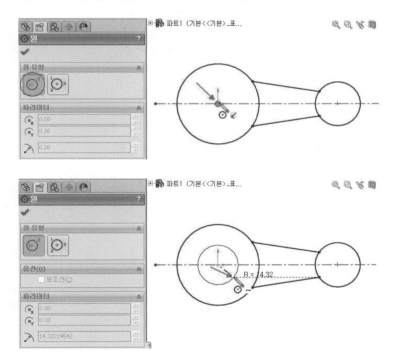

스케치하는 원의 중심점을 스케치 원점에 일치하게 자동 구속조건 일치를 확인하면서 스케치합니다. 이렇게 스케치하면 두 원의 중심점 위치가 같아집니다.

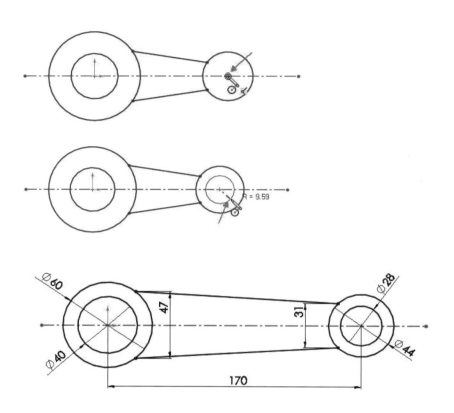

완전정의 된 스케치가 완성되었으면 스케치 확인코너에서 클릭합니다.

02 다중 폐곡선 스케치를 이용한 돌출 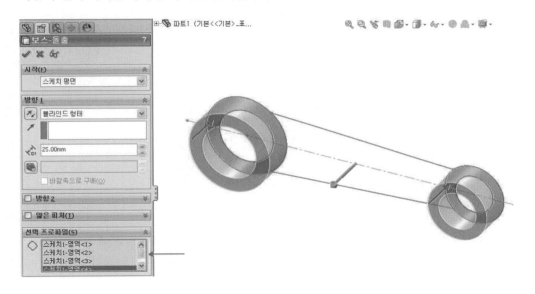 1

피처 도구모음에서 돌출 보스/베이스 를 클릭합니다.

1 마침조건 : 블라인드 형태

2 깊이 : 25

3 ✔ 확인

선택 프로파일 : 위와 같이 다중 폐곡선으로 이루어진 스케치의 경우 원하는 영역 또는 프로파일
을 선택하여 피처를 생성할 수 있습니다.
다음과 같이 피처를 생성할 영역을 선택합니다.

하나의 폐곡선으로 이루어져 있는 스케치를 프로파일이라 하는데 위와 같이 스케치가 여러 개의
폐곡선이 있다면 각각의 폐곡선을 영역 프로파일이라 하며 FeatureManager 디자인트리에서 지
금 실행한 돌출의 스케치 아이콘이 으로 바뀝니다.

03 스케치 공유를 이용한 피처 생성

1 FeatureManager 디자인트리에서 위의 생성한 피처의 스케치를 이용하여 다음 피처를 생성합니다. 즉 스케치를 공유하여 피처를 생성할 수 있습니다.

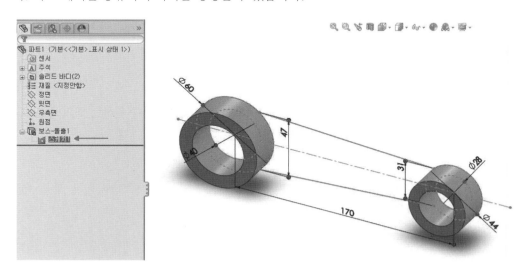

2 피처도구모음에서 돌출 보스/베이스 📷를 클릭합니다.

❶ 마침조건 : 블라인드 형태

❷ 깊이 ⟨ᴅ₁ : 10

❸ ✔ 확인

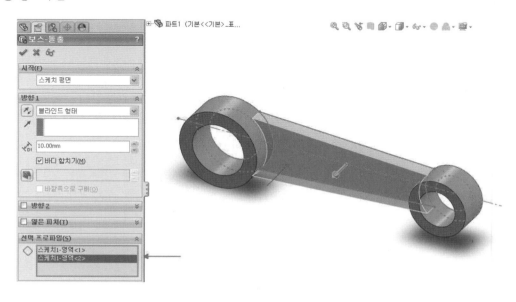

FeatureManager 디자인트리에서 돌출 피처의 스케치에 스케
치 공유 표시 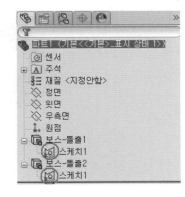 스케치1를 확인할 수 있습니다. 이는 다른 피
처와 스케치를 같이 쓰고 있음을 나타냅니다.

---

04 필렛 1

피처도구모음에서 필렛을 클릭하거나 삽입 → 피처 → 필렛을 클릭합니다.

필렛 PropertyManager에서 부동반경을 선택하고 반경에 3을 입력하고 형상 모서리를 클릭하
여 다음과 같이 필렛을 줍니다.

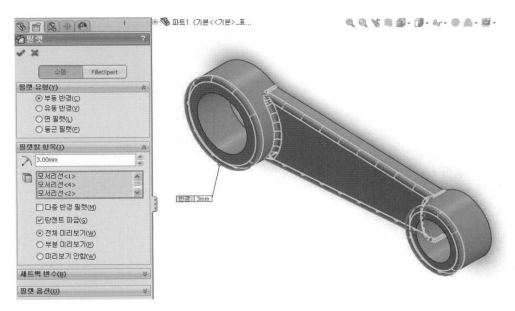

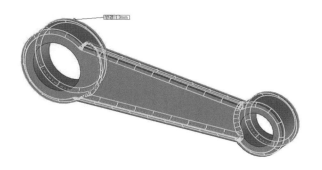

05 모따기 1

피처 도구모음에서 모따기 를 클릭하거나 삽입 → 피처 → 모따기를 클릭합니다.

1 모따기 PropertyManager

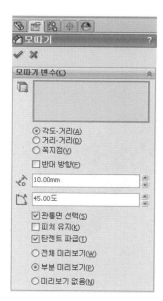

❶ 모따기 할 모서리선과 면, 꼭짓점을 선택합니다.

❷ 각도 - 거리 : 거리 와 각도 를 지정합니다. 거리가 측정되는 방향을 가리키는 화살표가 나타나면, 화살표를 선택하여 방향을 바꾸거나 반대방향을 선택하여 방향을 바꿉니다.

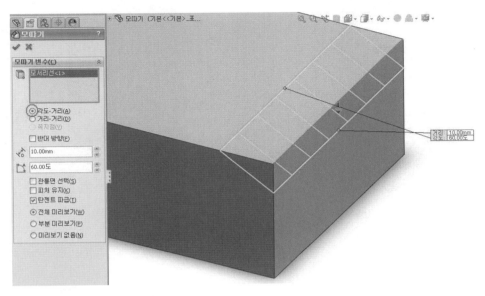

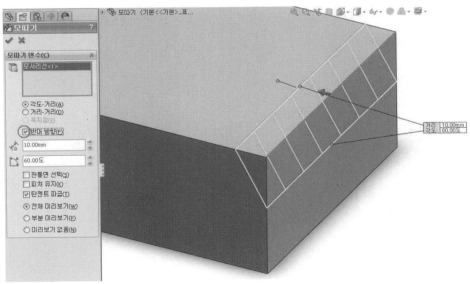

❸ 거리 - 거리 : 모따기를 위해 선택한 모서리선의 양쪽 거리 값이 다를 경우 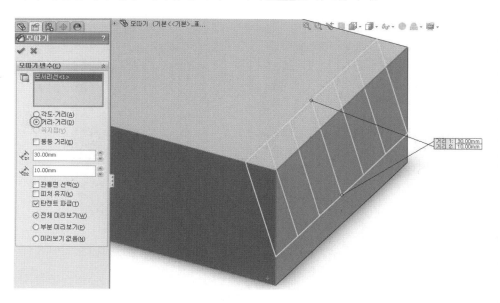, 값을 입력하고, 같을 경우 동등 거리를 클릭하고 거리값 을 입력합니다.

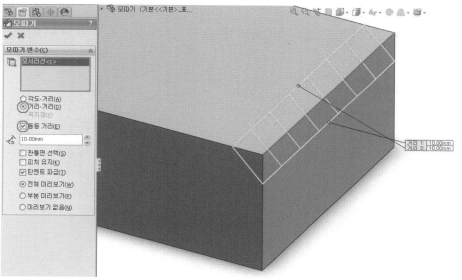

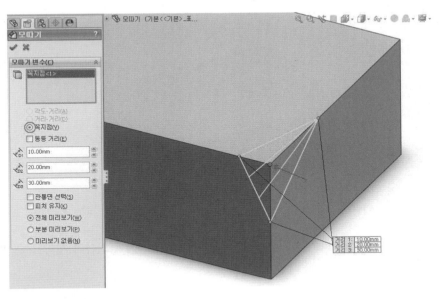 꼭짓점 : 선택한 꼭짓점에서 이어진 세 모서리선의 거리에 대한 값을 입력하거나 동등 거리를 클릭하고 하나의 값을 지정합니다.

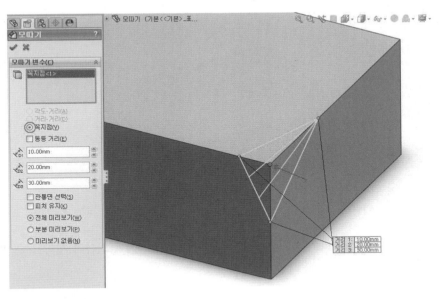

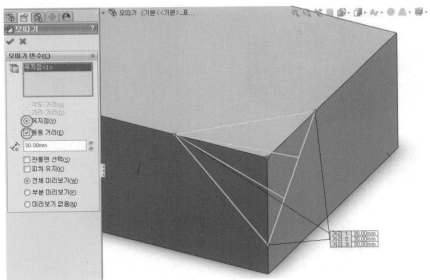

❺ 관통면 선택 : 그래픽에서 현재 안보이는 모서리를 선택할 수 있도록 합니다.

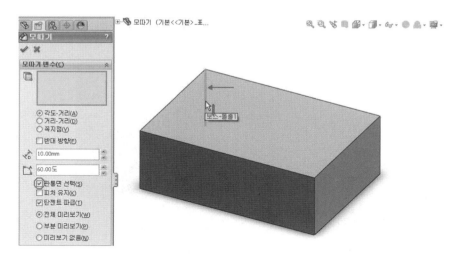

❻ 피처유지 : 선택하여 모따기를 적용할 때 적용한 모따기의 값에 의하여 제거될 수 있는 피처를 보존합니다.

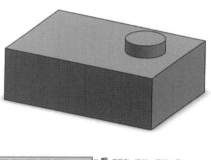

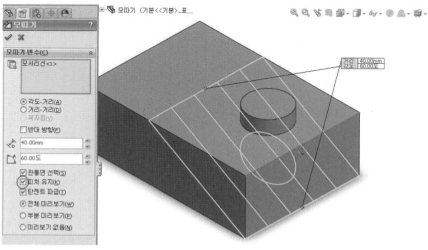

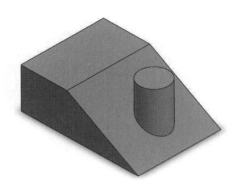

(피처 유지를 선택하면 피처가 모따기 값에 의해 제거되지 않고 피처가 그대로 유지됩니다.)

2 모따기  PropertyManager에서 란에 다음과 같이 모따기할 모서리를 선택한 다음 거리 - 거리와 동등거리를 선택하고 거리값 에 2를 입력합니다.

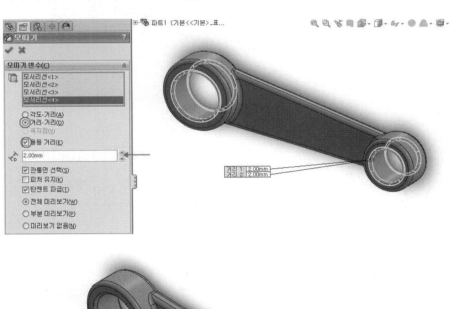

PROJECT

05 돌출, 필렛옵션 사용예제

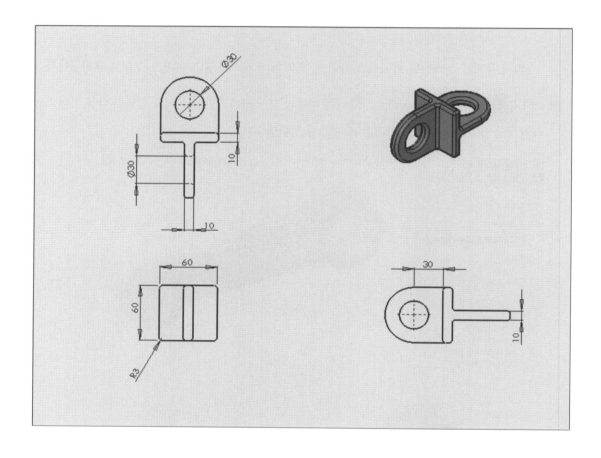

01   2D평면 선택하고 스케치하기 1

FeatureManager 디자인트리에서 정면을 선택하고 스케치 도구모음에서 스케치 를 클릭합니다.

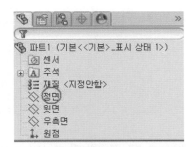

1 스케치 도구모음의 사각형을 이용하여 다음과 같이 스케치합니다.

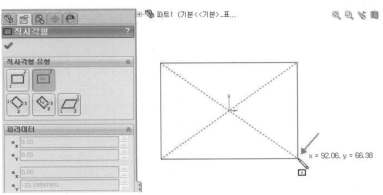

x = 92.06, y = 66.38

2 지능형 치수 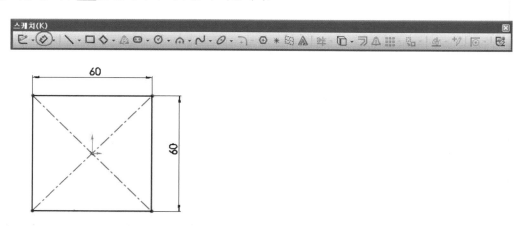를 클릭하여 치수를 부여합니다.

스케치 확인코너에서 클릭합니다.

02 돌출 1

피처 도구모음에서 돌출 보스/베이스를 클릭합니다.

1 마침조건 : 블라인드 형태

2 깊이 : 10

3 ✔ 확인

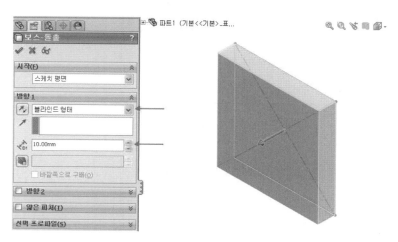

03 2D평면 선택하고 스케치하기 2

FeatureManager 디자인트리에서 우측면을 선택하고 스케치 도구모음에서 스케치 █를 클릭합니다.

1 스케치 도구모음의 사각형 █을 클릭하여 다음과 같이 스케치합니다.

① 직사각형 유형의 코너를 선택 한 후 코너의 한 점을 형상의 모서리점과 일치조건이 들어가 도록 한 점의 위치를 정해 줍니다.

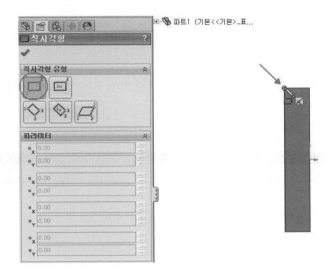

② 사각형의 다음 코너 점은 다음과 같이 왼쪽 아래 임의의 위치에서 지정합니다.

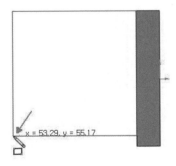

x = 53.29, y = 55.17

☑ 위와 같이 스케치되었으면 스케치 도구모음의 지능형 치수 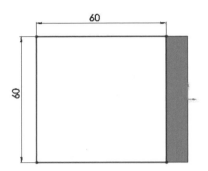 를 선택하고 다음과 같이 치수를 부여합니다.

☑ 스케치 도구모음의 원 ⊕ 을 이용하여 스케치하고 지능형 치수 ◈ 를 클릭하여 다음과 같이 치수를 부여합니다.

❶ 원 유형의 원을 선택하고 중심점과 반경을 클릭하여 원을 스케치합니다.

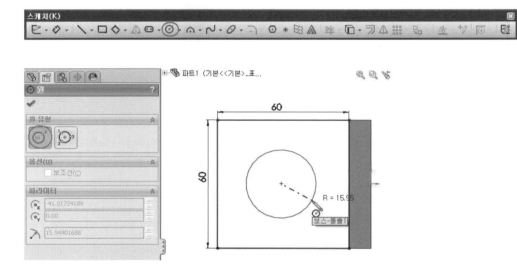

❷ 원의 중심점과 스케치 원점을 선택한 후 구속조건 부가에 수평조건을 부여합니다.

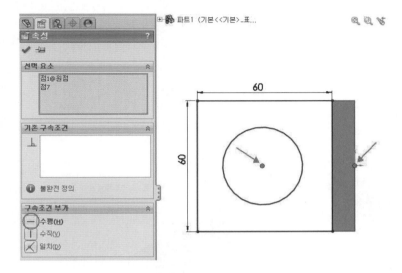

TIP

스케치평면의 ⊹ 원점에서 화살표가 짧은 쪽이 수평, 긴 쪽이 수직을 나타내므로 원의 중심점과 원점의 구속조건을 부가할 때는 수평조건을 부여합니다.

❸ 지능형 치수 ◇를 클릭하여 다음과 같이 치수를 부여합니다.

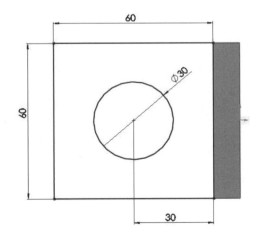

스케치 확인코너에서 🖉 클릭합니다.

04 돌출 2

피처 도구모음에서 돌출 보스/베이스 를 클릭합니다.

1 마침조건 : 중간평면

2 깊이 : 10

3 확인

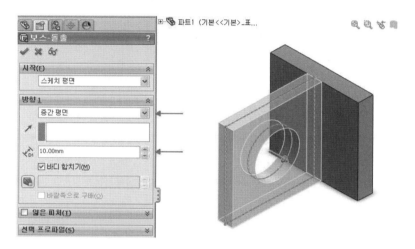

05 필렛 1 / 둥근 필렛

피처 도구모음에서 필렛을 클릭합니다.

필렛 PropertyManager에서 필렛 유형 중 둥근 필렛을 선택하고 다음과 같이 필렛할 항목에서 두 개의 측면쌍과 둥근 필렛이 적용될 중간면을 선택하여 인접한 세 개의 면쌍에 접하는 필렛을 작성합니다.

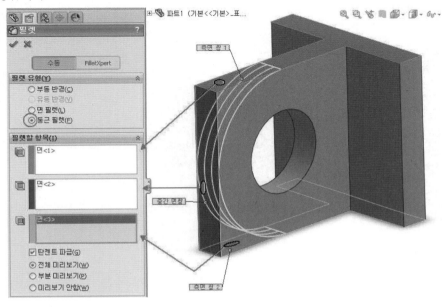

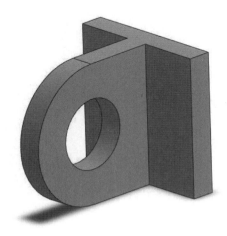

 확인

06   2D평면 선택하고 스케치하기 3

FeatureManager 디자인트리에서 윗면을 선택하고 스케치 도구모음에서 스케치 ✏️를 클릭합니다.

🔲 스케치 도구모음의 사각형 🔲 을 클릭하여 다음과 같이 스케치합니다.

   ❶ 직사각형 유형의 코너를 선택한 후 코너의 한 점을 형상의 모서리점과 일치조건이 들어가
     도록 한 점의 위치를 정해 줍니다.

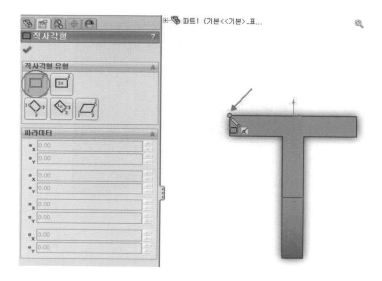

   ❷ 사각형의 다음 코너 점은 다음과 같이 위쪽 상단 임의의 위치에서 지정합니다.

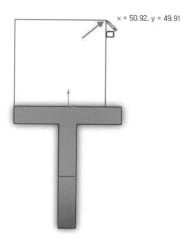

❸ 다음과 같이 사각형의 선분과 형상의 모서리를 Ctrl 을 누른 채 선택한 다음 구속조건 부가에 동일 선상을 부여합니다.

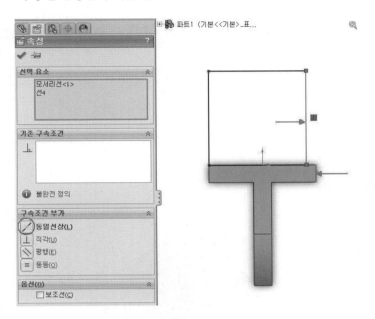

② 스케치 도구모음의 지능형 치수 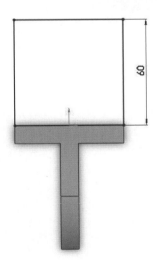를 선택하고 다음과 같이 치수를 부여합니다.

스케치 확인코너에서 클릭합니다.

07　　돌출 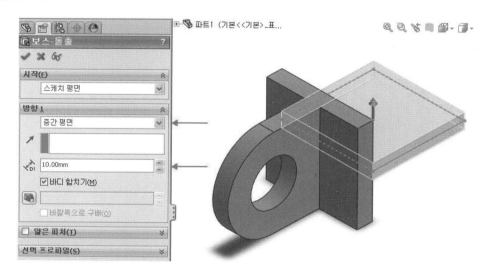 3

피처 도구모음에서 돌출 보스/베이스 를 클릭합니다.

1 마침조건 : 중간평면

2 깊이 : 10

3 ✔ 확인

08 · 필렛 2 / 둥근 필렛

피처 도구모음에서 필렛 클릭합니다.

필렛 PropertyManager에서 필렛 유형 중 둥근 필렛을 선택하고 다음과 같이 인접한 세 개의 면쌍에 접하는 필렛을 작성합니다.

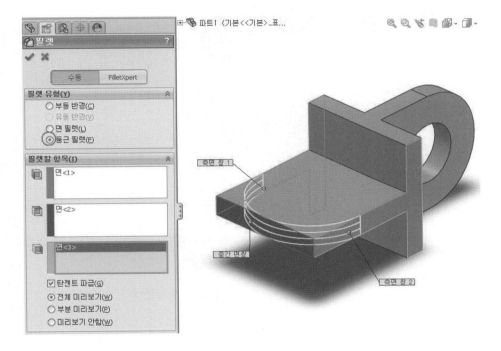

다음과 같이 형상의 면을 선택하고 스케치 도구모음에서 스케치 를 클릭합니다.
스케치를 클릭한 후 면의 수직보기 상태(Ctrl + 8)에서 스케치를 하는 것이 편합니다.

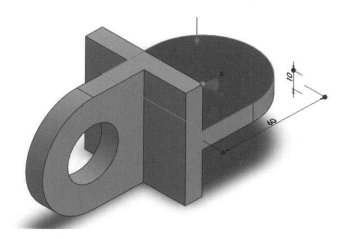

1 스케치 도구모음의 원 을 이용하여 스케치하고 지능형 치수 를 클릭하여 다음과 같이 치수
를 부여합니다.

① 원 유형의 원을 선택하고 중심점과 반경을 클릭하여 원을 스케치합니다.

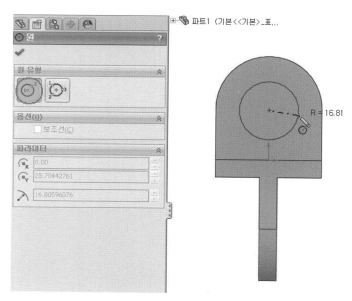

❷ 원과 형상의 원주 모서리를 선택한 후 구속조건 부가에 동심조건을 부여합니다.

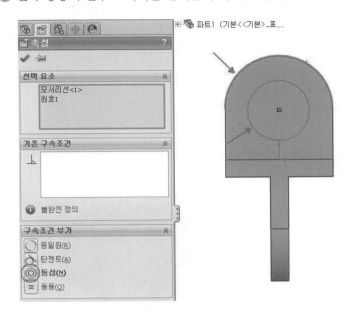

❸ 지능형 치수 ◈를 클릭하여 다음과 같이 치수를 부여합니다.

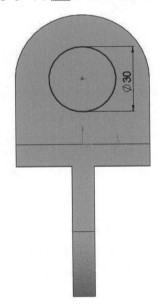

스케치 확인코너에서 ◈ 클릭합니다.

10   돌출컷 🔲

피처 도구모음에서 돌출컷🔲을 클릭하거나 삽입, 자르기, 돌출을 클릭합니다.

1 마침조건 : 다음까지

2 ✔ 확인

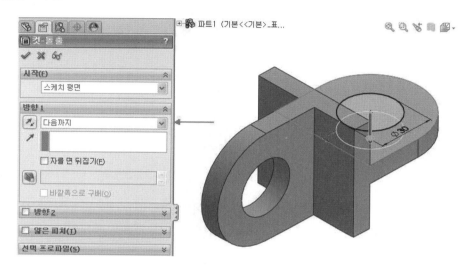

T I P

FeatureManager 디자인트리에서 치수를 변경하여 스케치 구속조건에 따른 형상의 변화를 확인합니다.

---

1 등각보기([Ctrl] + [7]) 상태로 물체 형상을 놓고 FeatureManager 디자인트리에서 베이스 돌출 피처를 클릭합니다.

❶ 기본적으로 검은색의 치수는 스케치에서 적용된 치수이고 파란색 치수는 피처에서 적용된 치수입니다. 스케치 치수를 클릭하여 치수 수정창이 나타나면 치수를 다음과 같이 변경해 봅니다. 치수를 변경한 후 재생성 버튼 ✔ ✗ 🔘 ↗ ⁺? 🖋 을 클릭합니다.

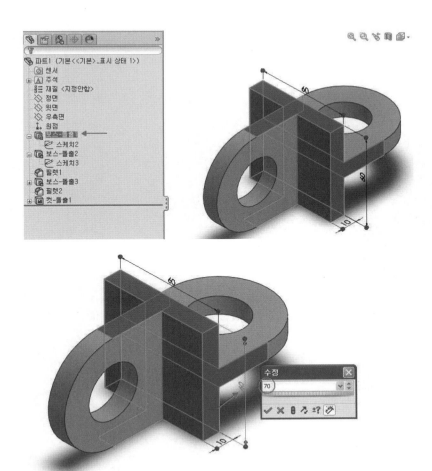

❷ 치수를 변경하면 다음과 같이 오류 메시지가 나타납니다. 이유는 세 면에 인접한 필렛을 구현하지 못하기 때문입니다.

우선 계속하기(오류 무시)를 누릅니다.

세 면에 인접한 필렛을 못하는 이유는 다음과 같이 스케치 형상의 크기 값을 치수로 구속하였
기 때문입니다.

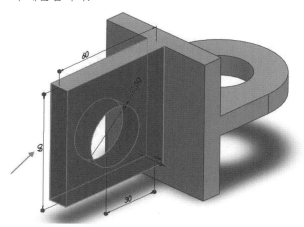

❸ FeatureManager 디자인트리에서 돌출 피처를 클릭하고 스케치 치수 60을 70으로 변경시켜
봅니다.

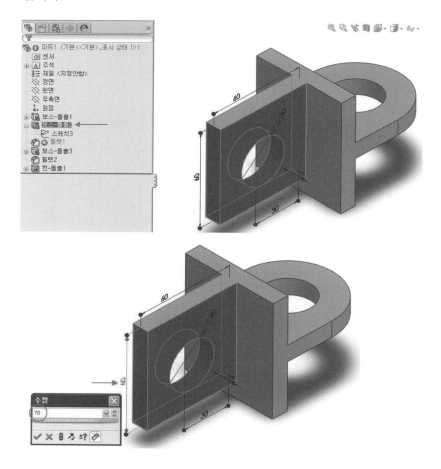

❹ 치수를 수정하고 나면 필렛 오류가 없어지면서 세 면에 인접한 필렛이 나타납니다.

❺ FeatureManager 디자인트리에서 베이스 돌출 피처를 클릭하고 이번에는 수평치수 60을 70
  으로 변경해 봅니다.

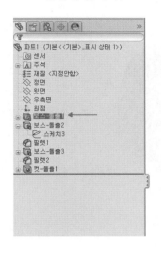
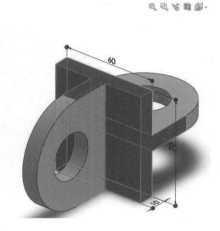

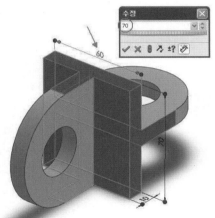

❻ 치수가 바뀌어도 돌출 스케치가 베이스 피처의 크기를 맞추면서 변화되어 세 면에 인접한
  필렛을 유지합니다.

❼ 그 이유는 돌출 스케치의 크기를 치수로 구속한 것이 아니라 형상과의 구속조건을 하였기 때문입니다.

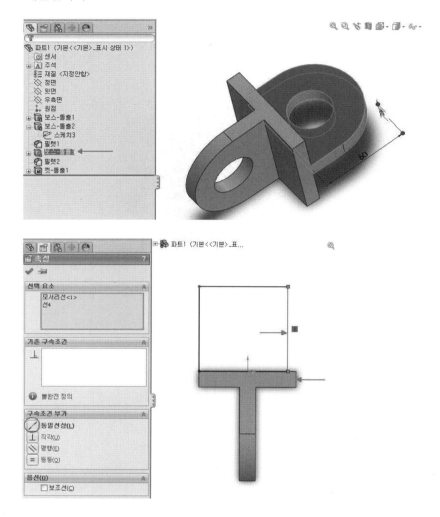

이와 같이 치수로 형상의 크기를 구속하는 것과 형상과의 구속조건으로 형상의 크기를 구속하는 것은 피처 수정에 의해서 관련되는 피처에 영향을 미칠 수 있습니다. 또한 적절한 구속조건은 피처와 피처, 피처와 스케치 간의 연관성이 부여되어 피처의 수정과 형상 유지가 원활히 되도록 합니다.

위에서 바꾸었던 치수를 원 상태로 다시 수정합니다.

08   필렛 📐 3

필렛 PropertyManager에서 필렛 유형은 부동반경을 선택하고 반경 ⟋에 3을 입력합니다.

📄란에 FeatureManager 디자인트리 플라이아웃에서 다음과 같이 피처를 선택하여 형상의 모든 모서리에 필렛을 줍니다.

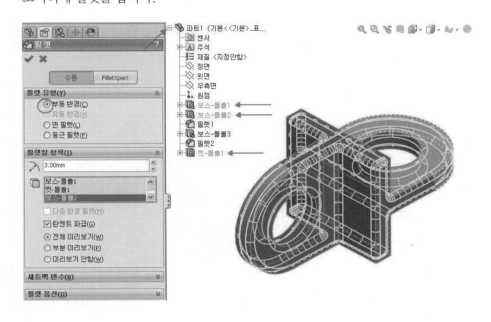

✔️ 확인

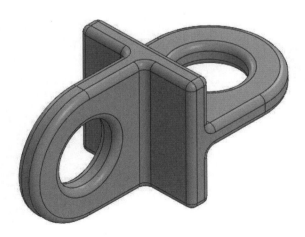

PROJECT

06 돌출, 스케치예제

▶▶ 스케치 도구모음 - 원형 스케치 패턴, 홈 사용예제

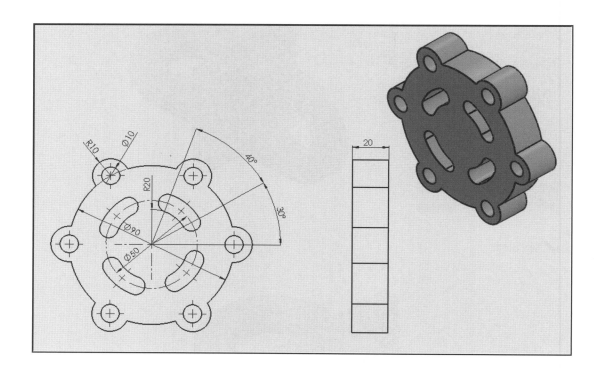

01 2D평면 선택하고 스케치하기 1

FeatureManager 디자인트리에서 정면을 선택하고, 스케치 도구모음에서 스케치 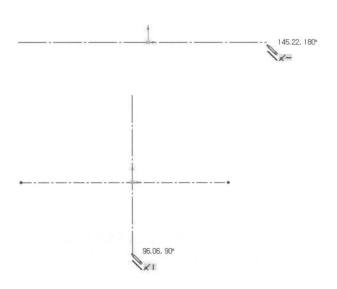를 클릭합니다.

1 다음과 같이 스케치 도구모음의 중심선 █️을 클릭하여 원점을 지나는 수평한 중심선과 수직한 중심선을 그립니다.

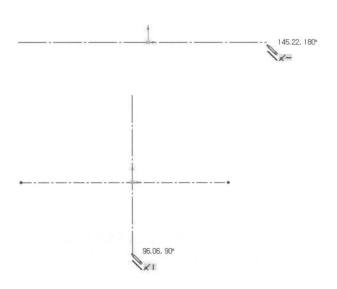

2 스케치 도구모음에서 원 ⊕을 클릭하고 원 유형에서 원을 선택한 다음 스케치 원점과 일치하는 원과 OSNAP을 이용하여 그 원의 사분점에 중심점이 일치하는 작은 원을 생성합니다.

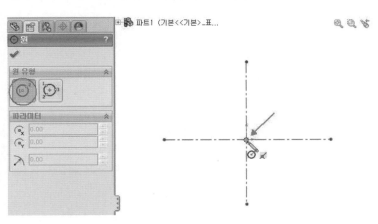

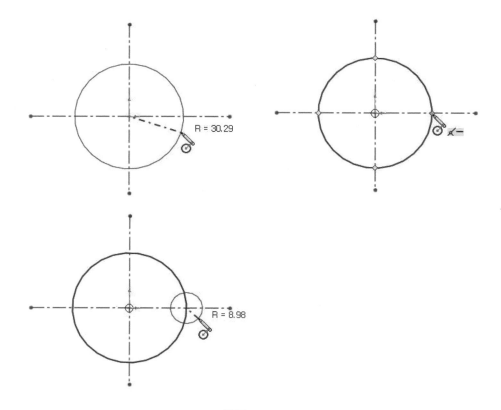

③ 스케치 도구모음의 원형 스케치 패턴  을 클릭합니다.

④ 원형 스케치 패턴 PropertyManager

❶ [   ] : 디폴트 스케치 원점을 패턴의
중심으로 사용합니다.

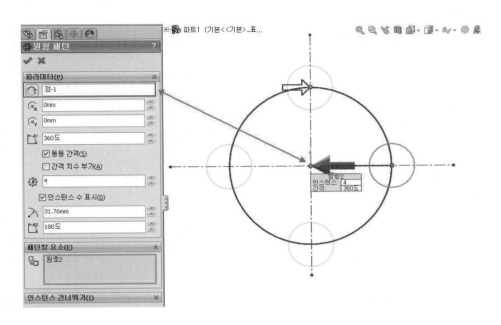

하지만 같은 스케치에서 다른 점을 선택하여 패턴의 중심을 변경할 수 있습니다.

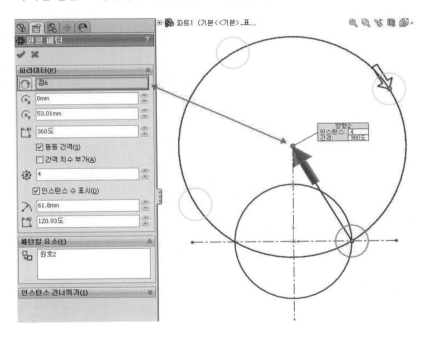

또는 중심X , 중심Y , 원호 각도의 수치를 각기 별도로 수정하여 패턴의 중심의 위치를 수정할 수도 있습니다.

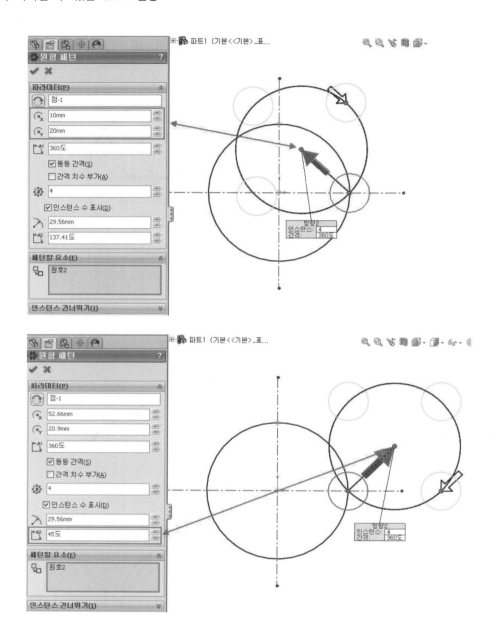

❷ 반대방향 : 패턴의 회전방향 설정

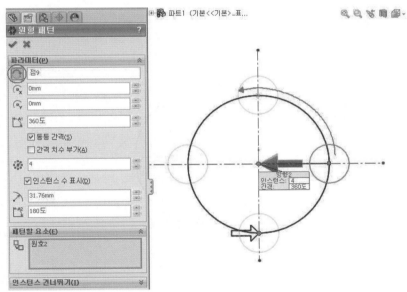

❸ 중심X 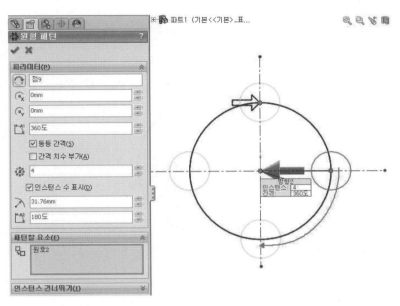 : 스케치 원점 X축에서부터 거리값을 가지는 패턴의 중심

❹ 중심Y : 스케치 원점 Y축에서부터 거리값을 가지는 패턴의 중심

❺ 간격 : 패턴에 포함된 총 각도의 수

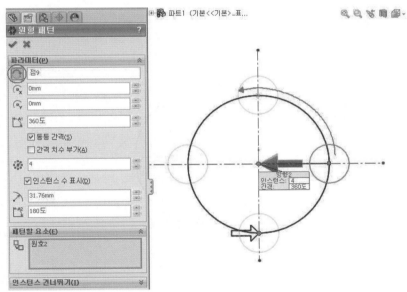

⑥ 동등간격 : 패턴 사이의 간격을 동등하게 줄 때 체크합니다.

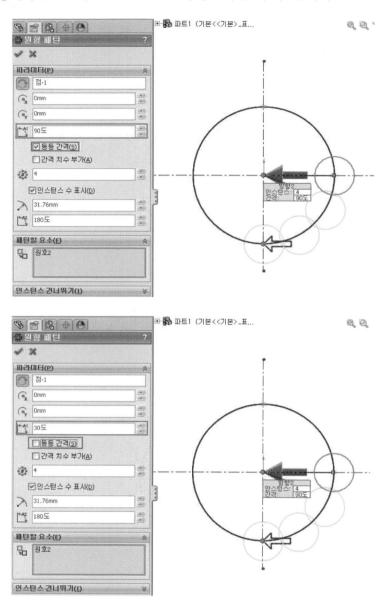

⑦ 간격치수 부가 : 패턴 인스턴스 사이에 치수를 표시해 줍니다.

⑧ 인스턴스 수 : 패턴 인스턴스의 수(패턴할 요소를 포함한 개수)
인스턴스 수 표시 : 패턴된 요소의 개수가 문자로 표시됩니다.

❾ 반경 : 패턴의 반경(패턴할 요소와 패턴의 중심점 사이의 반경)

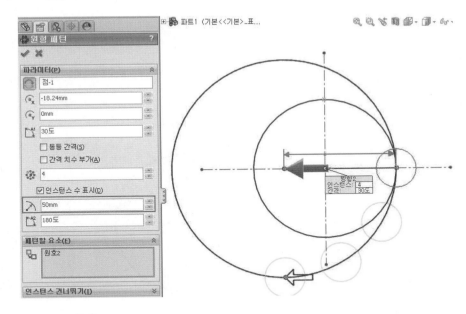

❿ 원호 각도 : 각도는 선택한 요소의 중심에서 패턴의 중심점이나 꼭짓점까지의 각입니다.

⓫ 패턴할 요소 : 그래픽영역에서 패턴할 스케치 요소를 선택합니다.

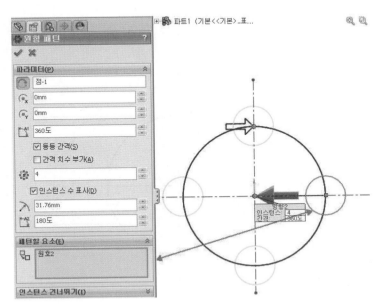

⑫ 인스턴스 ⬡ 건너띄기 : 그래픽 영역에서 패턴에 포함하지 않을 인스턴스를 포인터 👆로
선택합니다.

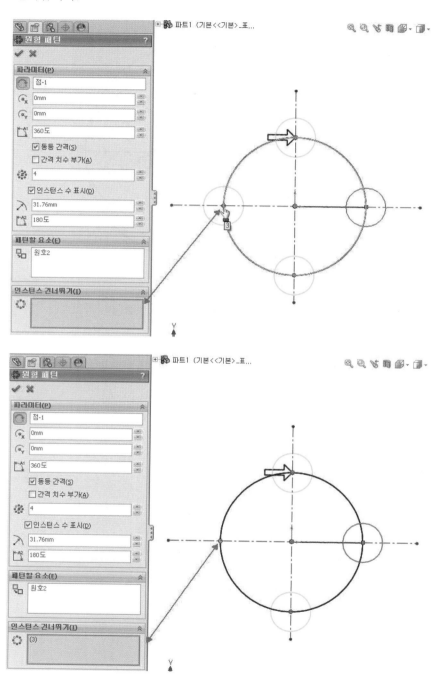

5 원형 패턴을 이용하여 다음과 같이 스케치를 완성합니다.

① 원형 스케치 패턴 PropertyManager(속성창)에서 패턴할 요소 를 사분점에 그린 작은 원을 선택하고, 패턴할 인스턴스 수는 6, 간격 에 360°를 기입하고 동등간격에 체크만 하고 나머지 옵션은 선택하지 않습니다.

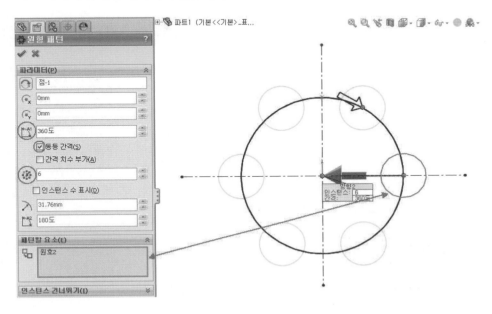

✔ 확인

② 패턴된 요소의 위치를 지정하기 위해 180°에 위치한 패턴된 요소의 중심점과 스케치 원점을 선택하고 구속조건 부가에 수평조건을 부여합니다.

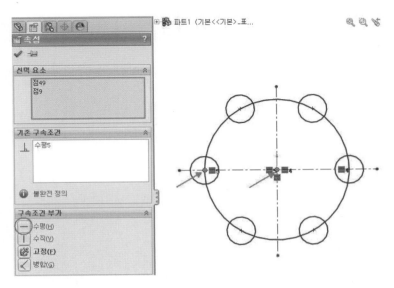

6 다음과 같이 스케치 도구모음의 스케치 잘라내기 ⟪⟫와 지능형 치수 ⟪⟫를 이용하여 형상을 만들고 치수를 부여합니다.

❶ 큰 원의 지름 치수로 90을 부여합니다.

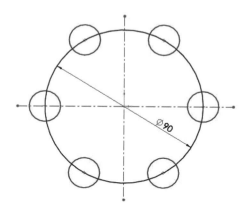

❷ 스케치 잘라내기 ⟪⟫를 이용하여 다음과 같이 스케치를 완성합니다.

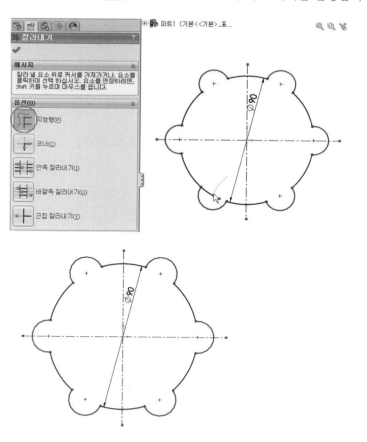

큰 원과 작은 원이 잘라지면서 작은 원의 중심점이 큰 원의 원주 상에 위치하는 일치조건도 같

이 지워지게 됩니다. ❹에서 이 조건을 다시 부여하겠습니다.

❸ 스케치 도구모음의 지능형 치수 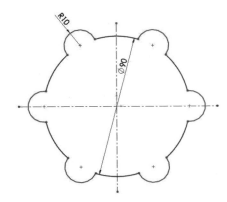 를 이용하여 치수를 부가합니다.

❹ 패턴 중심점의 위치를 지정하기 위해 다음과 같이 호의 중심점과 스케치 원점을 선택하고 구속조건 부가의 수평조건을 부여합니다.

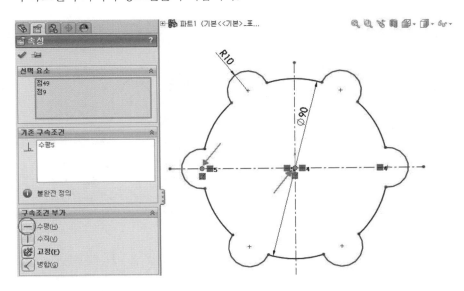

호의 중심점과 지름 90인 원주를 선택하고 구속조건 부가에 일치조건을 부여합니다.

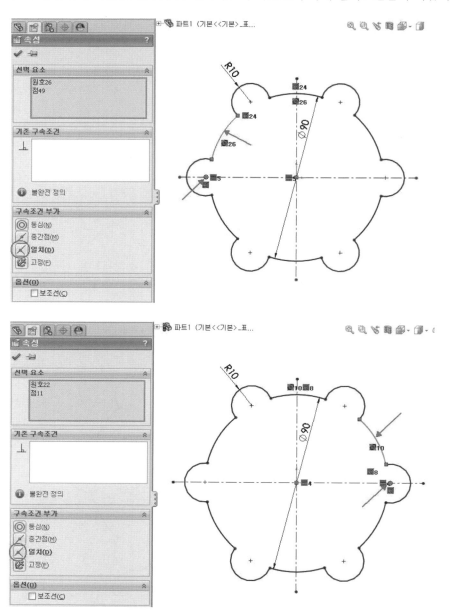

이와 같이 패턴의 중심점과 잘려진 작은 원 위치를 구속조건으로 결정하여 줌으로써 완전정의된 스케치를 얻을 수 있습니다.

7 위와 같은 방법으로 스케치 도구모음의 원 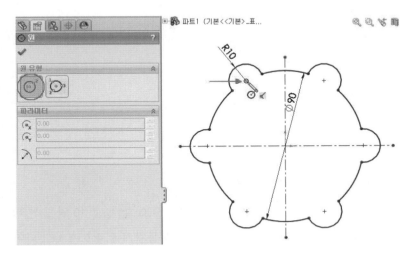 과 원형 스케치 패턴 을 이용하여 다음과 같이 스케치를 합니다.

① 스케치 도구모음에서 원 을 클릭하고 다음과 같이 그려진 호의 중심점과 그리고자 하는 원의 중심점이 일치하도록 하여 원을 그립니다.

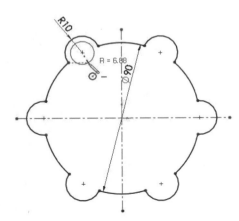

❷ 스케치 도구모음의 지능형 치수 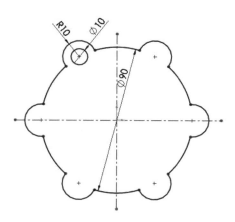 를 이용하여 치수를 부여합니다.

❸ 스케치 도구모음의 원형 스케치 패턴 을 선택합니다.

원형 스케치 패턴 PropertyManager(속성창)에서 패턴할 요소 를 ∅10 원을 선택하고, 패턴할 인스턴스 수 는 6, 간격 에 360°를 기입하고 동등간격에 체크만 하고 나머지 옵션은 선택하지 않습니다.

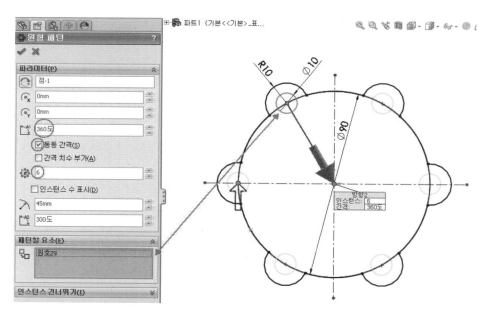

❸ 패턴 중심점의 위치를 지정하여 완전 정의된 스케치를 완성하기 위해 다음과 같이 호와 패턴 복사된 원을 선택하고 구속조건 부가의 동심조건을 부여합니다.

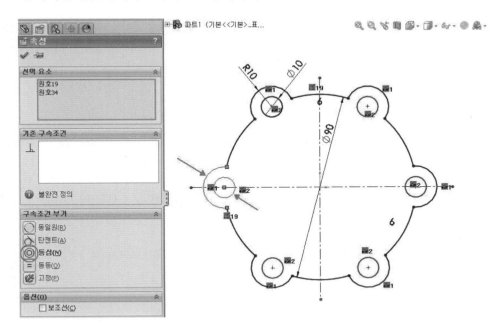

⑧ 다음과 같이 스케치 도구모음의 원 과 중심선 █ 지능형 치수 를 이용하여 스케치합니다.

❶ 원 ◉을 클릭하고 원 유형에 원을 선택한 다음 스케치 원점과 원의 중심점이 일치하도록 원을 그립니다.

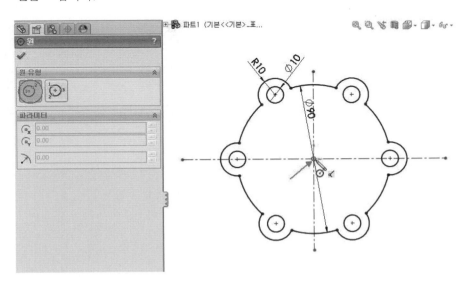

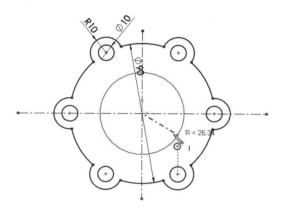

❷ 그려진 원을 선택하고 PropertyManager(속성창) 옵션에서 보조선을 체크하여 보조선으로
만들고 치수를 부여합니다.

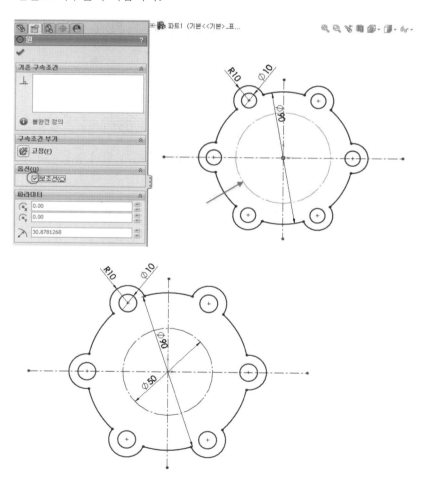

❸ 중심선 ▮ 을 선택하고 중심선의 한 끝점이 원점에 일치하는 사선 두 개를 그립니다. 이어
서 지능형 치수 ◈ 를 이용하여 각도를 부여합니다.

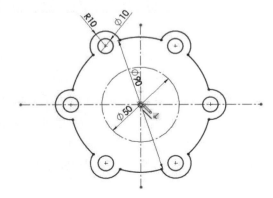

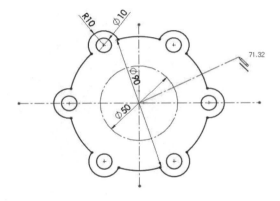

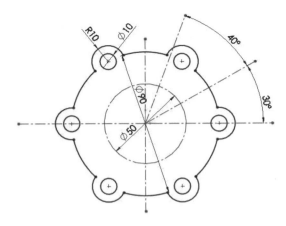

⑨ 스케치 도구모음의 중심점 호 홈  을 선택하여 스케치합니다.

❶ 스케치 도구모음의 중심점 호 홈 을 선택하면 홈 유형의 중심점 호 홈에 체크되어 있습니다. 첫 번째 지정하는 홈의 중심점은 스케치 원점에 일치하게 하고 두 번째 지정하는 호의 중심점은 30°보조선과 ∅50 원의 교점에 위치하도록 합니다. 세 번째 지정하는 호의 중심점은 40°보조선에 일치하도록 합니다. 마지막으로 홈의 폭을 지정합니다. 치수 부가에는 체크하지 않습니다.

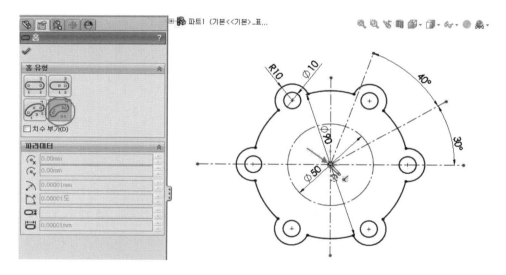

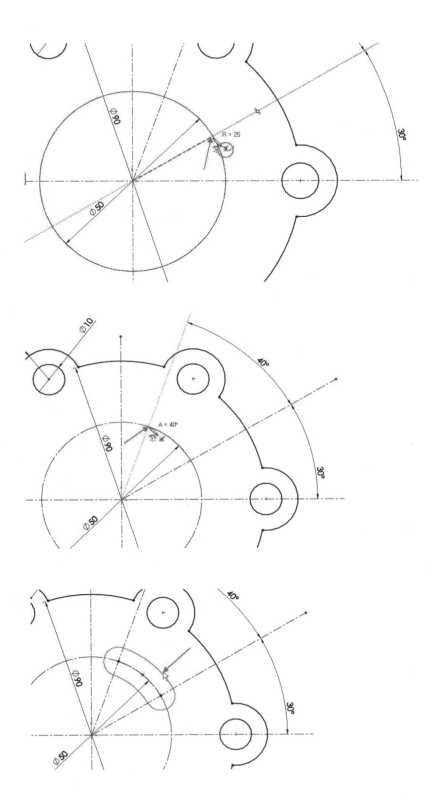

❷ 지능형 치수 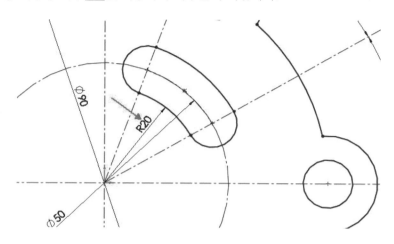를 이용하여 치수를 부여합니다.

🔟 스케치 도구모음의 원형 스케치 패턴 ⚬⚬ 을 선택합니다.

❶ 원형 스케치 패턴 PropertyManager(속성창)에서 패턴할 요소 ⤶ 를 홈을 선택하고, 패턴 할 인스턴스 수 ⚬⚬ 는 4, 간격 ⟋ 에 360°를 기입하고 동등간격에 체크만하고 나머지 옵션은 선택하지 않습니다.

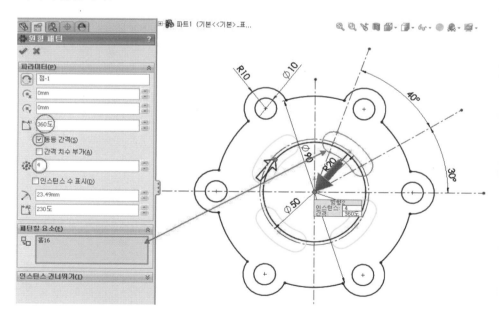

❷ 패턴 중심점의 위치를 지정하여 완전 정의된 스케치를 완성하기 위해 두 개의 홈을 선택한
다음 구속조건 부가의 동일한 홈 조건을 부여합니다.

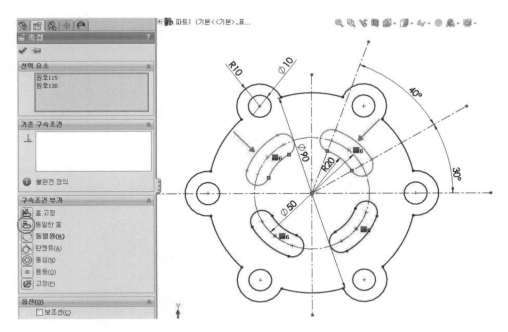

스케치 확인코너에서 ![icon]를 클릭합니다.

02 돌출 1

피처 도구모음에서 돌출 보스/베이스를 클릭합니다.

1 마침조건 : 중간평면

2 깊이 : 20

3 ✔ 확인

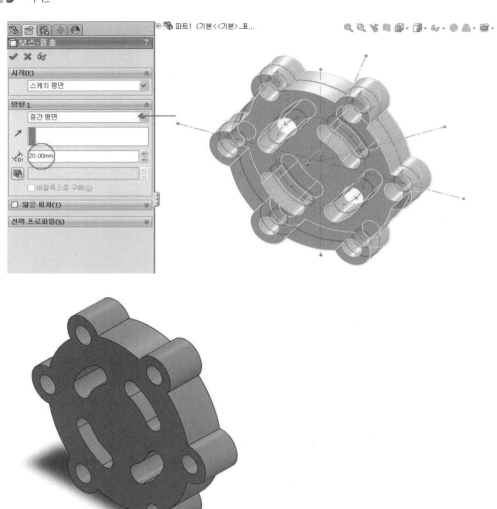

PROJECT
07 돌출옵션 사용예제

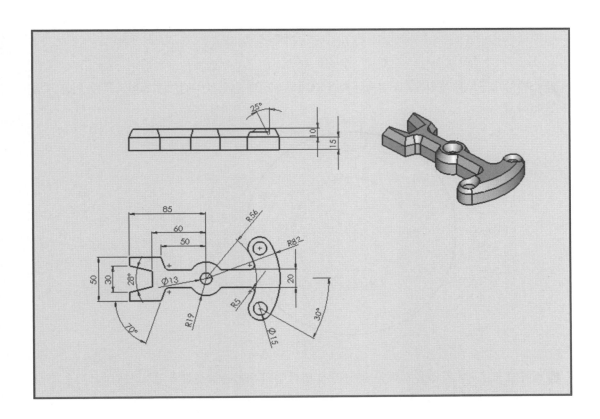

01　2D평면 선택하고 스케치하기 1

FeatureManager 디자인트리에서 윗면을 선택하고, 스케치 도구모음에서 스케치 를 클릭합니다.

1 다음과 같이 스케치 도구모음의 중심선 을 사용하여 중심선이 스케치 원점과 자동구속조건
　일치와 수평이 나타나도록 그립니다.

2 스케치 도구모음의 원 을 선택한 다음 스케치 원점에 원의 중심점이 일치하도록 두 원을 그립
　니다.

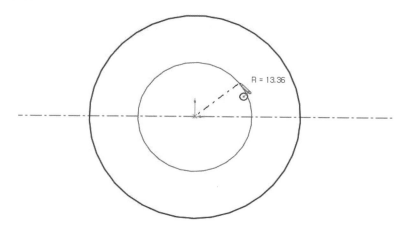

3 스케치 도구모음의 선을 선택한 후 선의 첫 번째 점의 위치는 중심선에 일치하게 하고 다음과 같
　이 연속적인 선을 그립니다.

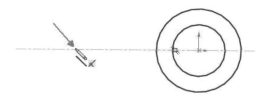

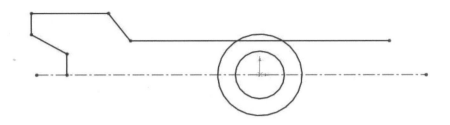

4️⃣ 그려놓은 선과 중심선을 선택한 다음 스케치 도구모음의 요소 대칭복사 🔔 를 클릭하면 자동으로 중심선이 대칭기준이 되어 대칭복사됩니다.

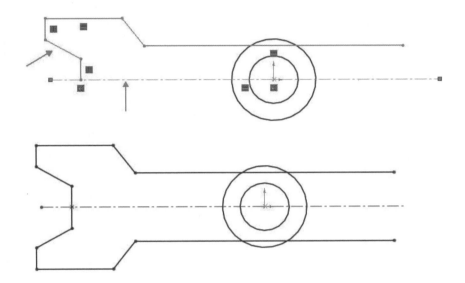

5️⃣ 스케치 잘라내기 ✂️ 를 이용하여 다음과 같이 스케치를 완성합니다.

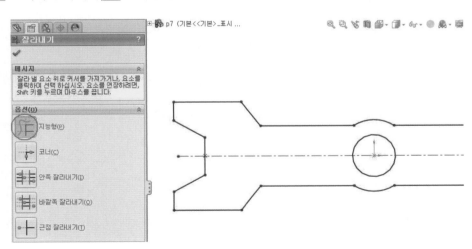

⑥ 스케치 도구모음의 지능형 치수 를 이용하여 치수를 부가합니다.

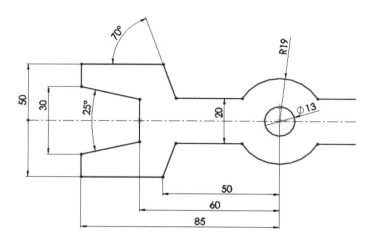

⑦ 스케치 도구모음의 중심점 호 홈을 선택하여 스케치합니다.

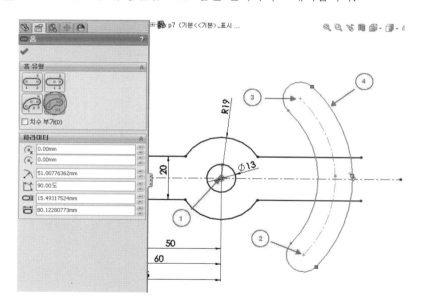

⑧ 스케치 도구모음의 중심선 ▮▮을 사용하여 스케치 원점과 호의 중심점에 일치하는 중심선을 스케치하고 스케치 잘라내기 ✂를 사용하여 다음과 같이 스케치를 완성합니다.

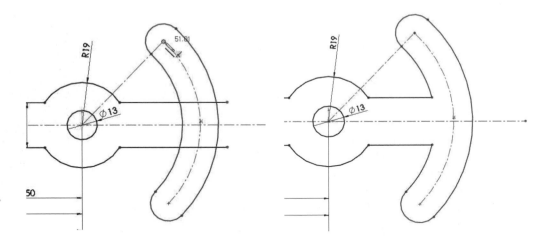

❶ 중심점 호 홈을 잘라내면서 홈 요소가 파괴되어 원호 사이의 탄젠트 구속조건이 없어지게 됩니다. 홈의 형상을 계속 유지하기 위하여 없어진 탄젠트 구속조건을 다음과 같이 원호마다 부가합니다.

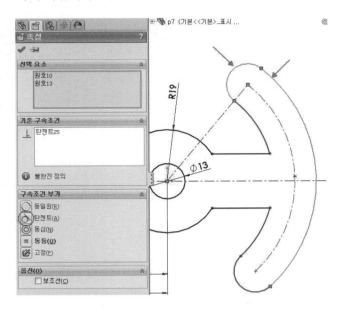

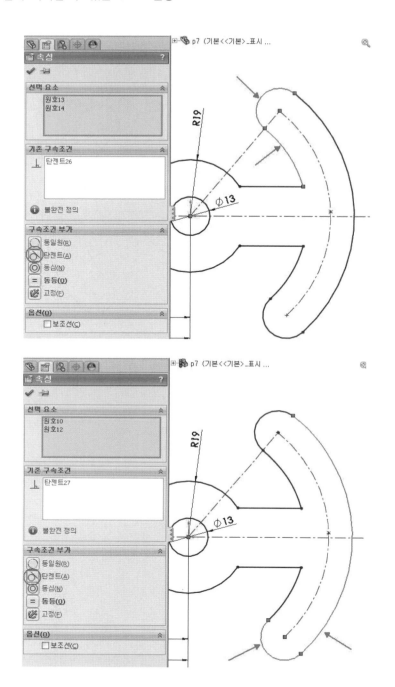

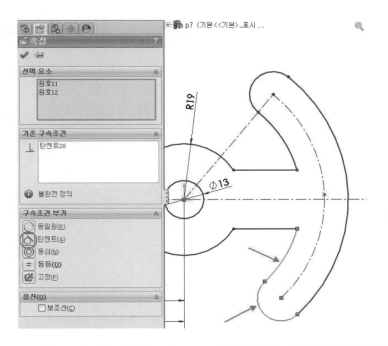

❷ 중심점 호 홈이 중심선을 기준으로 대칭 형상을 유지하기 위하여 중심선과 두 호를 선택하여 구속조건의 대칭을 부가합니다.

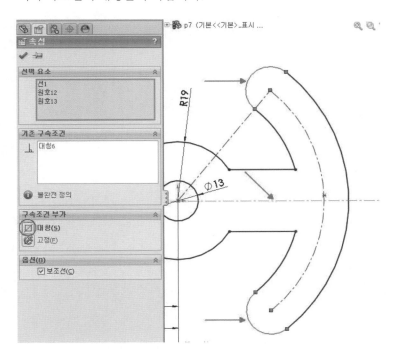

⑨ 스케치 도구모음의 지능형 치수 ◇를 사용하여 홈 부위의 치수를 다음과 같이 기입합니다.

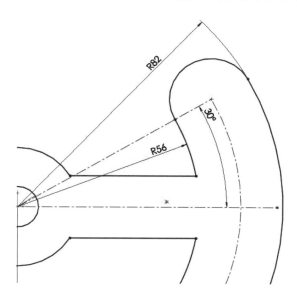

⑩ 스케치 도구모음의 원 ⊕을 선택하고 원의 중심점이 호의 중심점에 일치하도록 두 개의 원을 다음과 같이 스케치합니다.

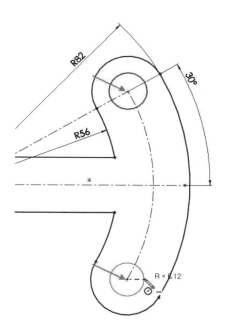

❷ 그려놓은 두 원의 크기가 항상 같도록 두 원을 선택한 다음 구속조건의 동등조건을 부가합니다.

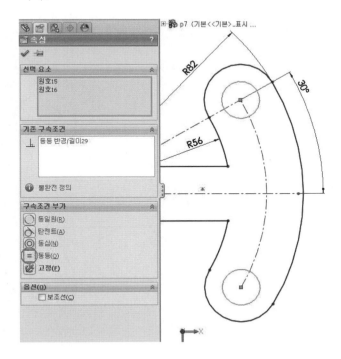

❸ 지능형 치수 ✏️를 사용하여 다음과 같이 치수를 기입합니다.

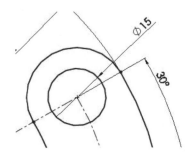

⑪ 스케치 도구모음의 스케치 필렛 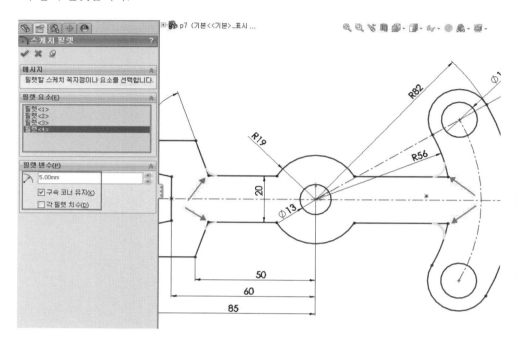 을 선택한 후 필렛 변수의 필렛 반경으로 5를 기입하고 다음
과 같이 필렛합니다.

스케치 확인코너에서 를 클릭합니다.

02 돌출 1

피처 도구모음에서 돌출 보스/베이스를 클릭합니다.

1 돌출 PropertyManager(속성창)에서 방향1의 마침조건은 블라인드를 선택하고 깊이 값은 10을 입력한 다음 돌출피처에 구배를 적용하기 위해 구배 켜기/끄기를 클릭하여 구배각도 25°를 지정합니다.

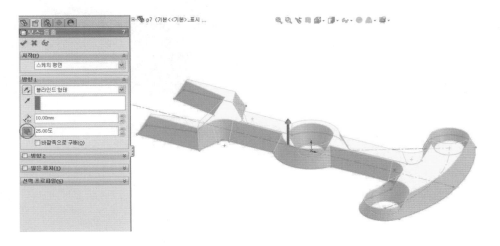

2 방향2에 체크하고 방향2에 대한 마침조건은 블라인드를 선택한 다음 깊이 값 15를 기입하고 구배를 끈 다음 스케치 평면에서 양방향으로 다른 거리 값을 갖게 돌출시킵니다.

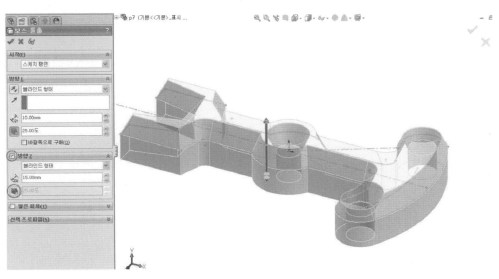

✔ 확인

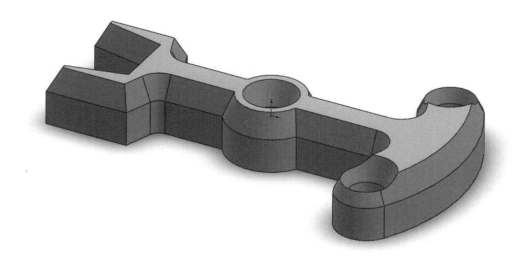

구멍가공마법사,
선형패턴 사용예제

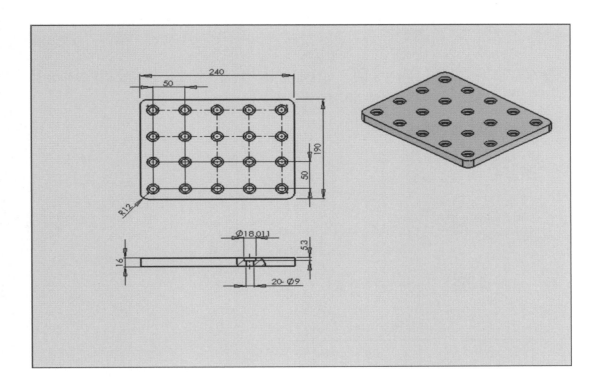

01　2D평면 선택하고 스케치하기 1

FeatureManager 디자인트리에서 윗면을 마우스 왼쪽 버튼으로 선택하고 바로가기 메뉴에서 스케치를 클릭합니다.

1 스케치 도구모음에서 직사각형 ▢ 을 선택하고 직사각형 유형의 중심사각형을 선택한 다음 직사각형의 중심이 스케치 원점에 일치하도록 그립니다.

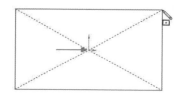

2 지능형 치수 ◈ 를 사용하여 다음과 같이 치수를 부가합니다.

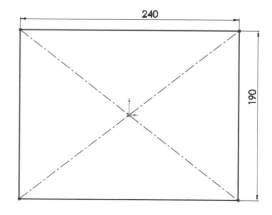

스케치 확인코너에서 ✐ 를 클릭합니다.

02 돌출 1

피처도구모음에서 돌출 보스/베이스 를 클릭합니다.

1 마침조건 : 블라인드

2 깊이 : 16mm

3 ✔ 확인

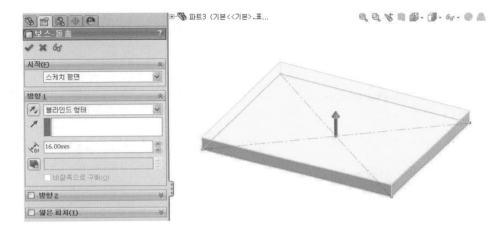

03 구멍가공마법사 PropertyManager

구멍 유형의 정확한 위치를 지정하기 위하여 평면을 선택하고 구멍가공마법사 명령을 실행합니다. 구멍가공마법사로 구멍을 작성할 때 구멍가공마법사 PropertyManager가 나타나며 두 개의 선택 탭(1유형, 2위치)이 나타납니다.

1 유형 : 구멍유형 파라미터를 지정합니다.

❶ 구멍유형 : 구멍가공마법사를 이용하여 다음 유형을 작성할 수 있습니다.

카운터보어 🔩 카운터 싱크 🔩 구멍 🔩 직선탭 🔩

파이프탭 🔩 이전 버전용 🔩(SolidWorks2000릴리즈 이전에 작성된 구멍)

• 규격 : Ansi미터법, AS, JIS, DIN, ISO, KS와 같은 규격을 선택합니다.

• 유형 : 납작머리나사, 육각나사, 육각소켓머리 등 구멍유형에 따른 종류를 정합니다.

❷ 구멍스팩

• 크기 : 체결 부품의 크기(수나사의 호칭지름)를 지정하여 선택합니다.

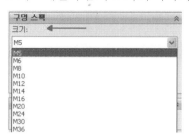

• 맞춤 : 카운터보어와 카운터싱크에서 구멍과 볼트의 맞춤 정도를 선택합니다.

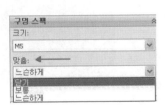

닫기 : 억지끼워맞춤   보통 : 중간끼워맞춤   느슨하게 : 헐거움끼워맞춤

• 사용자 정의 크기 표시 : 표준규격 값 이외의 크기를 지정할 때 사용합니다. 관통구멍의
지름, 카운터보어의 지름, 카운터보어의 깊이를 재지정할 수 있습니다.

❸ 마침조건 : 마침조건 옵션은 구멍 유형에 따라 다릅니다. PropertyManager 이미지와 설명
텍스트를 사용하여 옵션을 지정합니다.

• 블라인드 : 구멍깊이를 지정합니다. 탭 구멍에는 나사산 깊이와 유형을 정할 수 있으며,
탭 구멍에는 나사산 깊이를 지정할 수 있습니다.

  - ﹚ : 나사산깊이

  - ﹚ : 구멍깊이

  - ⟨CND⟩ : 깊이 계산 자동 아이콘에 체크되어 있으면 구멍스팩의 크기 값이 변하면 자동으로
    크기에 따른 깊이 값이 업데이트됩니다.

• 관통 : 드릴구멍의 깊이는 스케치 평면에서 모든 기존
  지오메트리를 통과한 깊이입니다.

- 다음까지 : 피처를 스케치 평면에서 전체 프로파일과 교차하는 다음 곡면까지 연장합니다.(교차 곡면은 같은 파트에 있어야 합니다.)

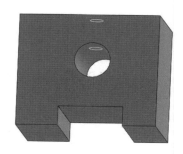

- 꼭짓점까지 📇 : 피처를 스케치 평면에서 스케치 평면과 평행하는 면의 지정한 꼭짓점까지 연장합니다.

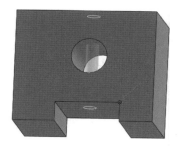

- 곡면까지 🔷 : 피처를 스케치 평면에서 선택한 곡면까지 연장합니다.

- 곡면으로부터 오프셋 : 피처를 스케치 평면에서 선택한 곡면의 지정한 거리까지 연장합니다. 면을 선택하여 곡면을 지정한 뒤, 오프셋 거리를 지정해줍니다.

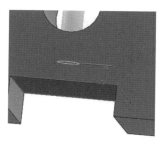

④ 옵션 : 구멍유형에 따라 머리여유값 과 안쪽 카운터싱크를 체크하여 가까운 쪽 카운터싱크 지름 , 안쪽카운터싱크각도 등의 값을 기입할 수 있습니다.

② 위치 : 위치 탭을 클릭하면 스케치 도구모음의 점 명령어가 활성화되어 있고 면에 점을 스케치하여 점의 개수를 늘리면 구멍의 개수가 늘어납니다. 점 명령어를 취소하면 구멍의 개수는 늘어나지 않습니다.

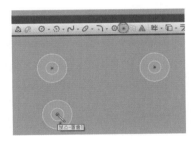

구멍마법사의 유형에서 정한 형상과 크기 값에 의한 구멍의 중심점의 위치를 치수나 다른 스케치 도구를 사용해서 배치합니다.

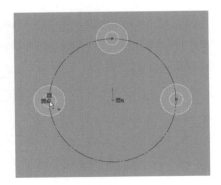

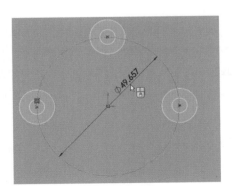

04 구멍가공마법사 1

다음과 같이 솔리드바디의 구멍을 뚫을 면을 선택한 다음 피처 도구모음에서 구멍가공마법사를
클릭하거나 삽입 → 피처 → 구멍 → 가공마법사를 클릭합니다.

TIP

구멍가공마법사로 구멍을 만들 때 면을 미리 선택하거나 나중에 선택하는 차이는 다음과 같습니다.

❶ 평면을 미리 선택하고 피처 도구모음에서 구멍가공마법사를 클릭하면, 스케치가 2D스
케치로 됩니다.

❷ 구멍가공마법사를 먼저 클릭한 후 평면 또는 비평면을 선택하면, 스케치가 3D스케치로
됩니다.

TIP

2D스케치와는 달리, 3D스케치는 선에 구속할 수 없고, 면에 스케치를 구속할 수는 있습니다.

1 구멍가공마법사 PropertyManager에서 구멍 유형 파라미터를 지정합니다.

    ❶ 구멍유형 : 카운터보어

    ❷ 규　격 : ISO

    ❸ 유　형 : 육각볼트 C급ISO 4016

    ❹ 크　기 : M8

    ❺ 맞　춤 : 보통(카운터보어와 카운터싱크만 체결기에 맞춤 정도를 선택합니다. 억지끼워맞춤, 중간끼워맞춤, 헐거움끼워맞춤)

    ❻ 마침조건 : 관통

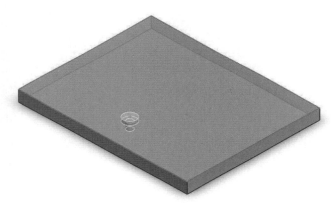

    유형을 선택하였으면 위치 탭에서 카운터보어의 위치를 지정합니다.

2 위치 탭을 누르면 스케치 도구모음의 점 이 활성화되며 평면위에 점을 찍을 때마다 카운터 보어의 개수가 늘어납니다.

    • 점 을 이용하여 원하는 구멍의 개수를 지정하였으면 스케치 도구모음의 점 아이콘을 비활성화시키고 치수나 구속조건을 이용하여 카운터보어의 위치를 지정합니다.

    • 구멍의 개수를 줄이고자 할 때는 점을 선택하고 Delete 키를 누릅니다. 추가하고자 할 때는 다시 스케치 도구모음의 점 을 선택하고 추가하고자 하는 위치에 점을 클릭하여 개수를 늘립니다.

3 면에 수직으로 보기 ⭥ 상태(Ctrl + 8)에서 점을 비활성화하고 기본적인 카운터보어 하나만 남겨 둡니다.

스케치 도구모음의 지능형 치수 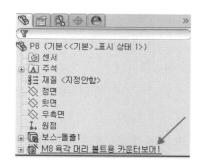를 이용하여 다음과 같이 치수를 부가하여 점의 위치를 지정합니다.

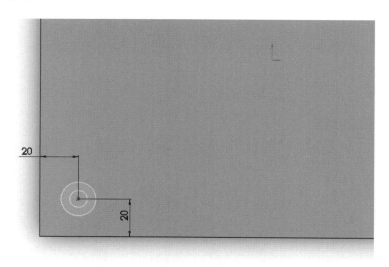

카운터보어의 위치를 지정하였으면 확인 ✔ 버튼을 눌러 빠져나옵니다.
구멍가공마법사를 사용하여 구멍을 만들면, 구멍의 유형 및 크기가 FeatureManager 디자인트리에 나타납니다.

4 구멍가공마법사로 생성한 구멍의 크기와 위치값을 변경하고자 할 때는 FeatureManager디자인트리에서 구멍가공마법사 피처를 선택한 후 마우스 오른쪽 버튼을 클릭하여 피처 편집을 선택하여 구멍가공마법사 PropertyManager에서 편집하거나 FeatureManager디자인트리에서 구멍가공마법사 피처의 스케치를 선택하고 마우스 오른쪽 버튼을 클릭하여 스케치를 편집을 선택한 후 크기와 위치값을 변경할 수 있습니다.

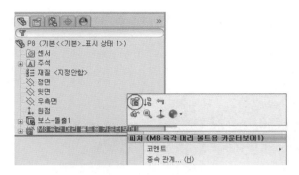

5 선형패턴 ⊞ PropertyManager

피처를 선을 따라 패턴하고자 할 때 사용합니다.

선형패턴을 사용하여 하나 또는 두 개의 선형 경로를 기준으로 일정한 간격을 둔 하나 이상의 피처를 만듭니다.

선형패턴에서 PropertyManager에서 설정할 수 있는 속성은 다음과 같습니다.

❶ 방향1 : 패턴방향을 지정합니다. 직선모서리, 스케치선, 축, 또는 직선치수를 선택합니다.

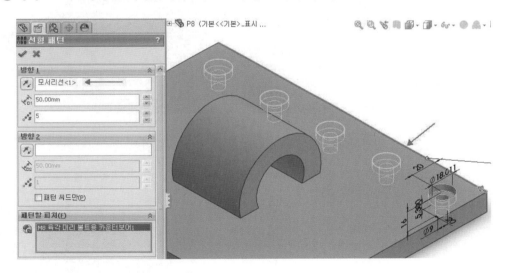

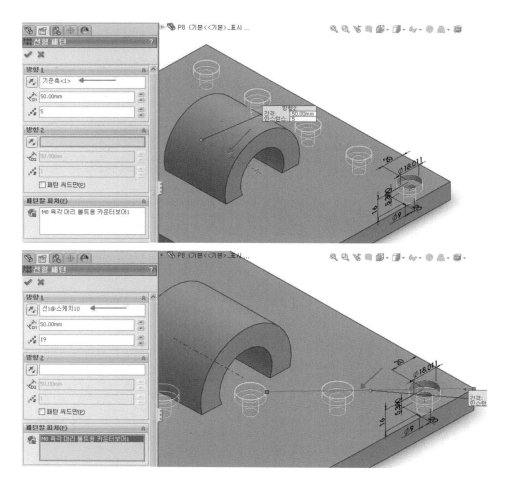

• 패턴방향을 변경하고자 할 때는 반대방향 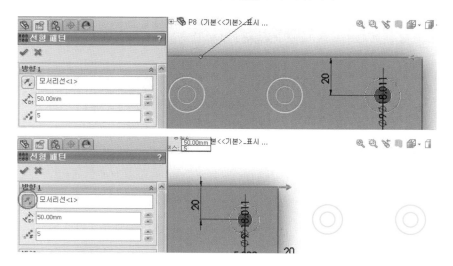을 클릭합니다.

• 간격 : 패턴 인스턴스의 간격을 지정합니다.

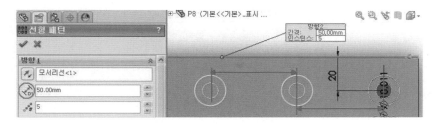

• 인스턴스 수 : 패턴 인스턴스의 수를 지정합니다. 인스턴스 수는 원본피처나 선택한 피처를 포함합니다.

② 방향2 : 방향1과 마찬가지로 패턴방향과 패턴 인스턴스의 간격, 인스턴스의 수를 지정합니다.

• 방향2에서 패턴씨드만 : 패턴 인스턴스를 중복 사용하지 않고 씨드(원본) 피처만을 사용하여 방향2에 선형패턴을 작성합니다.

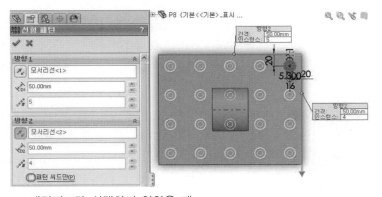

▲ 패턴씨드만 선택하지 않았을 때

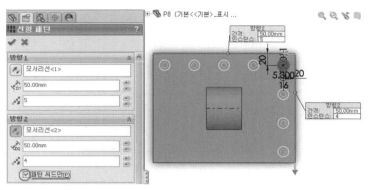

▲ 패턴씨드만 선택하였을 때

❸ 패턴할 피처 : 씨드 피처로 선택한 피처를 사용하여 패턴을 작성합니다.

❹ 패턴할 면 : 씨드 피처로 구성된 면을 사용하여 패턴을 작성합니다. 패턴할 면을 사용하는 예로 .step, .iges 등의 형식의 솔리드로 저장된 파트의 피처를 선택하지 못할 때 피처의 구성면을 선택하여 패턴할 수 있습니다.

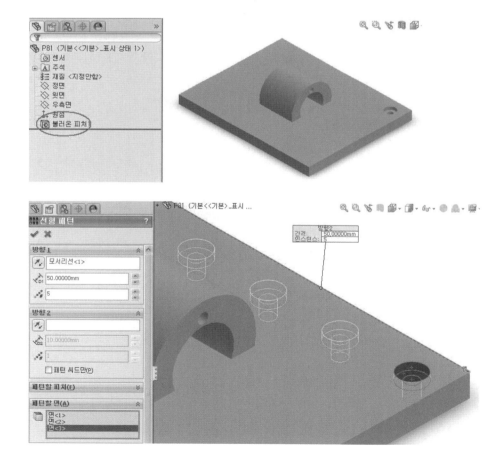

❺ 패턴할 바디 : 멀티바디 파트에서 바디를 선택하여 패턴을 작성합니다.

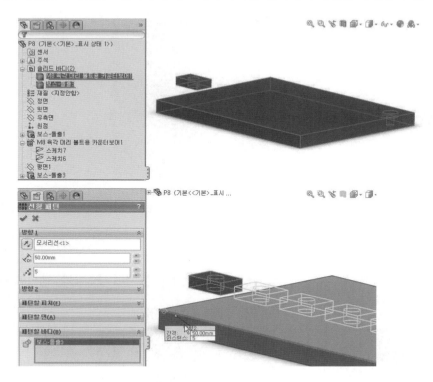

❻ 인스턴스 건너띄기 : 패턴을 작성할 때 그래픽 영역에서 패턴 인스턴스를 선택하여 건
너뜁니다. 마우스를 각 패턴 인스턴스 위에 두면, 포인터가 로 바뀝니다. 건너띄기할 패
턴 인스턴스를 클릭하여 선택합니다. 복원하려면 그래픽 영역에서 인스턴스 표시를 다시
한 번 클릭합니다.

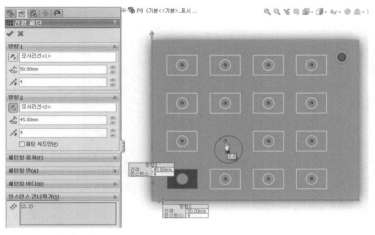

▲ 건너띄기할 패턴 인스턴스를 클릭하였을 때

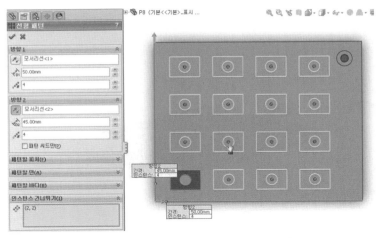

▲ 복원을 위해 인스턴스 표시를 다시 한 번 클릭하였을 때

❼ 옵션

● 시각속성 연장 : SolidWorks의 색, 텍스처, 나사산 표시 데이터 등을 모든 패턴에 파급하여 적용합니다.

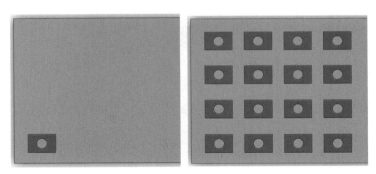

▲ 시각속성연장 선택시

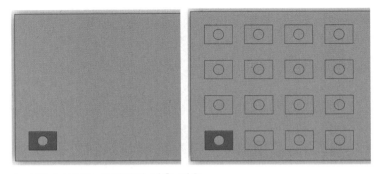

▲ 시각속성연장 선택하지 않은 경우

6 피처 도구모음에서 선형패턴을 클릭하거나 삽입, 패턴/대칭복사, 선형패턴을 클릭합니다.

다음과 같이 패턴방향1과 방향2의 모서리선을 선택합니다.

① 방향1에 대한 패턴 인스턴스 간격 은 50mm를 기입하고, 인스턴스 수 는 5를 기입합니다.

 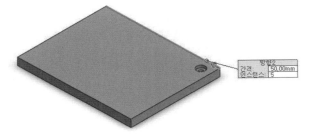

② 방향2에 대한 패턴 인스턴스 간격 과 인스턴스 수 는 각각 50mm와 4를 기입합니다.

 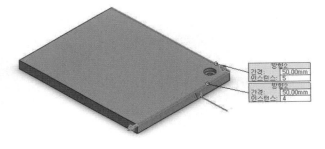

③ 패턴할 피처 에는 구멍가공 마법사로 생성한 카운터보어를 선택하여 선택한 피처를 다음과 같이 선형패턴합니다.

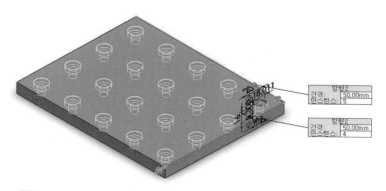

7 필렛 1

피처 도구모음에서 필렛을 클릭합니다. 필렛 PropertyManager에서 부동반경을 선택하고 반경 12mm를 입력하여 각 모서리를 필렛합니다.

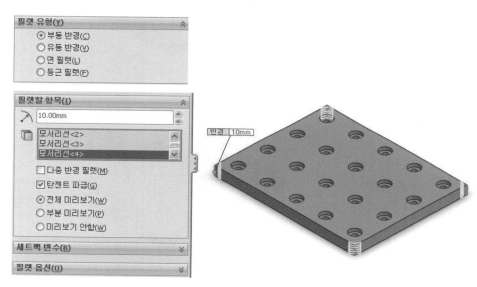

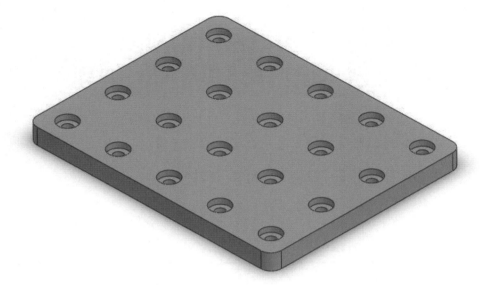

PROJECT 09

회전, 구멍가공마법사, 원형 패턴, 보강대 사용예제

▶▶ 스케치 도구모음 - 스케치 요소변환

▶▶ 보기 도구모음 - 임시축, 보기방향

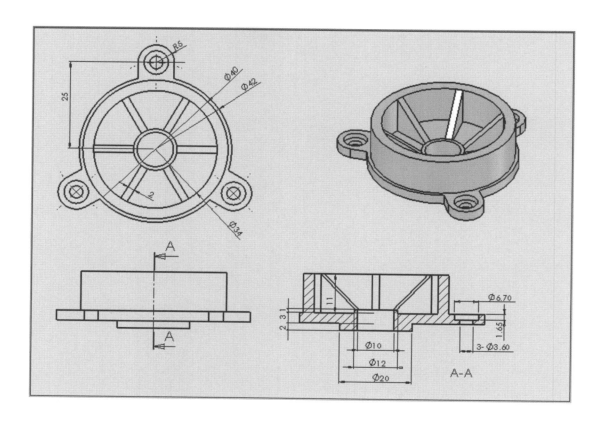

피처 도구모음의 회전 보스/베이스 ⊕ 를 클릭하거나 삽입, 보스/베이스, 회전을 클릭합니다.

▶▷ 회전피처 관련사항

❶ 얇은 회전피처를 만들기 위한 스케치는 열리거나 닫힌 여러 개의 교차 프로파일을 포함할 수 있습니다.

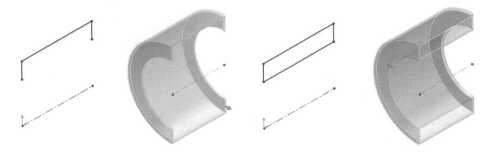

❷ 프로파일은 중심선을 가로지를 수 없습니다. 스케치에 하나 이상의 중심선이 포함되어 있으면, 회전축으로 사용할 중심선을 선택합니다.

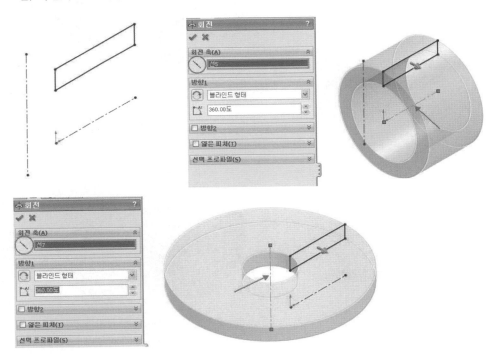

❸ 솔리드 회전피처를 만들 스케치는 여러 개의 교차하는 프로파일 사용할 수 있습니다. 선택 프로파일 ◇을 지정하여 한 개 또는 여러 개의 교차하는 스케치 혹은 교차하지 않는 스케치를 선택하여 회전피처를 작성합니다.

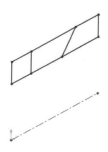

1️⃣ 회전 PropertyManager에서 설정할 수 있는 속성은 다음과 같습니다.

2️⃣ 회전축 ✎ : 피처를 회전할 기준 축을 선택합니다. 이때 회전축은 작성하는 회전피처 유형에 따라 임시축, 기준축, 스케치 중심선, 스케치선, 모서리일 수 있습니다.

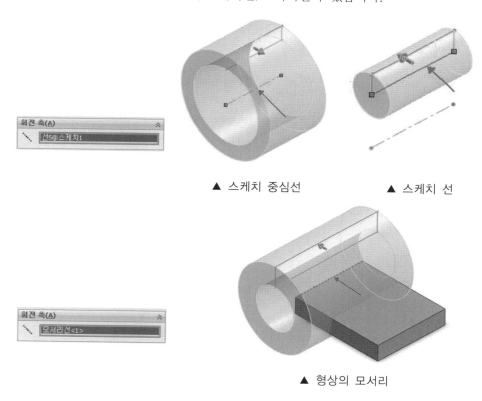

▲ 스케치 중심선　　▲ 스케치 선

▲ 형상의 모서리

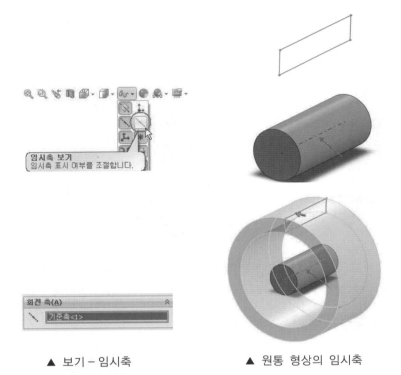

▲ 보기 – 임시축　　　　　　　▲ 원통 형상의 임시축

3 방향 1 : 스케치 평면에서부터 한 쪽 방향으로 회전각을 정의합니다.

　회전방향을 바꾸려면 반대방향 ⟳ 을 클릭합니다.

❶ 블라인드 형태 : 스케치 평면에서부터 한쪽 방향으로 회전을 정의합니다. 방향1각도 ↥ 에
　회전각도를 지정합니다. 기본값은 360°입니다. 이 각도는 선택한 스케치에서 시계방향으로
　계산됩니다.

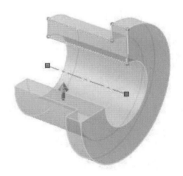

❷ 꼭짓점까지  : 스케치 평면에서 지정한 꼭짓점까지 회전을 작성합니다. 형상의 꼭짓점 뿐만 아니라 스케치 점과 스케치 선분의 끝점 등도 포함됩니다.

❸ 곡면까지  : 스케치 평면에서 지정한 면/평면까지 회전을 작성합니다. 지정한 면의 프로 파일의 회전범위 내에 있어야 하며 스케치 프로파일을 포함할 수 있는 면이어야 합니다.

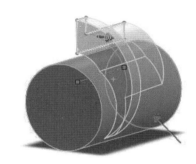

❹ 곡면으로부터 오프셋 : 스케치 평면에서 지정한 면/평면에서 오프셋거리 까지 회전을 작성합니다. 필요에 따라, 반대방향으로 오프셋을 하려면 오프셋 반대방향을 선택합니다.

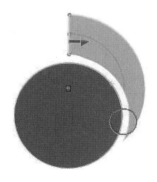

❺ 중간 평면 : 스케치 평면으로부터 기입한 각도 값의 반은 시계방향으로 반은 시계 반대방향으로 회전을 작성합니다. 이때, 스케치 평면 중간 지점에 위치합니다.

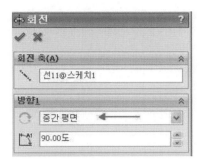

4️⃣ 방향2 : 선택사항으로 방향1이 완료되면 방향2를 선택하여 스케치 평면에서부터 다른 방향의 회전피처를 정의합니다. 방향1과 회전유형의 내용은 같습니다.

5️⃣ 얇은 피처 : 열린 스케치나 닫힌 스케치에 두께를 부여하여 회전피처를 만듭니다.

❶ 한 방향으로 : 스케치로부터 한쪽 방향에만 두께를 추가합니다. 경우에 따라 벽 두께를 붙이는 방향을 바꾸려면 반대방향 🔧을 클릭합니다.

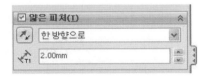

❷ 중간평면 : 스케치를 중간에 두고 양쪽에 두께를 붙입니다.

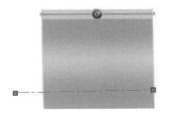

❸ 두 방향으로 : 스케치의 양쪽에 두께를 다르게 또는 동등하게 추가할 수 있으나 다르게 줄때 많이 사용합니다. 방향1두께 🔧에 입력한 두께는 스케치의 바깥쪽에 재질을 붙입니다. 방향2두께 🔧에 입력한 두께는 스케치의 안쪽에 재질을 붙입니다.

6 선택 프로파일 ◇ : 스케치 프로파일 내에 여러 개의 닫힌 영역이 존재한다면 회전하고자하는 영역을 선택하여 회전피처를 작성할 수 있습니다.

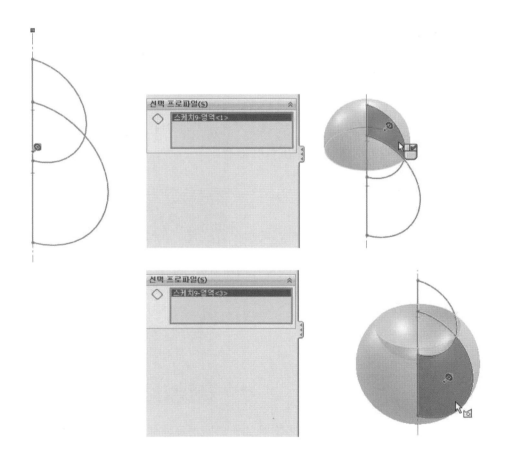

02 2D평면 선택하고 스케치하기 1

FeatureManager 디자인트리에서 정면을 선택하고, 스케치 도구모음에서 스케치 를 클릭합니다.

1 다음과 같이 회전피처를 만들기 위해 스케치 프로파일을 그립니다. 여기서 원점에 수직한 중심선은 회전피처의 회전축으로 사용되며 지름치수를 넣기 위한 보조선으로 사용됩니다.

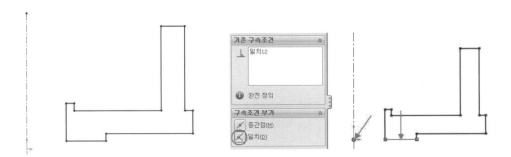

선분과 스케치 원점을 선택하고 일치 구속조건을 부가하여 스케치의 위치를 지정합니다.

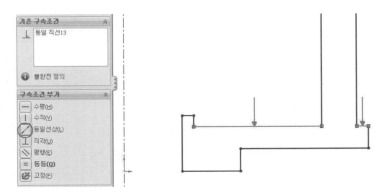

회전 후 두 선분이 같은 면상을 유지하게 하기 위해 두 선분을 선택하고 구속조건 동일 선상을 부가합니다.

2 스케치 도구모음의 지능형 치수 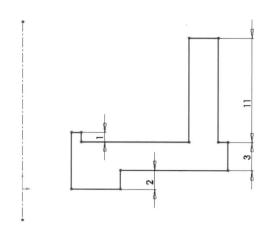를 이용하여 치수를 부가합니다.

TIP

회전피처 스케치에서 중심선과 실선 사이에 치수선이 위치하면,
회전피처에 대한 반경 치수가 됩니다.

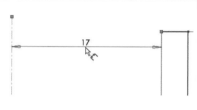

중심선 밖으로 치수선이 위치하면 회전피처의 지름 치수가
됩니다.

지름치수는 점과 중심선, 실선과 중심선 관계에서만 기입이 가능합니다.

나머지 치수는 아래와 같이 지름치수로 기입합니다.

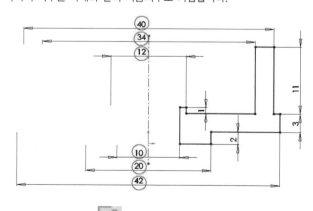

스케치 확인코너에서 클릭합니다.

---

3 회전  1

피처 도구모음의 회전 보스/베이스 ⊕를 클릭하거나 삽입, 보스/베이스, 회전을 클릭합니다.

① 회전축 ＼ : 스케치의 중심선
② 방향1 : 회전유형 - 블라인드
③ 방향1각도 ⌐⌐ : 360 °

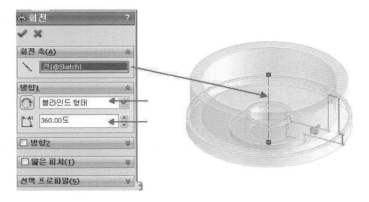

✔ 확인

03 2D평면 선택하고 스케치하기 2

다음과 같이 피처의 면을 선택한 다음 스케치 도구모음에서 스케치 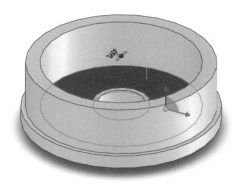를 클릭합니다.

- 스케치 요소변환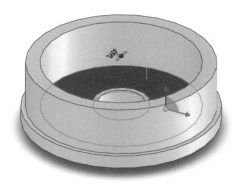
  모서리선, 루프, 면, 곡선, 외부 스케치 윤곽선, 모서리선 세트, 스케치 곡선세트 등을 스케치 평면에 투영하여 하나 이상의 스케치 곡선을 만듭니다.

- 요소변환하는 방법
  스케치 평면을 선택하고 스케치가 활성화된 상태에서 모델 모서리선, 루프, 면, 곡선, 스케치 윤곽선 등을 클릭한 다음 스케치 도구모음에서 스케치 요소변환 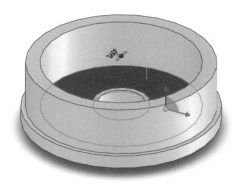을 클릭하거나 요소변환 PropertyManager에서 요소변환란에서 해당 객체를 선택합니다.

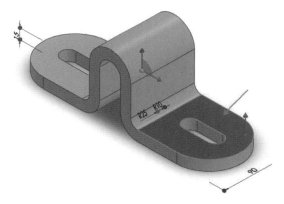

화살표 위치면이 스케치 평면일 때 다음 내용 참조

투영할 형상의 모서리를 선택하고 스케치 평면에 투영한 결과입니다.

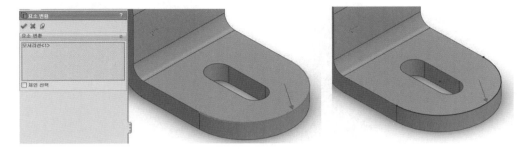

투영할 형상의 면을 선택하고 스케치 평면에 투영한 결과입니다.

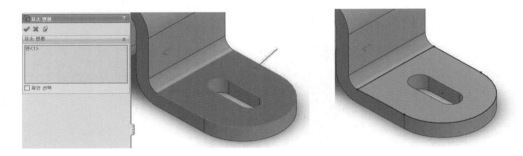

연속적인 면을 선택하고 투영할 때는 면을 선택하고 마우스 오른쪽 버튼을 누른 후 바로가기 메뉴에서 탄젠시 선택을 클릭합니다. 연속적인 면이 활성화되면 스케치 요소변환 을 클릭합니다.

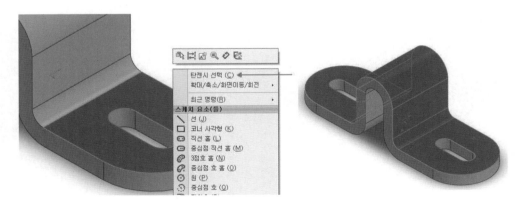

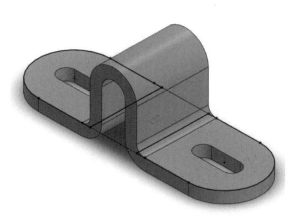

기존피처의 스케치를 선택하고 투영한 결과입니다.

스케치 평면에 수직한 면이나 모서리 스케치는 투영조건이 아닙니다.

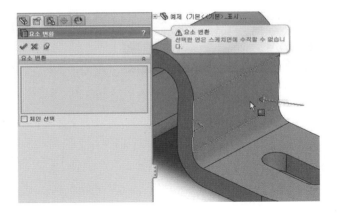

스케치 요소변환을 하면 모서리에 구속조건이 생성됩니다.

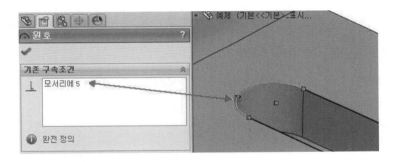

모서리에 구속조건은 새 스케치 곡선과 요소 사이에 구속조건이 생성되어, 스케치 요소를 변경하면 곡선이 같이 업데이트됩니다.

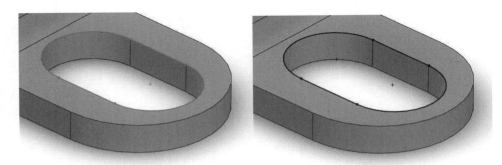

1 다음과 같이 모델의 모서리를 선택한 다음 스케치 도구모음에서 스케치 요소변환 을 클릭하거나, 스케치 요소변환을 클릭한 후 요소변환란에 투영할 모서리를 선택합니다.

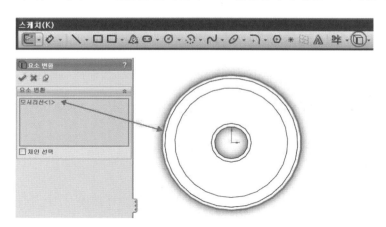

2 모서리를 요소변환한 후 다음과 같이 스케치하고 지능형 치수 를 이용하여 치수를 부가한 후 스케치 확인코너에서 를 클릭합니다.

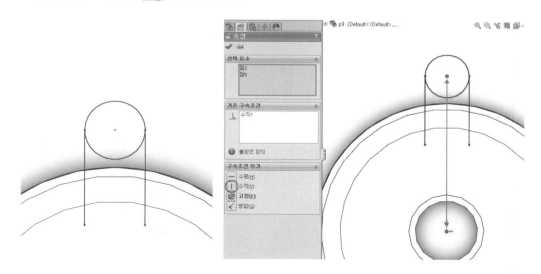

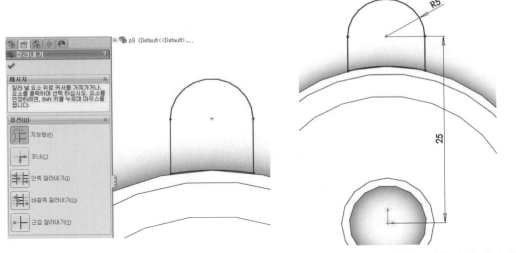

(스케치 요소변환한 부분 중 두 선분의 가운데 호만 남기고 스케치 잘라내기를 이용하여 잘라냅니다.)

04 돌출 1

피처 도구모음에서 돌출 보스/베이스를 클릭합니다.

마침조건 : 곡면까지

✔ 확인

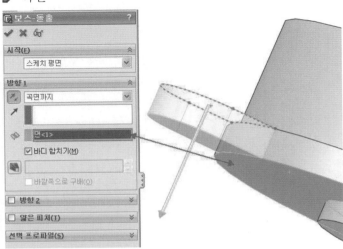

- 곡면까지 : 면/평면 선택 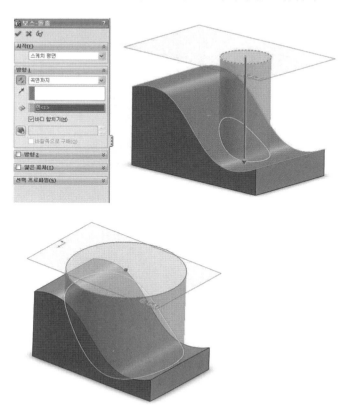 란에 솔리드의 면이나 평면 또는 서피스 면을 선택합니다. 선택한 면에 스케치를 투영하여 돌출 마침면의 형상을 만듭니다.

돌출하는 스케치가 선택한 면을 초과하는 크기로 바뀌면 곡면까지는 자동 연장할 수 있습니다.

05 　구멍가공마법사 1

☐ 구멍을 만들 때 면을 미리 선택하고 피처 도구모음에서 구멍가공마법사 를 클릭한 후 구멍가
공마법사 PropertyManager에서 구멍 유형 파라미터를 지정합니다.

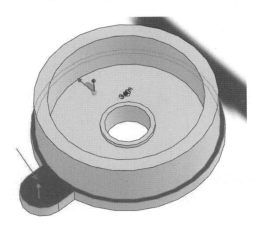

① 구멍스팩 : 카운터보어

② 규격 : Ansi미터법

③ 종류 : 소켓 단추머리 캡나사 - ANSI B18.3, 4M

④ 크기 : M3

⑤ 맞춤 : 느슨하게

⑥ 마침조건 : 관통

☐ 유형을 선택한 다음 위치탭을 클릭하여 위치를 지정하고 확인 을 클릭합니다.

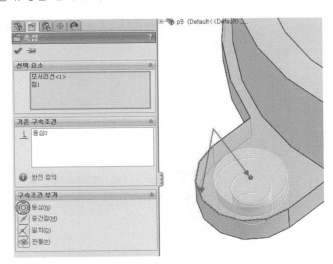

06 원형 패턴 PropertyManager

1 피처의 원형 패턴

   ① 스케치 원형패턴은 중심점을 기준으로 회전하면서 일정한 간격에 여러 개의 복사된 객체를 만들지만 피처의 원형 패턴은 축을 기준으로 여러 개의 피처를 만듭니다.

   ② 원형 패턴을 만들려면 복사할 하나 이상의 피처를 선택하고, 피처를 패턴할 축을 만듭니다.

2 파라미터

   ① 패턴축 : 임시축, 기준축, 원형 모서리 또는 스케치 선, 선형 모서리, 원통형 면 또는 곡면, 각도 치수를 선택할 수 있습니다.

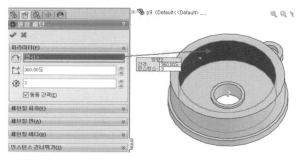

▲ 원통면을 패턴축으로 선택한 경우

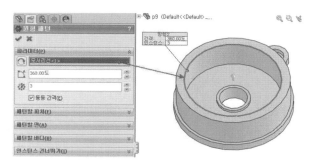

▲ 원형모서리를 패턴축으로 선택한 경우

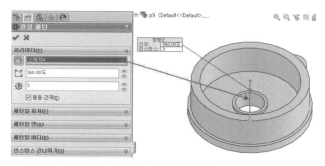

▲ 스케치되어 있는 선분을 선택한 경우

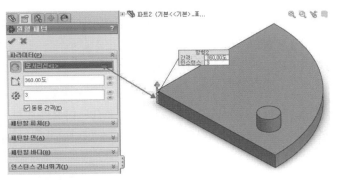

▲ 선형모서리를 선택한 경우

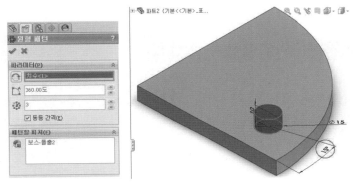

▲ 각도치수를 선택한 경우

❷ 반대방향 : 원형 패턴의 회전방향을 변경하고자 할 때 선택합니다.

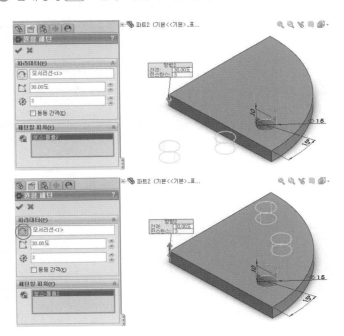

❸ 각도합계 : 동등간격 체크해제시에는 원본피처와 복사될 피처 사이의 각도를 지정합니다. 동등간격 체크 시에는 채울 각도를 지정합니다. 만약 각도합계를 360°를 지정하고 인스턴스 수로 6을 기입하였다고 하면 360° 안에서 60°의 같은 각도 간격으로 6개가 만들어집니다.

❹ 인스턴스 수 : 원본 피처를 포함하여 복사될 피처 수를 지정합니다. 나머지 원형 Property Manager의 설정값 패턴할 피처, 패턴할 면, 패턴할 바디, 인스턴스 건너띄기 등은 선형패턴과 같습니다.

07 임시축을 이용하여 원형 패턴 실행하기

1 빠른 보기 도구모음에서 임시축 보기 를 선택하거나 풀다운메뉴 → 보기 → 임시축 을 클릭합니다.

TIP

임시축

스케치 형상과 구속조건을 부여할 때 또는 원형 패턴과 같은 피처의 기능상으로 축을 사용할 수 있습니다.
모든 원통형 및 원추형 면에는 축이 있습니다. 임시축은 모델의 원추형 및 원통형에 의해 임의로 만들어진 축입니다.
임시축을 다시 숨기기 위해서는 보기, 임시축을 클릭하거나 빠른 보기 도구모음의 임시축 보기를 클릭합니다.

---

2 피처 도구모음의 원형 패턴 을 클릭하거나 삽입, 패턴/대칭복사, 원형 패턴을 클릭합니다.

3 아래와 같이 축패턴에 임시축을 선택하고, 동등간격을 체크한 다음, 각도 합계 360°, 인스턴스 수에는 3을 기입합니다.

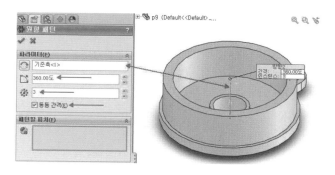

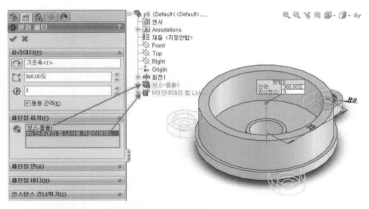

▲ 패턴할 피처 - 돌출, 구멍가공마법사

✔️확인

보강대 **PropertyManager**

보강대는 개곡선이나 폐곡선 스케치 프로파일에서 만들어지는 돌출피처의 특수한 하나의 유형입니다. 프로파일과 기존 파트 사이에 지정한 방향으로 일정한 두께의 재질을 추가합니다.

1️⃣ 파라미터

①두께

● 왼쪽 ☰ : 스케치 객체의 왼쪽으로 두께를 표현합니다.

● 양면 ☰ : 스케치 객체의 양쪽으로 동일한 두께를 표현합니다.

● 오른쪽 ▤ : 스케치 객체의 오른쪽으로 두께를
표현합니다.

❷ 보강대 두께 ⚒ : 스케치의 두께 값을 표현합
니다.

❸ 돌출방향 : 뒤집기를 선택하여 돌출방향을 바꿀 수 있습니다.

● 스케치에 평행 ⬧ : 스케치 평면으로 부터 평행하게 보강대가 생성됩니다.

● 스케치에 수직 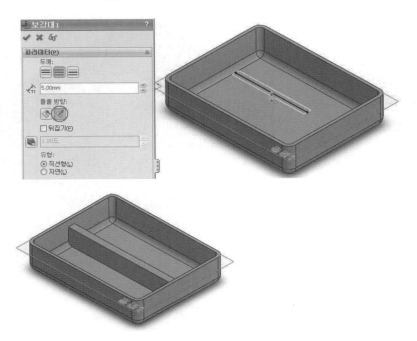 : 스케치 평면으로부터 수직하게 보강대가 생성됩니다.

❹ 구배켜기/끄기 📲 : 보강대에 구배를 표현하고자 할 때 사용되면 구배각도를 기입합니다.
바깥쪽 구배를 선택하지 않으면 안쪽구배가 생성됩니다.

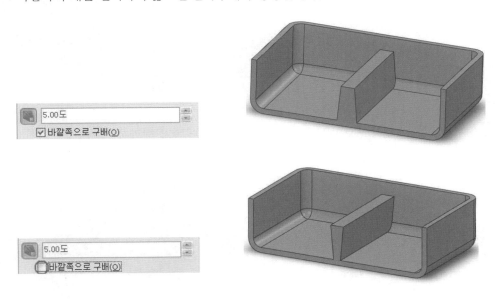

• 스케치 평면에서를 선택하면 스케치 평면에서 두께가 표현되어 구배가 나타납니다.

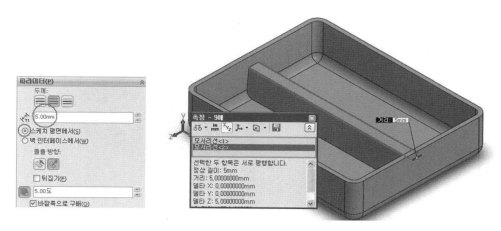

• 벽 인터페이스에서를 선택하면 보강대 생성면에 두께가 표현되어 구배가 나타납니다.

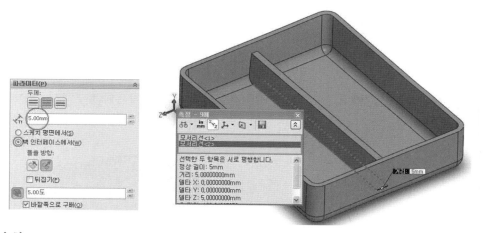

⑤ 유형

• 직선형 : 스케치 프로파일이 보강대가 생성될 면에 닿을 때까지 스케치에 수직인 방향으로 보강대를 만듭니다.

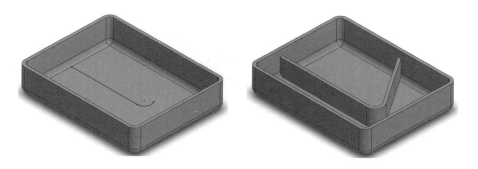

- 자연 : 스케치 프로파일을 보강대 경계면에 닿을 때까지 연장하여 보강대를 작성합니다. 스케치가 원호이면, 보강대는 원의 조건에 따라 원호의 끝점이 그대로 연장됩니다.

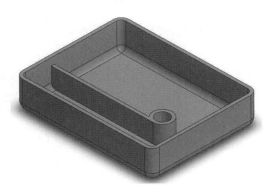

⑥ 선택 프로파일◇ : 폐곡선의 스케치 영역이 여러 개 있을 때 보강대를 생성할 필요 영역을 선택하여 보강대를 생성합니다.

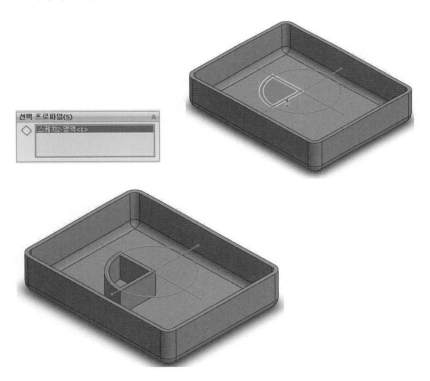

09 2D평면 선택하고 스케치하기 3

FeatureManager 디자인트리에서 정면을 선택하고, 스케치 도구모음에서 스케치 📝를 클릭합니다.

1 빠른 보기 도구모음 중 은선표시를 클릭하여 숨은 모서리 를 나타내고 선을 이용하여 다음과 같이 스케치를 합니다.

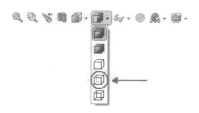

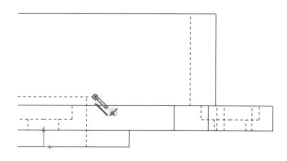

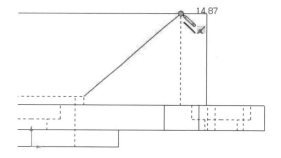

2 스케치가 완성되면 빠른 보기 도구모음 중 모서리 표시 음영을 선택합니다.

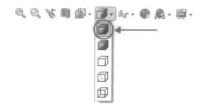

스케치 확인코너에서 ✏️를 클릭합니다.

10 보강대 📑 1

피처 도구모음의 보강대 📑 를 클릭하거나 삽입, 피처, 보강대를 클릭합니다.

보강대 PropertyManager에서 다음과 같이 보강대의 두께를 양면 ☰ 으로 선택합니다.

보강대 두께 🔧 값으로 2mm를 기입하고 돌출방향은 스케치에 평행 ◈ 을 선택합니다.

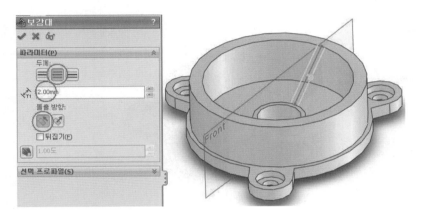

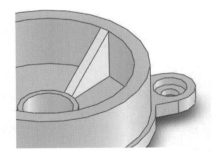

11 원형패턴 2

피처 도구모음의 원형패턴 을 클릭하거나 삽입, 패턴/대칭복사, 원형패턴을 클릭합니다.
아래와 같이 축 패턴에 형상의 원통면을 선택하고, 동등간격을 체크한 다음, 각도합계는 360°,
인스턴스 수는 3을 기입합니다.

패턴할 피처 : 보강대를 선택합니다.

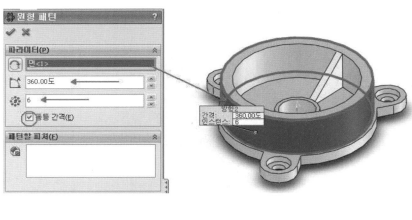

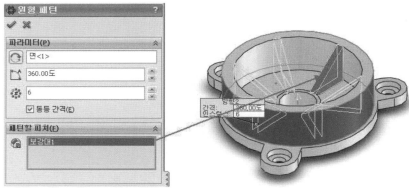

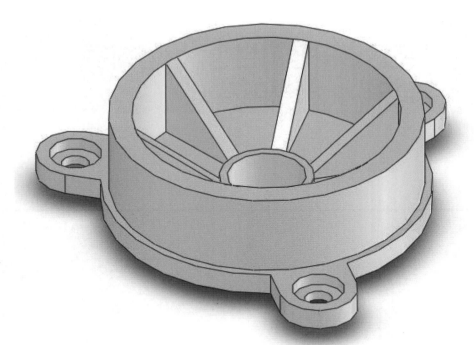

SOLIDWORKS
예제 중심의 쉽게 따라할 수 있는 3D 모델링

PROJECT

10 회전컷, 구멍기본형, 원형패턴, 대칭복사 사용예제

Solid Works

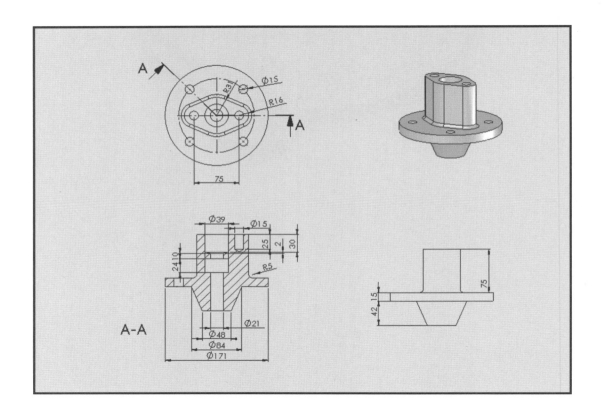

01   2D평면 선택하고 스케치하기 1

FeatureManager 디자인트리에서 정면을 선택하고, 스케치 도구모음에서 스케치 █를 클릭합니다.

1 다음과 같이 스케치 도구모음의 중심선 █을 클릭하여 원점을 지나는 수직한 중심선을 그립니다. 스케치 도구모음의 선 █을 클릭하여 다음과 같이 스케치한 후 지능형 치수 █를 클릭하여 치수를 기입합니다.

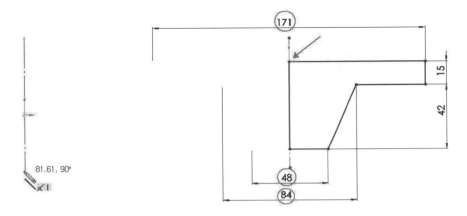

스케치 확인코너에서 █를 클릭합니다.

02   회전 █

피처 도구모음의 회전 █ 보스/베이스를 클릭하거나, 삽입, 보스/베이스, 회전을 클릭합니다.

1 회전 PropertyManager에서 다음과 같이 속성을 지정합니다.

   ❶ 회전축 █ : 스케치의 중심선
   ❷ 방향1 : 회전유형 - 블라인드
   ❸ 방향1 각도 █ : 360°

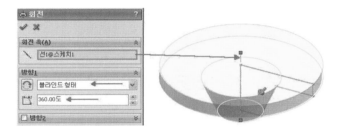

☑ 확인

03   2D평면 선택하고 스케치하기 2

FeatureManager 디자인트리에서 윗면을 선택하고, 스케치 도구모음에서 스케치 🖉를 클릭합니다.

1️⃣ 스케치 도구모음의 중심선 📊 원 ⊕ 도구를 이용하여 다음과 같이 스케치합니다.

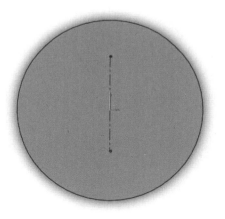 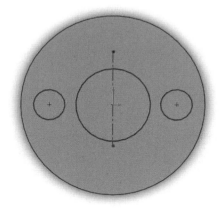

2 수직한 중심선과 두 개의 작은 원을 Ctrl 을 누른 채 선택한 다음 PropertyManager(속성창)에서 대칭 구속조건을 부가합니다.

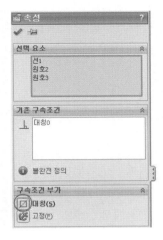

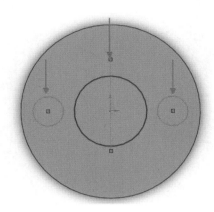

3 작은 원의 중심점과 원점을 Ctrl 로 선택한 후 PropertyManager(속성창)에서 수평 구속조건을 부가합니다.

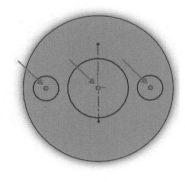

4 스케치 도구모음의 선 ▧ 을 클릭하여 다음과 같이 스케치합니다.

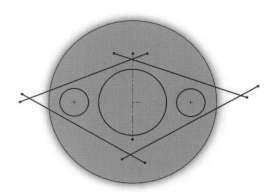

5 하나의 사선과 작은 원을 Ctrl 로 선택한 후 PropertyManager(속성창)에서 탄젠트 구속조건을 부
가합니다.

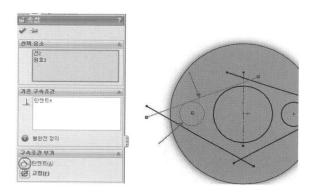

다시 그 사선과 큰 원을 Ctrl 로 선택한 후 PropertyManager(속성창)에서 탄젠트 구속조건을 부
가합니다.

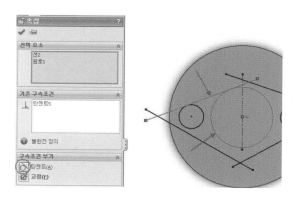

위와 같은 방법으로 세 개의 사선을 작은 원과 큰 원에 탄젠트 조건을 부가합니다.

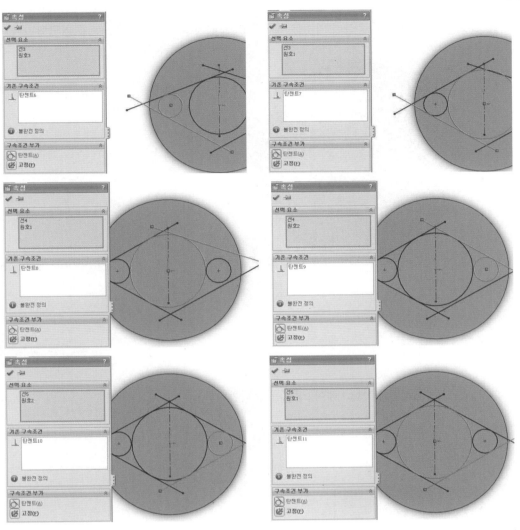

6 스케치 잘라내기 ✚를 이용하여 스케치 형상을 다음과 같이 만듭니다.

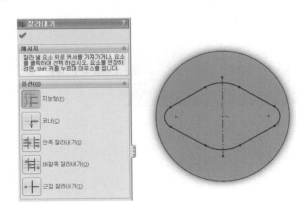

7 지능형 치수 를 이용하여 치수를 부가하고, 스케치 확인코너에서 를 클릭합니다.

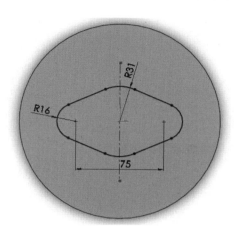

04 돌출 1

피처 도구모음에서 돌출 보스/베이스를 클릭합니다.

- 마침조건 : 블라인드

- 깊이 $\overset{\nwarrow}{\text{D1}}$: 75mm

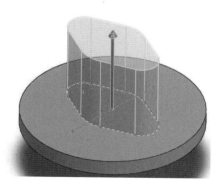

✔ 확인

05 2D평면 선택하고 스케치하기 3

FeatureManager 디자인트리에서 정면을 선택하고, 스케치 도구모음에서 스케치 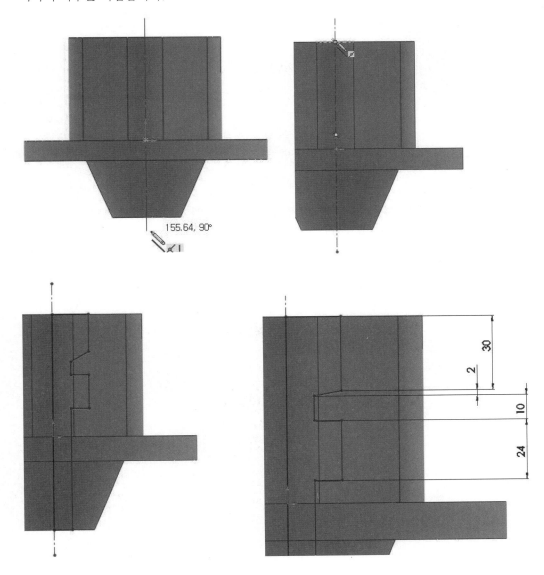를 클릭합니다.

1 다음과 같이 스케치 도구모음의 중심선 을 클릭하여 원점을 지나는 수직한 중심선을 그립니다. 이어서 스케치 도구모음의 선 을 클릭하여 다음과 같이 스케치하고, 지능형 치수 를 클릭하여 치수를 기입합니다.

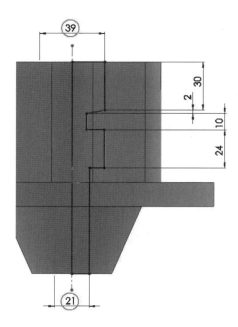

지름 치수로 기입합니다.

TIP

지름치수는 실선과 중심선 또는 점과 중심선의 관계에서만 넣을 수 있고 실선과 실선 또는 중심선과 중심선관계에서는 부여되지 않습니다. 위의 지름치수는 회전피처를 이용하여 피처 생성 시 자동으로 치수문자 앞에 치수표시기호 ∅가 부여됩니다.

2 다음과 같이 선과 선을 선택한 다음 동일 선상 구속조건을 부가하여 완전정의된 스케치를 완성합니다.

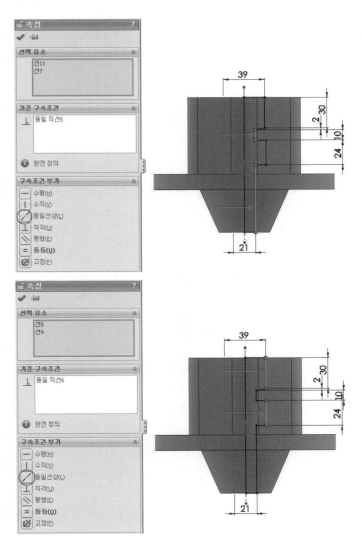

스케치 확인코너에서 를 클릭합니다.

06　회전컷 1

피처 도구모음에서 회전컷을 클릭하거나 삽입, 컷, 회전을 클릭합니다.
회전컷은 중심선을 기준으로 프로파일을 회전하여 재질을 파냅니다.

- 회전축 : 스케치 중심선
- 회전유형 : 블라인드 형태
- 방향1각도 : 360°

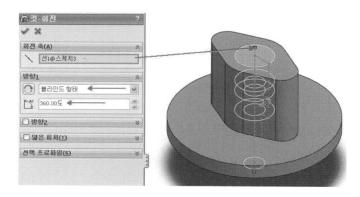

✔️확인

07　2D평면 선택하고 스케치하기 4

다음과 같이 솔리드 형상의 면을 선택하거나 FeatureManager 디자인트리에서 윗면을 선택하고,
스케치 도구모음에서 스케치를 클릭하거나 바로가기 메뉴에서 스케치를 선택합니다.

1 스케치 도구모음의 원 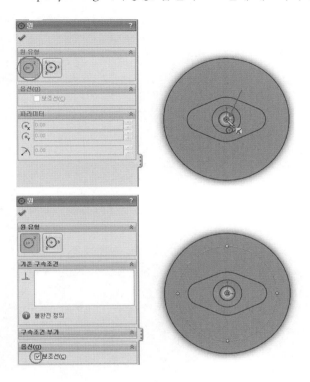을 선택한 다음 원의 중심점이 스케치 원점과 일치하게 그린 후 PropertyManager(속성창) 옵션의 보조선에 체크하여 원을 보조선으로 만듭니다.

2 스케치 도구모음의 중심선 을 클릭하여 원점에 일치하고 원의 사분점에 일치하는 수평한 중심선을 그립니다.

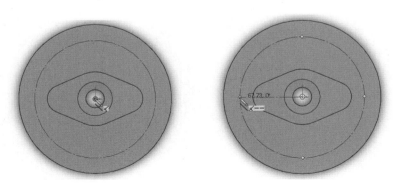

❸ 스케치 도구모음의 점 ✳ 을 이용하여 원의 원주에 일치하게 스케치를 합니다.

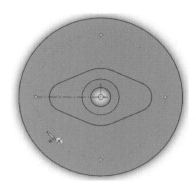

❹ 지능형 치수 ◈ 를 클릭하고 아래와 같이 세 점을 선택하여 세 점 사이의 각도를 기입하고 원을 선택하여 원의 직경치수를 기입합니다.

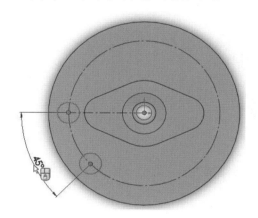
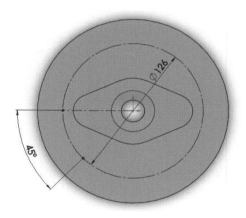

스케치 확인코너에서 🔲 를 클릭합니다.

08 기본형 구멍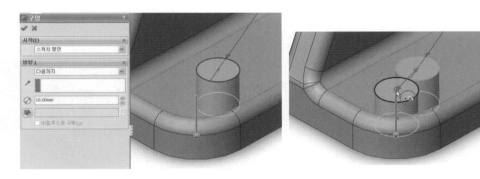 PropertyManager

피처 도구모음에서 구멍기본형▣을 클릭하거나 삽입 → 피처 → 구멍 → 기본형을 클릭합니다.

1 구멍가공마법사와 같은 추가 변수가 필요 없는 단순한 구멍을 만들 때 기본형 구멍을 사용합니다. 기본형 구멍은 구멍가공마법사와 같이 피처를 생성하기 위한 스케치가 필요 없으며 위치와 크기 값을 변경할 수 있는 스케치를 만들어 줍니다.

2 구멍의 위치 지정과 위치와 크기의 재지정 방법
  ❶ 원형 형상의 중심점이나 모서리의 꼭짓점 위치에 기본형 구멍의 위치를 지정합니다.
    • 기본형 구멍 명령어가 실행된 상태에서 스케치 원의 중심점을 드래그하여 원하는 형상의 위치에서 구속조건을 부가합니다.

    • 기존의 피처의 스케치나 위치관계를 지정하기 위해 미리 스케치한 객체와 위치를 지정할 수 있습니다.

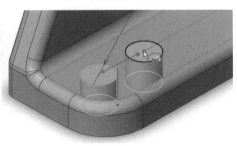

❷ 기본형 구멍의 위치와 크기를 재지정하기 위하여 모델 또는 FeatureManager 디자인트리에서 기본형 구멍을 우클릭하고, 스케치 편집을 선택합니다.

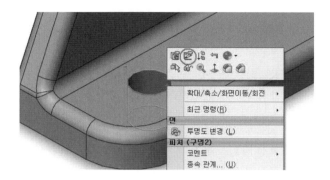

- 치수를 추가하여 구멍의 위치를 재지정하거나 스케치에서 구멍 지름을 수정하여 크기를 재지정합니다. 구멍의 크기 값은 피처편집을 이용해도 됩니다.
- 스케치를 종료하고 재생성합니다.

❸ 기본형 구멍피처를 실행하기 전에 기본형 구멍의 스케치가 만들어질 면을 선택한 다음 PropertyManager에서 옵션을 지정합니다.

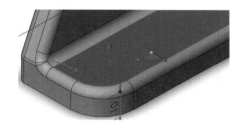

❶ 시작 : 기본형 구멍의 시작할 조건을 지정합니다.
❷ 방향1

- 마침조건 유형을 선택합니다.
- 돌출방향 ↗ : 구멍을 스케치 프로파일에 수직인 방향이 아닌 다른 방향으로 돌출합니다.
- 깊이 ⟱ : 구멍깊이를 지정합니다.
- 구멍지름 ⊘ : 구멍의 크기 값(지름)을 지정합니다.
- 구배켜기/끄기 ⬚ : 구배각도를 지정하여 구멍에 구배를 삽입합니다.

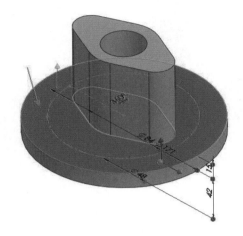
1 다음과 같이 기본형 구멍이 만들어질 면을 선택합니다.

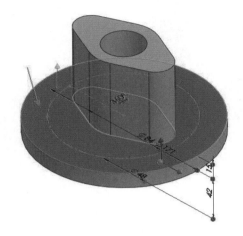

2 기본형 구멍의 PropertyManager 옵션 중 방향1에 대한 내용을 다음과 같이 지정합니다.

  1 마침조건 : 다음까지

  2 구멍지름 ⊘ : 15

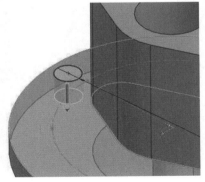

③ 원의 중심점을 드래그하여 이전 스케치의 점과 일치 구속조건이 부여되도록 위치를 지정합니다.

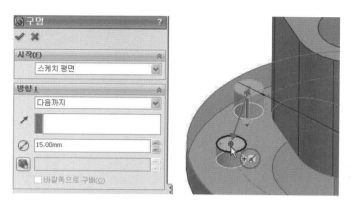

✔ 확인

④ FeatureManager 디자인트리에서 기본형 구멍의 위치를 지정하기 위해 그린 스케치에 마우스 오른쪽 버튼을 클릭하고 숨기기 버튼 ☜을 눌러 스케치가 보이지 않도록 합니다.

10 원형패턴

피처 도구모음의 원형패턴을 클릭하거나 삽입 → 패턴/대칭복사 → 원형패턴을 클릭합니다.
축 패턴에 원통면을 선택하고 동등간격을 체크한 후 각도합계는 360°, 인스턴스 수는 4를 기입합니다.

패턴할 피처 : 기본형구멍을 선택합니다.

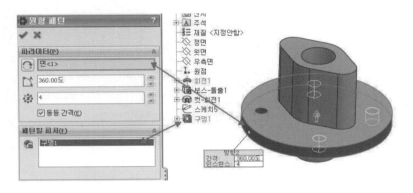

✔ 확인

11 구멍가공마법사 1

① 구멍가공마법사로 구멍을 뚫을 면을 다음과 같이 선택하고 피처 도구모음에서 구멍가공마법사를 클릭하거나 삽입 → 피처 → 구멍 → 가공마법사를 클릭합니다.

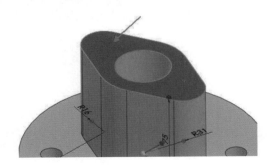

2 구멍유형 탭에서 구멍유형에서 구멍 을 선택하고 표준규격은 Ansi미터법, 유형은 드릴크기를 지정합니다.

3 구멍스팩에서 크기는 ∅15를 지정합니다.

4 마침조건은 블라인드 형태를 선택하고 드릴의 깊이는 25를 지정합니다.

5 위치탭을 클릭한 다음 구멍을 하나만 생성하기 위해 마우스 오른쪽 버튼을 클릭하여 바로가기 메뉴에서 '선택'을 선택하거나 스케치 명령어의 점을 클릭하여 점 명령어를 취소합니다.

6 구멍의 위치를 지정하기 위해 다음과 같이 점과 모서리를 선택한 후 구속조건 부가에 동심조건을 부여합니다.

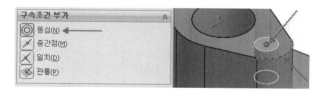

✔ 확인

12 대칭복사 PropertyManager

피처 도구모음에서 대칭복사 를 클릭하거나 삽입 → 패턴/대칭복사 → 대칭복사를 클릭합니다.

1 피처의 대칭복사

평면이나 면을 기준으로 대칭 복사한 피처를 만듭니다. 이때 피처를 선택할 수도 있고 피처를 구성하는 면 또는 피처에 의해 구성된 바디를 선택할 수도 있습니다.

2 대칭복사 PropertyManager

❶ 면/평면 대칭복사 : 대칭기준이 될 면이나 평면을 선택합니다.

❷ 대칭복사할 피처 : 피처를 구성한 면이나 FeatureManager 디자인트리에서 복사할 피처를 클릭합니다.

❸ 대칭복사할 바디 : 전체 모델을 대칭복사하기 위해 그래픽 영역에서 모델을 선택합니다.

❹ 대칭복사할 면 : 그래픽영역에서 대칭복사할 피처가 있는 면을 클릭합니다. 피처가 아닌 피처면을 가진 파트를 불러 올 때 유용하게 사용됩니다.

❺ 기하패턴 : 피처의 마침조건이 무시되어 피처의 면과 모서리가 그대로 대칭복사됩니다.

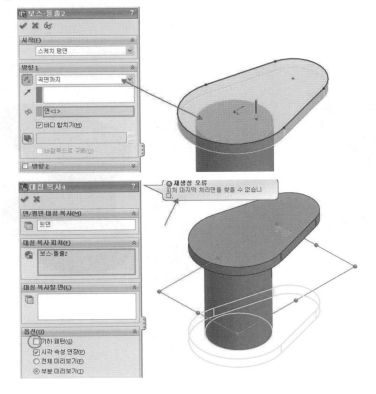

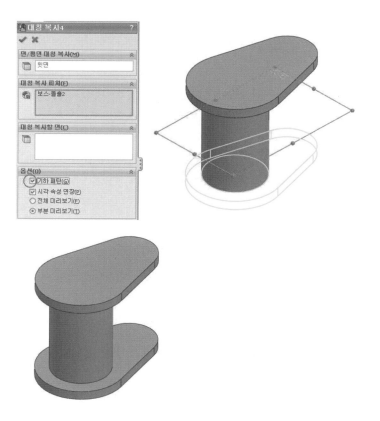

⑥ 시각속성 연장 : 대칭복사할 원본바디나 피처가 가지고 있는 색상이나 텍스처 등 시각적 속성을 대칭복사된 요소에 그대로 파급하여 적용시켜 주고 원본바디나 피처의 시각적 속성을 차후에 바꾸면 대칭복사된 요소도 함께 변하게 됩니다.

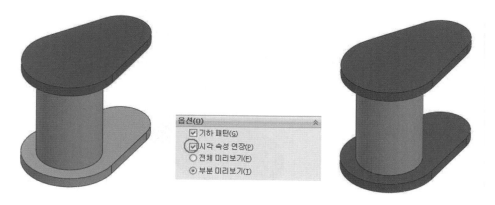

13　대칭복사 🖳 1

1 면/평면 대칭복사 🗋 : 대칭기준이 될 평면을 FeatureManager 디자인트리에서 디폴트평면인 우측 면을 선택합니다.

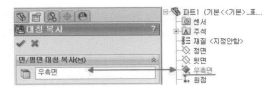

2 대칭복사할 피처 🐾 : 구멍가공마법사로 만든 피처를 선택합니다.

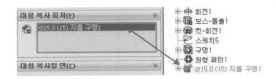

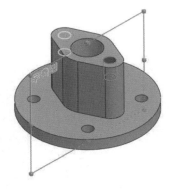

✔️ 확인

14   필렛 1

피처 도구모음에서 필렛을 클릭합니다. 필렛 PropertyManager에서 부동반경을 선택하고 반경으로 5를 입력한 후, 탄젠트 파급에 체크하여 다음과 같이 선택한 모서리에 연결된 모든 모서리가 선택되어 필렛되도록 합니다.

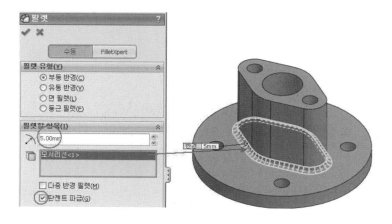

✔ 확인

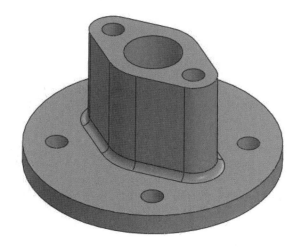

PROJECT 11

회전, 회전컷,
대칭복사 사용예제

▶▶ 스케치 도구모음 - 중심점호, 접원호, 3점호

▶▶ 참조형상 도구모음 - 기준면

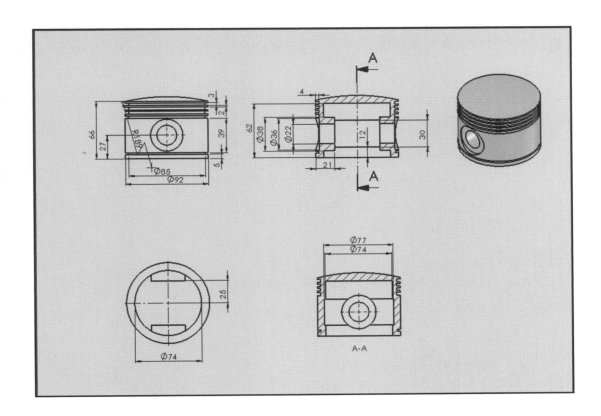

01 2D평면 선택하고 스케치하기 1

FeatureManager 디자인트리에서 정면을 마우스 왼쪽버튼으로 선택하거나 우클릭하여 바로가기 메뉴에서 스케치 █를 클릭합니다.

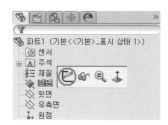

1 스케치 도구모음의 중심선 █을 클릭하여 다음 원점에서 수직한 중심선을 스케치합니다.

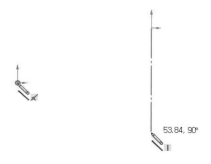

53.84, 90°

2 원호 █ ▼ PropertyManager

원호 유형은 다음과 같이 세 가지로 분류되며 사용방법은 아래와 같습니다.

❶ 중심점 호 █ : 스케치 도구모음에서 원호를 선택하고 원호 유형으로는 중심점 호를 선택 합니다.

- 포인터 모양이 █로 바뀝니다.
- 그래픽 영역에서 호의 중심점을 클릭합니다.
- 중심점으로부터의 호의 반경과 시작각도위치를 호 시작점으로 클릭하여 지정합니다.

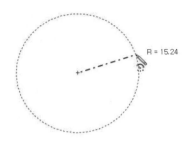

- 호의 끝점을 클릭하여 시작점과 끝점 사이의 각, 즉 호의 사이 각을 표현합니다.

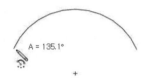

❷ 접원호 : 원호 유형의 접원호를 선택합니다.

- 선, 원호, 타원, 자유곡선의 끝점 위의 포인터를 클릭합니다.

- 포인터 모양이 로 바꾸면 원하는 방향으로 원호를 만듭니다.

- 원하는 위치나 끝점 위에 마우스를 클릭하여 그립니다.

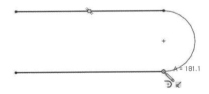

TIP

접원호 명령을 선택하지 않고 선 스케치에서 원호 명령어로 자동 전이시켜 접원호를 스케치할 수 있습니다.

● 방법 1

선 명령어에서 한 점과 다른 한 점을 클릭하여 선분을 만들고 명령어가 끝나지 않은 상태에서 키보드의 A를 누르면 원호 명령어로 전이되어 접원호를 스케치할 수 있습니다.

 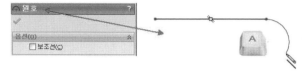

호를 그리고 난 후에는 자동으로 선 명령어로 전이되고 호 명령어에서 다시 호를 그리고자 한다면 다시 키보드의 A를 누르면 됩니다.

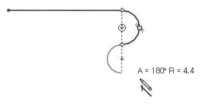

A = 180° R = 4.4

● 방법 2

선 명령어에서 한 점과 다른 한 점을 클릭하여 선분을 만들고 명령어가 끝나지 않은 상태에서 마우스를 조금 움직인 다음 마우스 커서를 선분의 끝점에 가져다 두면 일치 구속조건 ✎이 나타나는데, 이때 원호 명령어로 자동전이 됩니다. 마우스를 클릭하여 접원호를 그립니다.

❸ 3점호 : 원호유형의 3점호 를 선택합니다.

   ● 호를 시작할 곳을 클릭합니다.
   ● 원하는 크기의 현의 길이만큼 마우스를 움직입니다.

L = 27.08

   ● 원하는 현의 길이위치에서 마우스를 클릭합니다.(호의 끝점 클릭)

- 호를 끌어 반경을 정하고 필요하면 호의 방향을 바꿉니다.

- 원하는 호의 방향 위치에 마우스를 클릭하여 세 점을 지나는 호를 완성합니다.(호의 방향결정)

③ 스케치 도구모음에서 원호 를 클릭하고 원호 유형에 중심점 호 를 선택하여 다음과 같이 호를 그립니다.

❶ 호의 중심점을 수직한 중심선에 일치되게 클릭합니다.

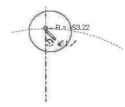

❷ 호의 시작점을 원점에 일치되게 클릭합니다.

❸ 호의 끝점의 위치를 다음과 같이 클릭하여 호의 크기를 정합니다.

❹ 지능형 치수 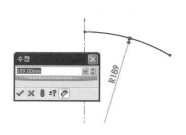를 이용하여 호의 반경치수와 호의 끝점에서의 지름치수를 다음과 같이 기입합니다.

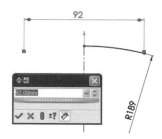

4 스케치 도구모음의 선 을 선택합니다.

➊ 호의 끝점으로부터 수직하고 수평한 선분을 다음과 같이 스케치합니다.

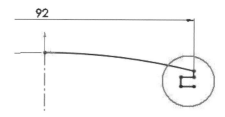

➋ Ctrl 을 누른 채 그려놓은 4개의 선분을 선택합니다.(여기서 Ctrl 키는 놓지 않습니다.)

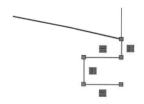

➌ 마우스 왼쪽 버튼으로 수직한 선분의 끝점을 클릭한 상태로 드래그하여 마지막 선분의 끝점에 마우스를 가져다 놓고 일치 구속조건이 나타나면 마우스를 놓습니다.

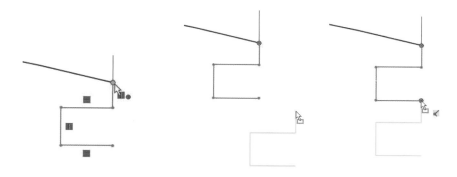

❹ 위와 같은 방법으로 선택한 객체를 복사하여 다음과 같이 스케치를 완성합니다.

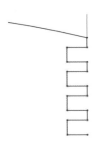

❺ **Ctrl** 을 누른 채 다음과 같이 우측 수직한 선분을 선택하고, 구속조건 부가에 동등을 부여합니다.

 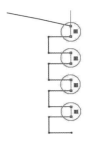

❻ **Ctrl** 을 누른 채 다음과 같이 좌측 수직한 선분을 선택하고 구속조건 부가에 동등을 부여합니다.

 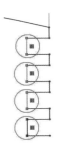

❻ **Ctrl** 을 누른 채 다음과 같이 수평한 선분을 선택하고 구속조건 부가에 동등을 부여한 후 치수를 기입합니다.

 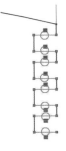 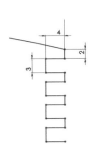

❼ 선 명령어를 이용하여 다음과 같이 스케치합니다.

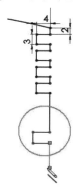

❽ 두 선분을 선택하고 구속조건 부가에 동일 선상조건을 부여합니다.

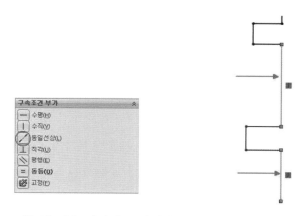

❾ 지능형 치수 명령어를 선택하여 다음과 같이 치수를 기입합니다.

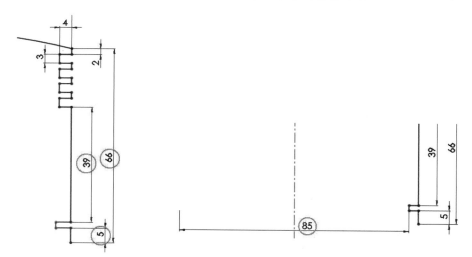

⑩ 선 명령어와 지능형 치수를 사용하여 다음과 같이 스케치를 완성합니다.

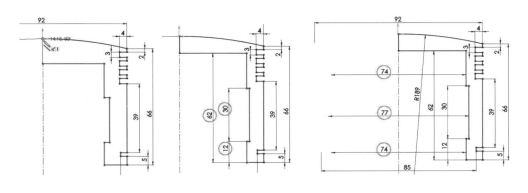

스케치 확인코너에서 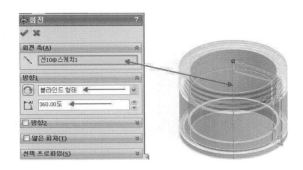를 클릭합니다.

---

02 회전 1

피처도구모음의 회전 보스/베이스 를 클릭하거나, 삽입 → 보스/베이스 → 회전을 클릭합니다.

1️⃣ 회전 PropertyManager에서 다음과 같이 속성을 지정합니다.

❶ 회전축 : 스케치에서 수직한 중심선을 선택합니다.

❷ 방향1 : 회전유형 - 블라인드

❸ 방향1각도 : 360°

✔️ 확인

03 기준면 PropertyManager

▶ 기준면 : FeatureManager 디자인트리에서 제공된 디폴트 평면 이외의 2D평면에 스케치를 하고자 하거나 피처 명령어에 활용하기 위해 평면을 만듭니다.

▶ 평면 만들기 : 참조형상 도구모음 <kbd>참조 형상(G)</kbd> 에서 기준면 을 클릭하거나, 삽입 → 참조형상 → 기준면을 클릭합니다.

1 제1참조, 제2참조, 제3참조

참조선택란 에 형상의 꼭짓점, 원점, 모서리, 면, 평면 등을 선택합니다. 선택한 요소에 따라 아래와 같은 구속조건이 나타납니다.

일치 , 평행 , 직각 , 투영 , 탄젠트 , 각도 , 오프셋 , 중간평면

제1참조의 선택요소와 구속조건 관계만으로 기준면을 생성할 수 있으며 경우에 따라 제1참조, 제2참조의 선택요소와 구속조건에 의하여, 또는 제1참조, 제2참조, 제3참조의 선택요소와 구속조건 관계에 의해서 기준면을 생성할 수 있습니다.

2 기준면 만들기의 예

❶ 세 점에 일치하는 평면 만들기

제1참조, 제2참조, 제3참조 선택요소란에 점을 선택하고 구속조건에는 일치를 선택합니다.

❷ 선과 점에 일치하는 평면 만들기

제1참조에는 모서리, 제2참조에는 꼭지점을 선택하고 구속조건에는 일치를 선택합니다.

❸ 점에 일치하고 선택한 면이나 평면에 평행한 기준면 만들기

제1참조에는 면을, 제2참조에는 점을 선택하고 제1참조 구속조건으로는 평행, 제2참조 구속
조건에는 일치를 선택합니다.

❹ 면이나 평면이 모서리, 축, 스케치 선분에 일치하면서 이를 기준으로 회전하여 각을 갖는
기준면 만들기

제1참조에는 면을, 제2참조에는 모서리를 선택하고 제1참조 구속조건에는 각도, 제2참조 구
속조건에는 일치를 선택합니다.

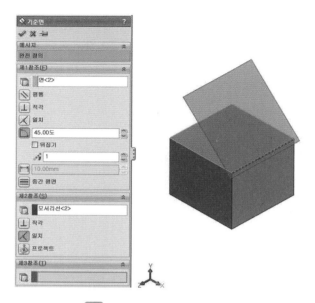

여기서, 각도 ⬜란에 원하는 회전각도를 기입하고 뒤집기란에 체크하여 필요에 따라 방향을
바꿀 수 있습니다.

작성할 평면수 ⠿#란에 원하는 평면의 수를 지정해주면 기입한 각도에 의해 여러 개의 평면
을 만들 수 있습니다.

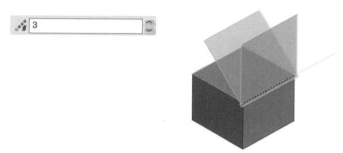

⑤ 오프셋 기준면 만들기

제1참조에 면이나 평면을 선택하고 구속조건에는 오프셋거리를 선택합니다.

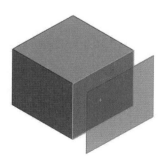

여기서 오프셋 거리 ⊞에 원하는 거리를 기입하고 뒤집기란에 체크하여 필요에 따라 방향을 바꿀 수 있습니다.

작성할 평면수 ⚬# 에 원하는 평면의 수를 지정하면 기입한 거리에 의해 여러 개의 오프셋된 평면을 만들 수 있습니다.

❻ 두 평면 중간 위치에 기준면 만들기
제1참조와 제2참조에 면이나 평면을 선택하고 제1참조, 제2참조 구속조건은 중간평면을 선택 합니다.

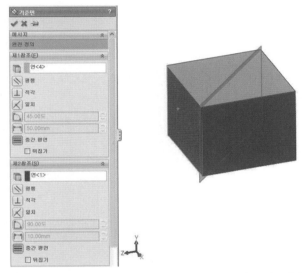

뒤집기란에 체크하여 필요에 따라 방향을 바꿀 수 있습니다.

❼ 원통, 원추, 비원통형 면에 접한 기준면 만들기
제1참조에 디폴트 평면 우측면을, 제2참조에 원통면을 선택하고 제1참조 구속조건으로는 직 각을, 제2참조 구족조건으로는 탄젠트를 선택합니다.

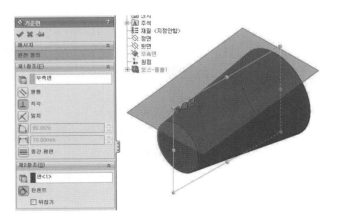

❽ 곡선에 수직한 기준면 만들기

제1참조에 곡선을, 제2참조에 점을 선택하고 제1참조 구속조건으로는 직각을, 제2참조 구족
조건으로는 일치를 선택합니다.

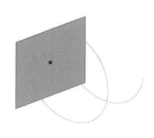

❾ 곡면 상에 투영된 기준면 만들기

제1참조에 점을, 제2참조에 면을 선택하고 제1참조 구속조건으로는 프로젝트를, 제2참조 구
족조건으로는 탄젠트를 선택합니다.

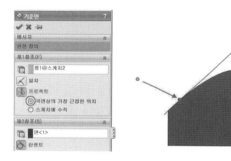

곡면 상의 가장 근접한 위치 선택 시 선택한 스케치 점에 가장 근접한 곡면 상에 있는 점에 기
준면이 작성됩니다.

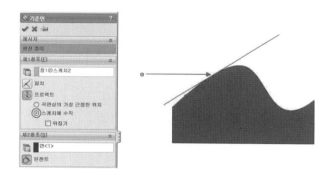

스케치에 수직 선택 시 스케치 점이 있는 평면에 수직한 방향으로 곡면에 투영하여 기준면이
작성됩니다.

Ctrl 을 누른 상태로 기존 평면을 선택하거나 선택한 채 드래그하여 오프셋된 기준면을 작성할 수 있습니다.

● Ctrl 을 누른 상태로 기존평면 테두리를 선택합니다.

● Ctrl 을 누른 상태로 드래그하여 평면을 끌어옵니다.

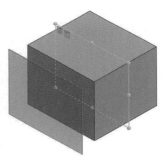

●위 두 방법을 이용하여 기준면 PropertyManager가 열리면 오프셋 거리 에 원하는 위치 값을 입력하여 오프셋 기준면을 만듭니다.

04 평면 1

참조형상 도구모음에서 기준면을 클릭하거나 삽입 → 참조형상 → 기준면을 클릭합니다.

제1참조요소란에 FeatureManager 디자인트리 플라이아웃에서 정면을 선택하고 오프셋거리에 25를 입력하여 입력한 거리만큼 오프셋된 기준면을 만듭니다.

05 2D 평면 선택하고 스케치하기 2

위와 같은 방법으로 만든 평면을 FeatureManager 디자인트리에서 선택한 후 마우스 오른쪽 버튼을 눌러 바로가기 메뉴가 나타나면 스케치를 클릭합니다.

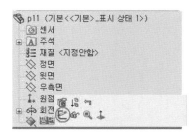

1 스케치 도구모음의 원 플라이아웃 도구 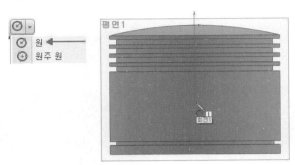 에서 중심원 을 선택하고 다음과 같이 스케치합니다.

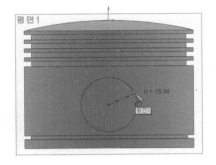

2 중심점 위치를 지정하기 위해서 중심점과 스케치 원점을 Ctrl 을 누른 채 선택한 다음 구속조건 부가에서 수직조건을 부가한 후 지능형 치수 를 클릭하여 다음과 같이 치수를 기입합니다.

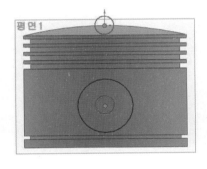

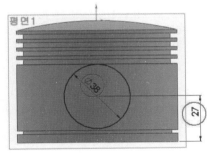

스케치 확인코너에서 를 클릭합니다.

06 돌출 1

피처 도구모음에서 돌출 보스/베이스 를 클릭합니다.
마침조건 : 다음까지

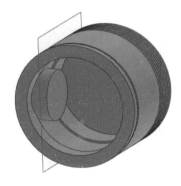

✔ 확인

07 평면 1 숨기기

위의 새로 만든 평면을 숨기기 위해서 FeatureManager 디자인트리에서 새로 만든 평면을 선택하고 마우스 오른쪽 버튼을 클릭하여 바로가기 메뉴에서 숨기기를 눌러 평면을 숨겨 둡니다.

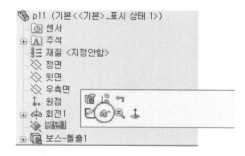

FeatureManager 디자인트리에서 우측면을 선택하고, 스케치 도구모음에서 스케치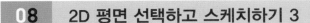를 클릭합니다.

1 스케치 도구모음의 중심선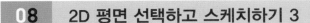을 클릭하여 다음과 같이 수평한 중심선을 스케치합니다.

2 빠른 도구모음의 항목 숨기기/보이기 , 플라이아웃 모음의 임시축 보기 를 선택하여 원통 형상의 임시축이 나타나도록 합니다.

3 원통 돌출피처의 임시축과 중심선을 선택하고 구속조건 부가의 동일 선상을 부여해서 중심선과 돌출피처의 축선이 항상 같은 선상을 유지하도록 위치를 정합니다.

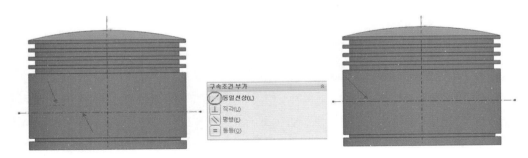

4 스케치 도구모음의 선 을 클릭하여 다음과 같이 스케치합니다.

❶ 형상모서리와 중심선이 교차되는 지점에 선분의 시작점을 모서리에 일치되도록 지정합니다.

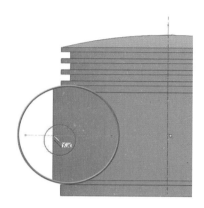

❷ 다음과 같이 수평 수직하게 선분을 연속적으로 그립니다.

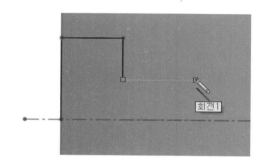

❸ 중심선에 일치하도록 수직한 선분을 계속적으로 이어 그립니다.

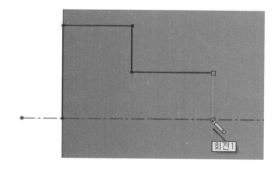

❹ 선분의 시작점에 끝점이 일치하도록 하여 그림을 완성합니다.

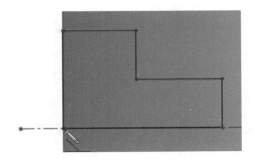

❺ 지능형 치수 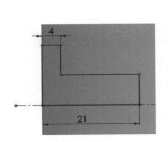를 클릭하여 치수를 기입합니다.

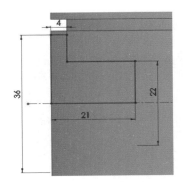

스케치 확인코너에서 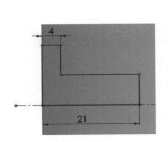를 클릭합니다.

09　회전컷 🔁

중심선을 기준으로 프로파일을 회전하여 재질을 파냅니다.

피처 도구모음에서 회전컷 🔁 을 클릭하거나 삽입 → 컷 → 회전을 클릭합니다.

🔢 회전축 ✎ : 스케치의 수평한 중심선이나 임시축 선택

🔢 방향1 : 회전 유형 - 블라인드 형태

🔢 방향1각도 ✎ : 360°

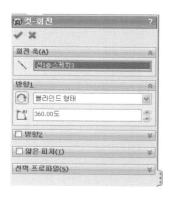

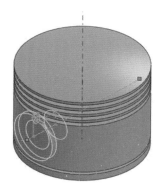

✔️ 확인

---

10 대칭복사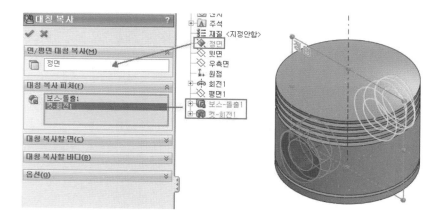

피처 도구모음에서 대칭복사 를 클릭하여 위의 돌출한 피처와 회전컷 피처를 FeatureManager 디자인트리에서 정면을 기준으로 대칭 복사합니다.

- 면/평면 대칭복사 : 대칭기준이 될 면을 FeatureManager 디자인트리 플라이아웃에서 정면을 선택합니다.

- 대칭복사 피처 : FeatureManager 디자인트리 플라이아웃에서 돌출피처와 회전컷 피처를 선택합니다.

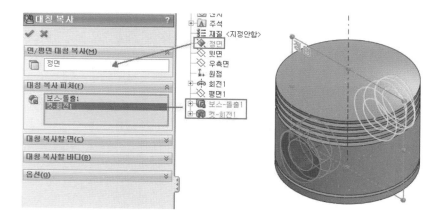

✔️ 확인

11   임시축 숨기기

빠른 도구모음에서 항목 숨기기/보이기 플라이아웃 모음의 임시축 보기 █를 선택하여 임시축을 숨깁니다.

PROJECT

12 쉘, 보강대 사용예제 1

▶▶ 보기 도구모음 - 단면도

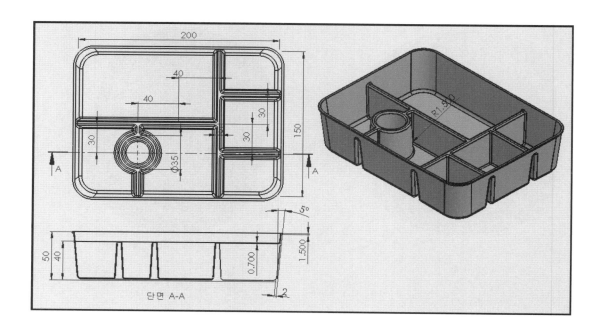

01 2D평면 선택하고 스케치하기 1

FeatureManager 디자인트리에서 윗면을 선택하고, 스케치 도구모음에서 스케치 를 클릭합니다.

■ 스케치 도구모음의 사각형 플라이아웃 도구 □ ⁻ 에서 중심사각형 □ 을 선택합니다.

② 스케치 원점을 클릭하여 사각형의 중심위치를 정하고 코너점을 정하여 사각형을 그린 후에 치수를 기입합니다.

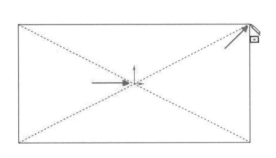
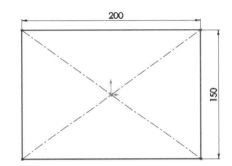

스케치 확인코너에서 클릭합니다.

02 돌출 1

피처 도구모음에서 돌출 보스/베이스 를 클릭합니다.

■ 방향1의 마침조건 : 블라인드 형태

② 깊이 D1 : 50

③ 구배켜기/끄기 를 선택하고 바깥쪽으로 구배를 체크한 다음 구배각도로 5°를 입력합니다.

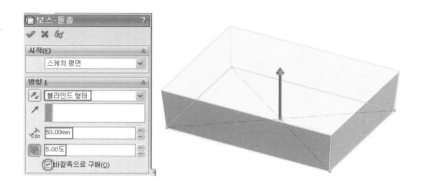

✔ 확인

03 필렛 1

피처도구모음에서 필렛을 클릭합니다.

① 필렛 유형 : 부동반경을 선택합니다.

② 필렛할 항목

 ❶ 반경 : 20을 기입합니다.

 ❷ 다중반경필렛 ☑ 다중 반경 필렛(M) 에 체크합니다.

  • 다중반경필렛은 모서리마다 반경이 다른 필렛을 작성할 수 있습니다.

 ❸ 모서리 , 면, 피처, 루프 선택란에 네 모서리를 선택합니다.

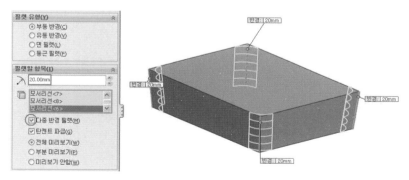

 ❹ 모서리 , 면, 피처, 루프선택란에 바닥면을 선택합니다.

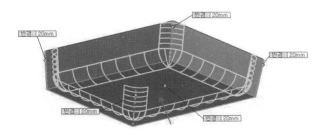

⑤ ⚒ 반경 : 5를 기입합니다.

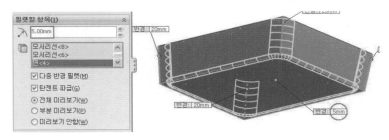

✔ 확인

---

04 쉘 🔲 사용방법/PropertyManager

▶ 이 명령어는 선택한 면은 제거되고 나머지 면은 입력한 두께만큼의 면을 생성하는 명령어입니다.

1 쉘 PropertyManager의 파라미터

❶ 두께 : 면의 두께를 지정합니다. 면의 두께만 지정하고 다른 옵션은 선택하지 않을 시
모든 면에 두께를 가져 중공형상을 생성합니다.

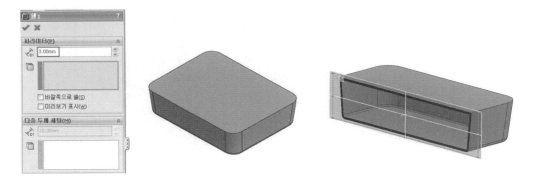

❷ 제거할 면  : 솔리드의 면을 한 개 또는 여러 개를 선택하여 제거합니다. 이때 선택한 면
은 제거되며 나머지 면은 지정한 두께만큼 면의 두께를 가집니다.

❸ 바깥쪽으로 쉘 : 바깥쪽으로 쉘 ☑**바깥쪽으로 쉘(S)**에 체크를 하면 면의 안쪽이 아닌 면의 바
깥쪽으로 두께가 부여됩니다.

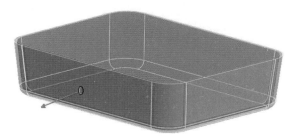

❹ 미리보기 표시 : 선택 시 작성될 쉘의 피처가 미리보기 됩니다.

▣ 다중두께 세팅 : 면마다 두께가 다른 쉘 피처를 작성할 수 있습니다. 일단 면을 제거하고 남은 면
에 기본 두께를 지정한 후에, 남은 면 중에서 선택한 면에 다른 두께를 지정해 줍니다.

❶ 다중두께 : 우선 다중두께 지정면 난을 선택하고 두께를 지정합니다.

❷ 다중두께 지정면 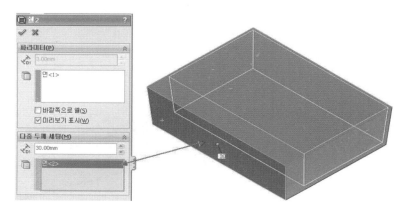 : 면을 선택하면 다중두께의 값에 의해 두께가 다른 여러 면을 생성할
수 있습니다.

05 쉘 1

피처 도구모음에서 쉘을 클릭하거나 삽입 → 피처 → 쉘을 클릭합니다.

1 파라미터의 두께 ⚙ : 2를 입력합니다.

2 제거할 면 ▣ : 솔리드 형상의 윗면을 선택합니다.

06 기준면 1

FeatureManager 디자인트리에서 윗면을 선택하고 Ctrl 을 누른 채 그래픽영역에서 윗면을 선택합니다.

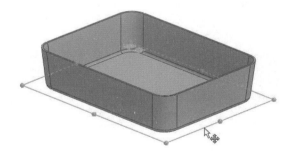

기준면 PropertyManager가 나타나면 제1참조 구속조건 오프셋 거리에 40을 기입하여 다음과 같은 방향으로 오프셋된 평면을 만듭니다.

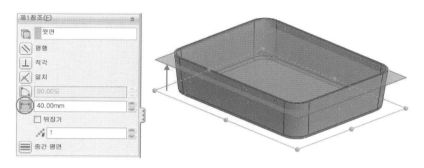

✔ 확인

07 2D평면 선택하고 스케치하기 2

FeatureManager 디자인트리에서 위에서 만든 평면을 선택하고 스케치 도구모음에서 스케치 를 클릭합니다.

■ 스케치 도구모음의 선 을 선택하고 수직한 선분을 그린 후 치수를 기입합니다.

② 스케치 원점을 지나는 수평한 선분을 그립니다.

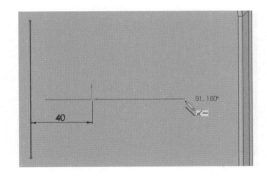

③ 수평한 선분 2개를 그리고 치수를 기입합니다.

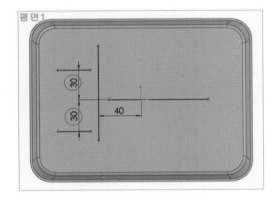

④ 원 플라이아웃 도구 에서 중심원 을 선택하여 원을 그린 후 치수를 기입합니다.

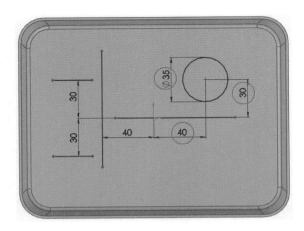

⑤ 원의 90° 270° 사분점 위치에서 선분의 한 점이 일치하는 수직한 선을 그립니다.

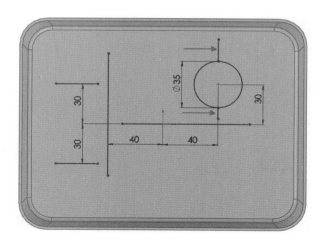

08 보강대 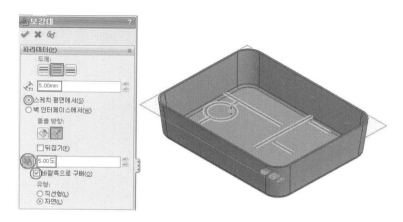 1

피처 도구모음의 보강대를 클릭하거나 삽입 → 피처 → 보강대를 클릭합니다.

① 파라미터의 두께는 양면 ▤을 선택합니다.

② 보강대 두께로 5를 기입합니다.

③ 스케치 평면에서를 체크합니다.

④ 돌출방향은 스케치에 수직을 선택합니다.

⑤ 구배켜기/끄기를 선택하고 구배각도는 3°를 기입합니다.

⑥ 바깥쪽으로 구배를 선택합니다.

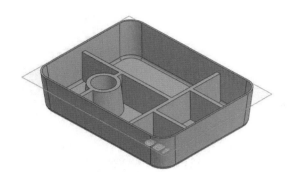

09 평면 숨기기

10 필렛 2

피처 도구모음에서 필렛 을 클릭합니다.

1 필렛 유형 : 부동반경을 선택합니다.

2 필렛할 항목

❶ 반경 : 1.5를 기입합니다.

❷ 모서리 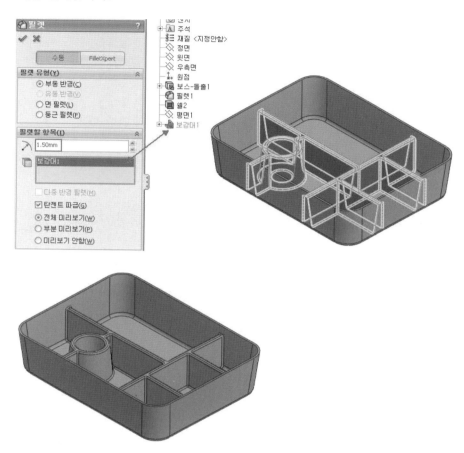, 면, 피처, 루프 선택란에 FeatureManager 디자인트리 플라이아웃에서 보강대 피처를 선택합니다.

---

11   쉘 2

피처 도구모음에서 쉘 을 클릭하거나 삽입 → 피처 → 쉘을 클릭합니다.

❶ 파라미터의 두께 로 0.7을 입력합니다.

2 제거할 면 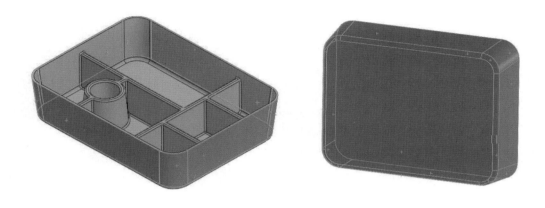 : 솔리드 형상의 모든 측면과 아래 면을 선택합니다.

3 다중두께세팅의 다중두께 지정면 : 돌출피처의 위의 단면을 선택합니다.

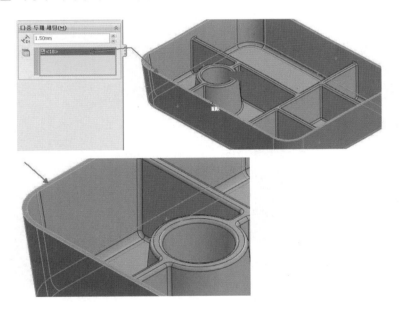

4 다중두께  : 1.5를 입력합니다.

12   단면도 🔳

빠른 보기 도구모음 🔍 🔍 ✖ ⑪ 🔲▾ 🔳▾ 👓▾ 🌐 ⚙▾ 🖼▾ 에서 단면도 🔳를 클릭합니다.

참조단면으로 지정한 평면과 면으로 잘린 것 같이 표시되어서 모델의 내부 형상을 표시합니다.

🔳 단면도 PropertyManager

　❶ 참조단면 : 평면이나 면을 선택하거나 정면 🔲, 윗면 ⬧, 또는 우측면 ⬧을 클릭해서 단면
　　도를 작성하고 단면방향 바꾸기 ⤢를 이용하여 컷의 방향을 바꿉니다.

　❷ 오프셋 거리 ⤢는 선택한 면이 자르고자 하는 위치에 오도록 거리값을 지정하면 절단면이
　　그 거리값만큼 떨어진 위치에 오게 됩니다.

　❸ X 회전 ⤢ : 참조 단면을 X축을 따라 회전합니다.

　❹ Y 회전 ⤢ : 참조 단면을 Y축을 따라 회전합니다.

🔳 참조단면으로 정면을 선택하고 절단면 형상을 확인해 봅니다.

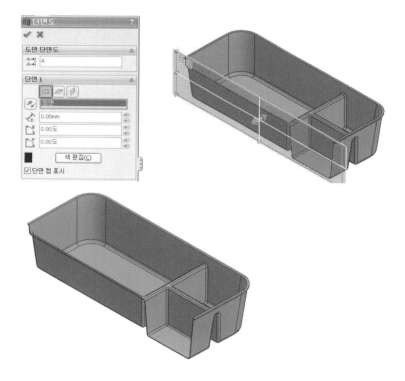

3 원래의 형상으로 돌리려면 다시 단면도 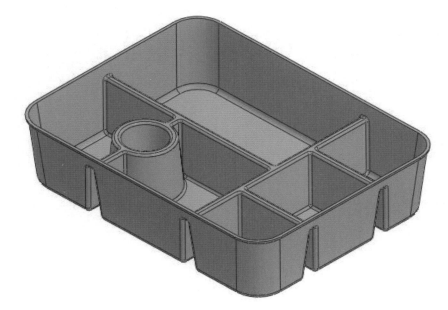를 클릭합니다.

PROJECT

13 쉘, 보강대 사용예제 2

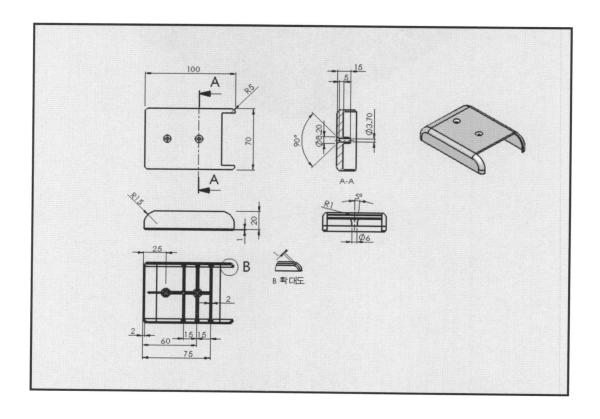

01 2D평면 선택하고 스케치하기 1

FeatureManager 디자인트리에서 윗면을 선택하고, 스케치 도구모음에서 스케치 를 클릭합니다.

① 스케치 도구모음의 사각형 플라이아웃 도구모음 에서 중심사각형 을 선택합니다.

② 사각형의 중심점을 스케치 원점에 일치하도록 위치를 지정하고 임의의 위치에서 코너점을 클릭하여 사각형을 그립니다.

③ 사각형의 치수를 기입합니다.

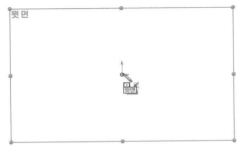
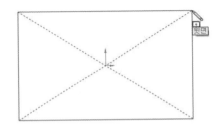

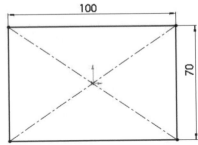

스케치 확인코너에서 클릭합니다.

02   돌출 🗔 1

피처 도구모음에서 돌출 보스/베이스 🗔 를 클릭합니다.

1 방향1의 마침조건은 블라인드를 선택합니다.

2 깊이 ⬈ D1 20을 입력합니다.

✔ 확인

03   필렛 🔵 1

피처 도구모음에서 필렛 🔵 을 클릭합니다.

1 필렛 유형에서 부동반경을 선택합니다.

2 필렛할 항목의 반경 ⬈ 에 15를 입력합니다.

3 모서리선, 면, 피처, 루프 선택란에서 두 모서리를 선택합니다.

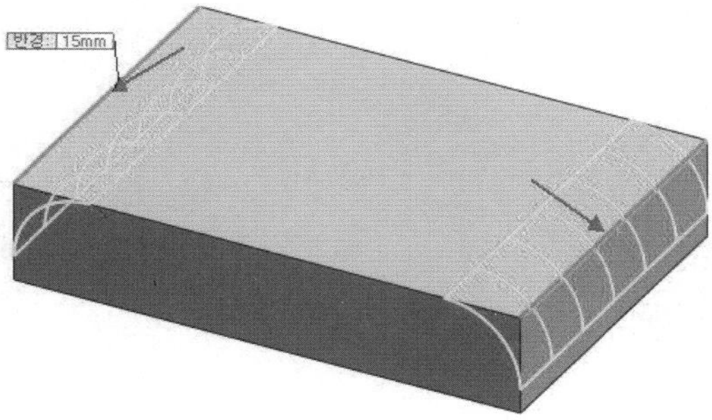

✔ 확인

04 필렛 2

피처 도구모음에서 필렛을 클릭합니다.

1 필렛 유형에서 부동반경을 선택합니다.

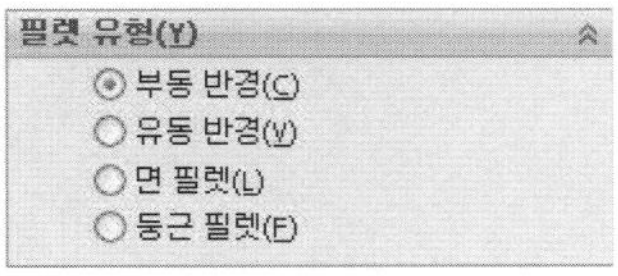

2 필렛할 항목의 반경에 5를 입력합니다.

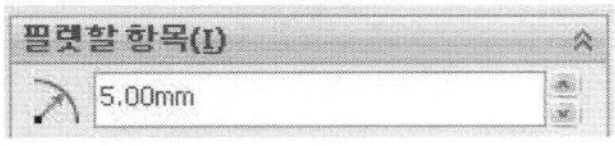

③ 탄젠트 파급☑**탄젠트 파급(G)**에 체크한 다음 모서리선, 면, 피처, 루프 선택 ▢란에 두 모서리를
선택하여 필렛을 적용합니다.

✔️확인

05 쉘▣ 1

피처 도구모음에서 쉘▣을 클릭하거나 삽입 → 피처 → 쉘을 클릭합니다.

① 파라미터의 두께 🔧에 2를 입력합니다.

② 제거할 면 ▢으로는 솔리드 형상의 필렛을 적용한 우측면과 바닥면을 선택합니다.

06 기준면 ◇ 1

참조형상 도구모음에서 기준면◇을 클릭합니다.

1 제1참조의 선택 ▣란에 솔리드 형상의 윗면을 선택합니다.

2 구속조건의 오프셋 거리 ⊢┤를 선택하고 15를 입력합니다.

| ⊢┤ | 15.00mm | ⇕ |

뒤집기 ☑ 뒤집기를 체크하여 오프셋된 평면의 방향을 결정합니다.

✔ 확인

07   2D평면 선택하고 스케치하기 2

FeatureManager 디자인트리에서 새로 작성한 위의 평면을 선택하고, 스케치 도구모음에서 스케치 🖋를 클릭하고 두 개의 원을 스케치합니다.

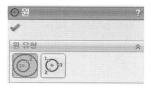
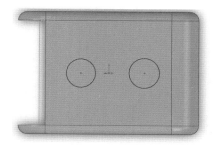

그려진 두 원을 선택하고 구속조건 부가에 동등조건을 부여한 후 두 원의 중심점과 원점을 선택하고 구속조건 부가에 수평조건을 부여합니다.

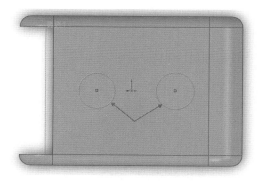
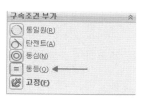

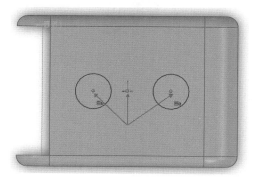
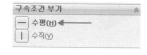

다음과 같이 치수를 부여합니다.

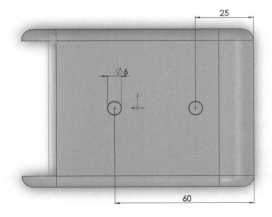

스케치 확인코너에서  클릭합니다.

08 돌출 2

피처 도구모음에서 돌출 보스/베이스 를 클릭합니다.

1 방향1의 마침조건은 다음까지를 선택합니다.

2 구배켜기/끄기 를 선택하고 구배각도 5°를 입력합니다.

3 바깥쪽으로 구배 ☑ 바깥쪽으로 구배(O)를 체크하여 구배가 바깥쪽으로 생성되도록 합니다.

✔ 확인

09 구멍가공마법사  1

구멍이 생성될 시작 면을 다음과 같이 선택합니다.

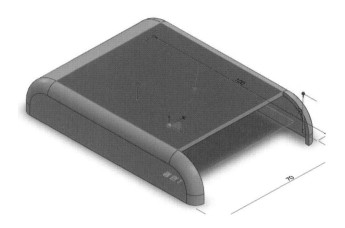

피처도구모음에서 구멍가공마법사 를 클릭하거나 삽입 → 피처 → 구멍 → 가공마법사를 클릭합니다.

유형 : 구멍 유형 파라미터를 다음과 같이 지정합니다.

1 구멍 유형 : 카운터 싱크
   ① 표준규격 : Ansi미터법
   ③ 유형 : 납작머리나사 - ANSI B18.6.7M

2 구멍 스팩
   ① 크기 : M3.5
   ② 맞춤 : 보통

3 마침 조건 : 관통

위치 : 위치 탭을 선택하고 구멍의 개수는 점을 클릭하여 표현합니다.

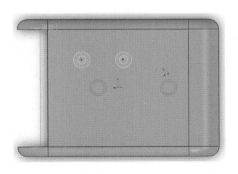 

카운터 싱크를 돌출피처의 동심위치에 배치하기 위하여 점과 돌출모서리를 선택하고 구속조건의 동심을 부여합니다.

위와 같은 방법으로 나머지 카운터 싱크도 동심조건을 부가하여 위치를 지정합니다.

✔ 확인

10   필렛 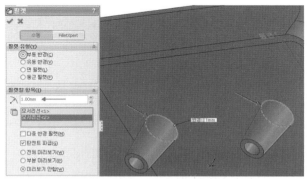 3

피처 도구모음에서 필렛 을 클릭합니다.

1 필렛유형은 부동반경을 선택합니다.

2 필렛할 항목

　❶ 반경 ⟋ 입력란에 1을 기입합니다.

　❷ 모서리선, 면, 피처, 루프 선택 ▢ 란에 다음과 같이 모서리를 선택하여 필렛을 생성합니다.

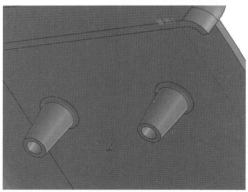

✔ 확인

솔리드 형상의 면을 다음과 같이 선택하고, 스케치 도구모음에서 스케치 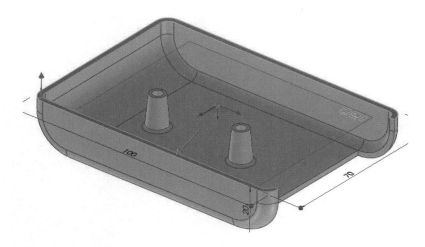를 클릭합니다.

스케치 상태에서 그림과 같이 형상의 모서리선에 마우스를 가져다 놓고 마우스 오른쪽 버튼을 누른 후 탄젠시 선택을 클릭하여 모서리선과 연결된 모든 모서리를 선택한 다음 스케치 도구모음에서 스케치 요소변환 을 클릭합니다.

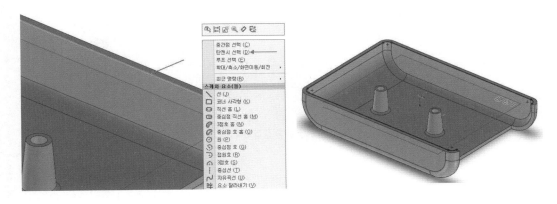

스케치 확인코너에서 클릭합니다.

12 돌출 3

피처 도구모음에서 돌출 보스/베이스를 클릭합니다.

1 마침조건 : 블라인드

2 깊이 $\searrow_{D1}$: 1

3 얇은 피처 : 한 방향으로

4 두께 $\nwarrow_{T1}$: 1

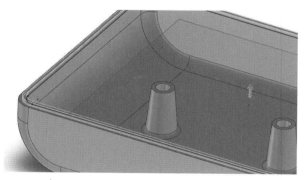

TIP

얇은 피처를 돌출하려면 PropertyManager 옵션을 얇은 피처로 지정합니다.
얇은 피처 옵션을 사용하여, 돌출 두께(깊이가 아니라 두께임)를 제어합니다.

● 유형 : 얇은 피처 돌출 유형을 선택합니다.

● 한 방향으로: 스케치에서 한 방향(바깥쪽)의 돌출 두께 $\nwarrow_{T1}$ 를 지정합니다.

● 중간 평면 : 스케치에서 양방향 같은 돌출 두께 $\nwarrow_{T1}$ 를 지정합니다.

● 두 방향으로 : 방향1두께 $\nwarrow_{T1}$ 와 방향2두께 $\nwarrow_{T2}$ 에 서로 다른 돌출 두께를 설정할 수 있습니다.

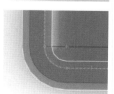

 확인

13 평면 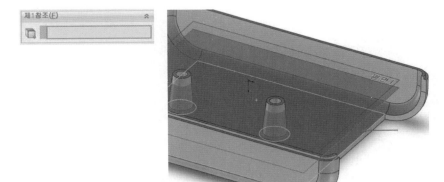 2

참조형상 도구모음에서 기준면 을 클릭하거나 삽입 → 참조형상 → 기준면을 클릭합니다.

1 제1참조란에 다음과 같이 솔리드 형상의 면을 선택합니다.

2 오프셋 거리 에 5를 입력합니다.

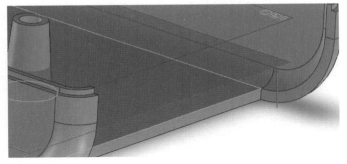

✔ 확인

14   2D평면 선택하고 스케치하기 4

1 FeatureManager 디자인트리에서 새로 작성한 평면2를 선택하고, 스케치 도구모음에서 스케치
🗺를 클릭하거나 마우스 오른쪽 버튼을 클릭하고 스케치를 선택하여 다음과 같이 스케치합
니다.

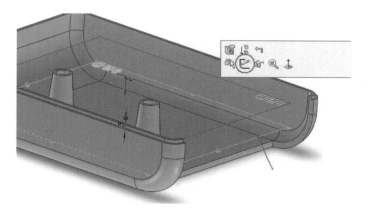

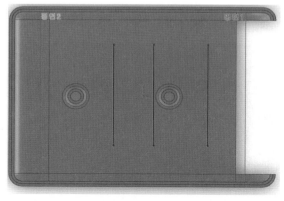

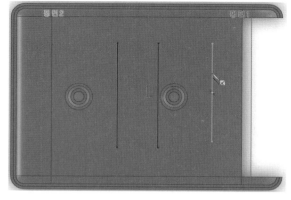

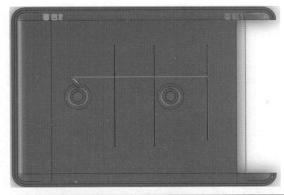

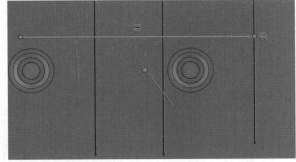

2 지능형 치수 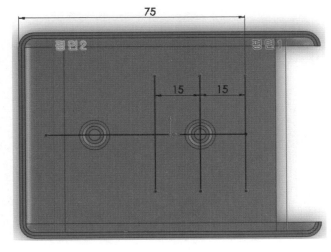 를 클릭하여 치수를 기입합니다.

스케치 확인코너에서 클릭합니다.

15　보강대 1

피처 도구모음의 보강대를 클릭하거나 삽입 → 피처 → 보강대를 클릭합니다.

1 보강대의 두께는 양면을 선택합니다.

2 보강대 두께값은 2를 기입합니다.

3 돌출방향은 스케치에 수직을 선택합니다.

4 구배 켜기/끄기를 클릭하고 구배각도로 3°를 입력합니다. 바깥쪽으로 구배를 체크합니다.

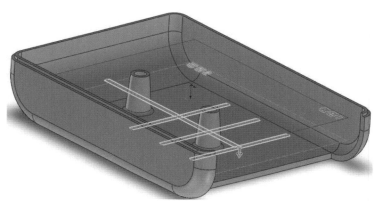

✔ 확인

16　필렛 4

피처 도구모음에서 필렛을 클릭합니다.

1 필렛 유형의 부동반경을 선택합니다.

2 반경에 1을 입력합니다.

3 모서리선, 면, 피처, 루프 선택란에 보강대 피처를 FeatureManager 디자인트리에서 선택합니다.

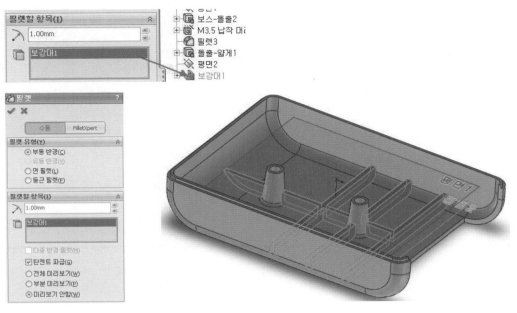

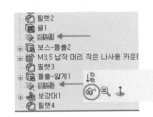

✔ 확인

화면에 보이는 평면1, 2는 FeatureManager 디자인트리에서 선택하고 마우스 오른쪽 버튼을 누른 후 숨기기 버튼을 선택하여 평면을 숨깁니다.

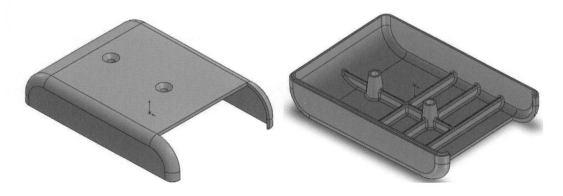

14 선형패턴의 스케치 수정예제 1

▶▶ 스케치 도구모음 - 보조선

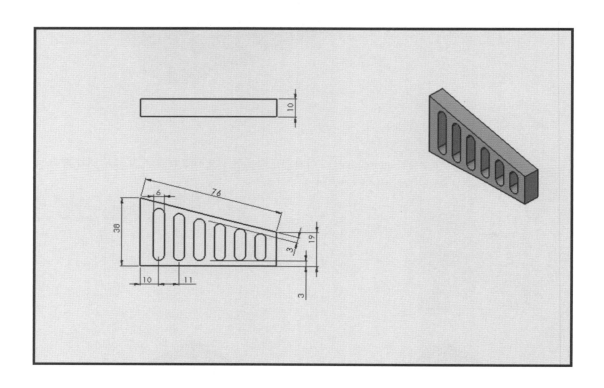

01 2D평면 선택하고 스케치하기 1

FeatureManager 디자인트리에서 정면을 선택하고, 스케치 도구모음에서 스케치 ✏️를 클릭하여 다음과 같이 스케치한 후 치수를 부가합니다.

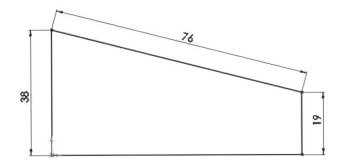

스케치 확인코너에서 ✏️ 클릭합니다.

02 돌출🔲 1

피처 도구모음에서 돌출 보스/베이스 🔲를 클릭합니다.

1️⃣ 방향1의 마침조건 : 블라인드

2️⃣ 깊이 ↗️D1 : 10

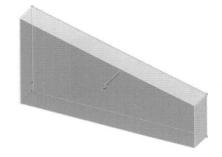

✔️ 확인

03 | 2D평면 선택하고 스케치하기 2

다음과 같이 솔리드 형상의 면을 선택한 후 스케치 도구모음에서 스케치 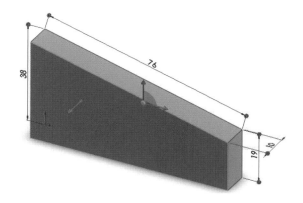 를 클릭하고 다음과 같이 스케치를 합니다.

1 솔리드 형상의 모서리선과 사선을 선택하고 두 선분의 구속조건 부가에 평행조건을 부여하고, 수평선분에 대해서는 수평조건이 부여되도록 그립니다.

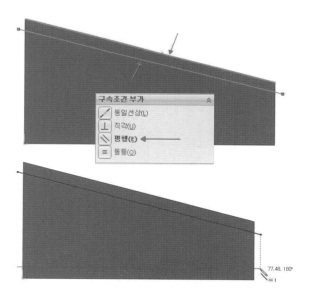

TIP

보조선

❶ 대부분의 스케치 요소는 PropertyManager에서 보조선으로 변환이 가능합니다. 여기서는 스케치 도구모음에 있는 보조선 활용에 대하여 알아보도록 하겠습니다.

❷ 보조선 은 스케치 또는 도면에 스케치한 요소를 참조형상(보조선)으로 변환합니다. 참조형상은 최종적으로 파트에 합쳐지는 스케치 요소 및 형상 생성에 보조 요소로만 사용됩니다. 참조형상은 스케치가 피처 생성에 사용될 경우 무시됩니다. 참조형상은 중심선과 같은 선 형식을 사용합니다.
모든 스케치를 작업보조선(또는 작성선)으로 지정할 수 있습니다. 점과 중심선은 항상 보조선으로 사용됩니다.

2 스케치 도구모음에서 보조선 을 클릭하거나 도구 → 스케치 도구 → 보조선을 클릭합니다. 보조선으로 변환할 객체를 선택하면 보조선에서 실선으로 또는 실선에서 보조선으로 변환합니다. 또는 변환할 객체를 먼저 선택한 후 보조선 을 클릭하거나 마우스 오른쪽 버튼을 눌러 바로가기 메뉴에서 보조선 을 선택하여도 됩니다.

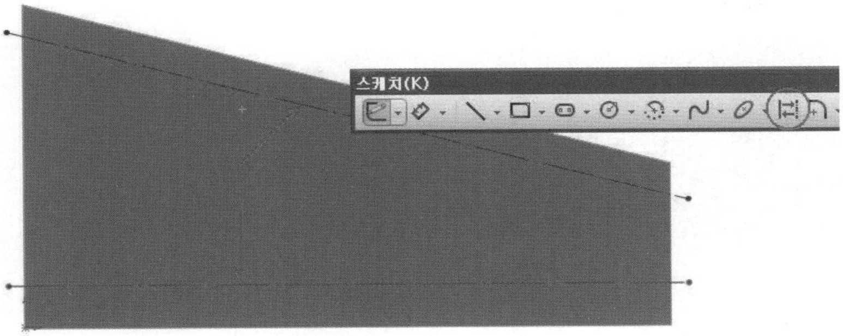

3 다음과 같이 치수를 부여하고 스케치 홈 명령어 유형의 직선 홈 을 선택하여 스케치를 완성합니다.

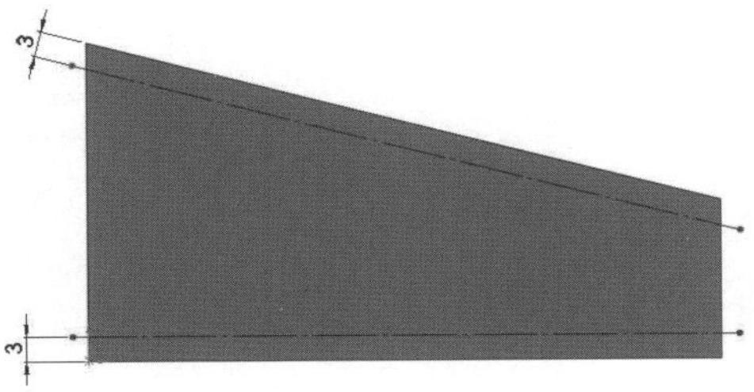

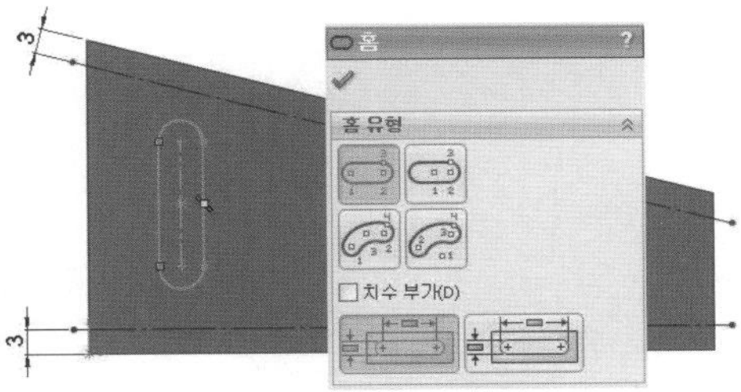

4 다음과 같이 호와 선분 사이에 인접조건을 부가합니다.

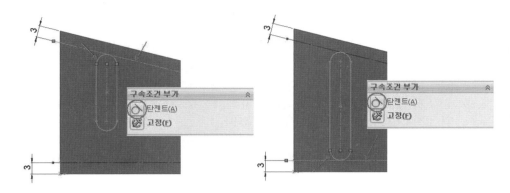

5 지능형 치수 ◆ 를 클릭하여 치수를 기입합니다.

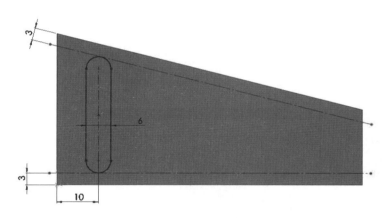

스케치 확인코너에서 클릭합니다.

04 돌출컷  1

피처 도구모음에서 돌출컷 🔲을 클릭합니다.
마침조건 : 관통을 선택합니다.

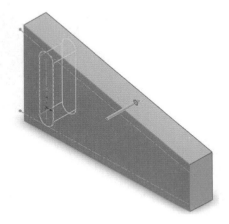

✔ 확인

05 선형패턴 1

1 위의 컷 돌출한 부분을 더블클릭하여 스케치 치수가 보이도록 합니다.

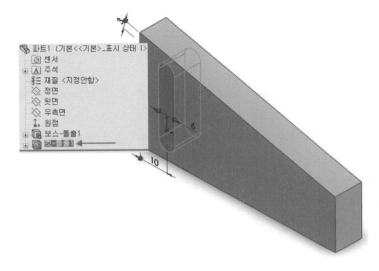

2 피처 도구모음에서 선형패턴 ▦을 클릭합니다.

패턴방향1란에 스케치 치수 10을 선택하고 반대방향 ↗을 클릭하여 패턴방향을 정합니다.

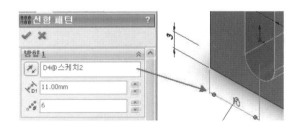

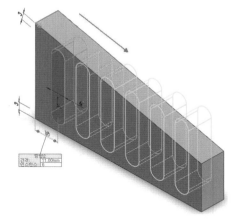

방향1에 대한 패턴 인스턴스 간격 ↙ᴅ₁은 11을 기입하고,
인스턴스 수 ∴#는 6을 기입한 다음 옵션에 스케치 수정
에 체크를 합니다.

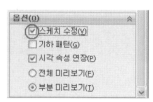

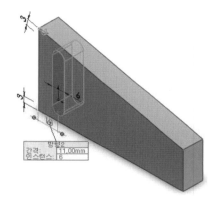

✔ 확인

3 패턴 옵션의 스케치 수정

패턴을 만드는 과정에서 패턴 인스턴스의 치수를 변경하고자 할 때, 스케치 수정 옵션을 선택합니다.

위와 같이 패턴할 원본피처(씨드피처)가 모서리를 따라 변형되면서 일정한 간격으로 패턴하기 위한 권장사항으로는 다음과 같습니다.

❶ 베이스 파트 위에 씨드 피처를 위한 스케치를 작성합니다.

❷ 피처 스케치는 패턴 항목의 편차를 정의하는 테두리에 구속되어야 합니다.

❸ 피처 스케치는 완전히 정의되어야 합니다.

4 피처 선형패턴의 스케치 수정 이해하기

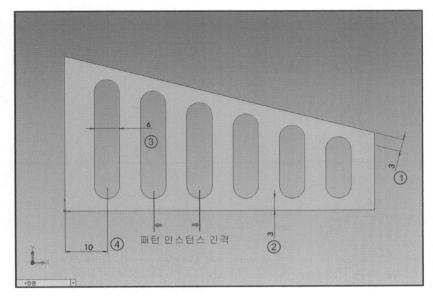

1 위쪽에 경사진 모서리를 따라 형상이 변하면서 패턴하기 위해 컷 돌출 스케치 위쪽 경사선을 파트의 경사 모서리 선에 평행하도록 지정하고 치수를 3mm로 부가합니다.

2 스케치 하단 선의 치수는 피처의 바닥 모서리선까지 거리값으로 3mm를 지정합니다.

3 스케치의 너비 치수를 6mm로 지정합니다.

4 스케치 호의 중심점에서 파트의 왼쪽 수직 모서리선까지의 치수를 10mm로 지정합니다. 치수를 패턴할 방향으로 사용합니다.

5 스케치의 높이는 패턴 인스턴스에서 변경할 것이므로, 높이는 치수를 지정하지 않습니다.
(즉 위쪽 경사선을 따라 패턴 높이가 변경되므로 높이 값은 지정하지 않습니다.)
다른 구속조건은 그대로 유지되며, 패턴 인스턴스의 높이만 변경됩니다.

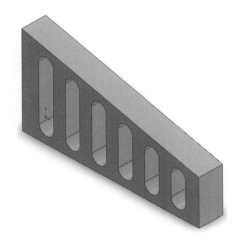

PROJECT

15 선형패턴의 스케치 수정예제 2

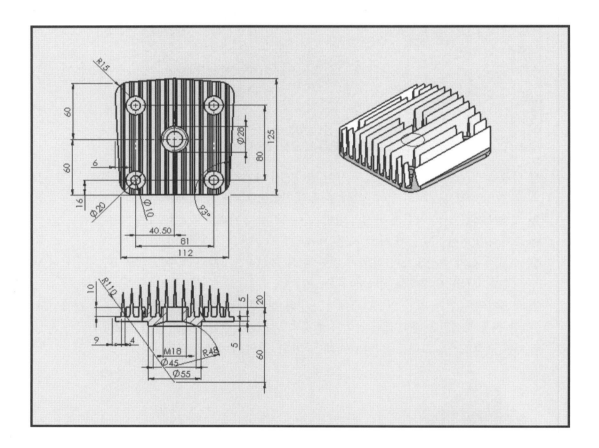

01 2D평면 선택하고 스케치하기 1

FeatureManager 디자인트리에서 윗면을 선택하고, 스케치 도구모음에서 스케치 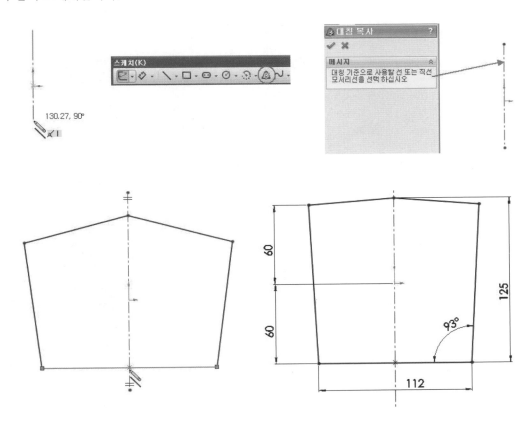를 클릭합니다. 스케치 도구모음의 중심선 , 동적 대칭복사 , 선 , 지능형 치수 를 사용하여 다음과 같이 스케치합니다.

스케치 확인코너에서 클릭합니다.

02　돌출 1

피처 도구모음에서 돌출 보스/베이스를 클릭합니다.

1 마침조건은 블라인드 형태를 선택합니다.

2 깊이 값은 5를 입력합니다.

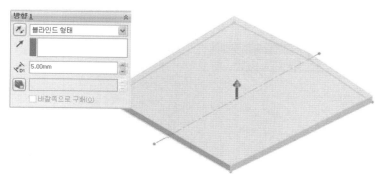

✔ 확인

03　필렛 1

피처 도구모음에서 필렛을 클릭합니다.

1 필렛유형 : 부동반경을 선택합니다.

2 반경 : 15를 입력합니다.

3 모서리, 면, 피처, 루프 선택란에 다음과 같이 형상의 모서리를 선택합니다.

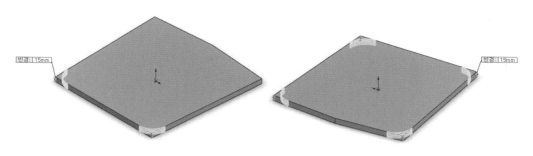

✔ 확인

2D평면 선택하고 스케치하기 2

FeatureManager 디자인트리에서 윗면을 선택하고 스케치 도구모음에서 스케치 를 클릭한 다음 스케치를 합니다.

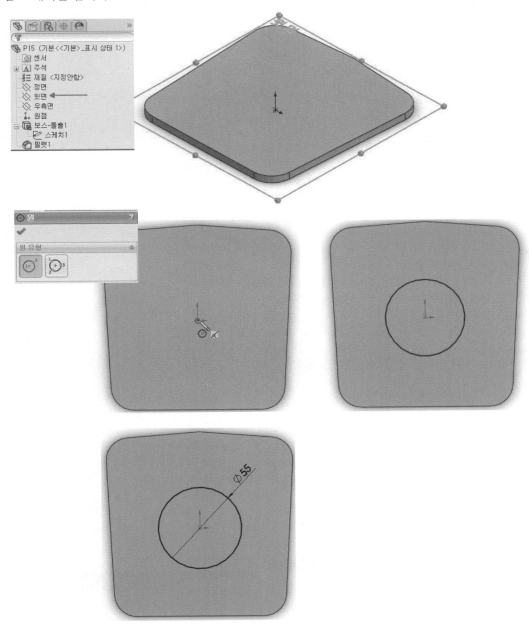

스케치 확인코너에서 클릭합니다.

05   돌출 🗔 2

피처 도구모음에서 돌출 보스/베이스 🗔를 클릭합니다.

1 마침조건은 블라인드 형태를 선택합니다.

2 반대방향 🔧을 클릭하여 돌출방향을 결정합니다.

3 깊이 값 🔧은 5를 입력합니다.

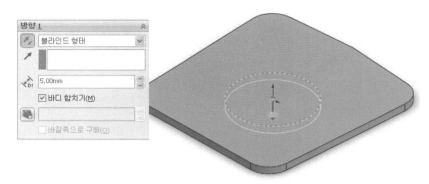

✔️ 확인

06   2D평면 선택하고 스케치하기 3

FeatureManager 디자인트리에서 정면을 선택하고, 스케치 도구모음에서 스케치 🖉를 클릭하여
다음과 같이 스케치합니다.

1 중심선 ┊을 선택한 다음 스케치 원점에 수직한 중심선을 그립니다.

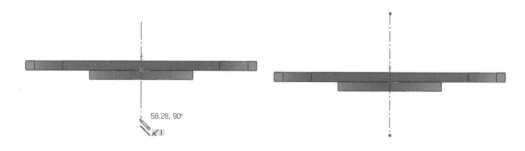

2 선 을 선택한 다음 선분의 한 점은 모서리의 중간점에 클릭하고 다음 점은 수평선분이 되도록
지정합니다.

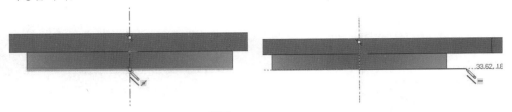

3 원호 명령어의 원호 유형을 중심점호 를 선택합니다.
중심선에 호의 중심점이 일치하게 지정하고 호의 시작점은 선분의 끝점에 호의 끝점은 중심선에
일치하게 클릭하여 다음과 같이 스케치를 완성합니다.

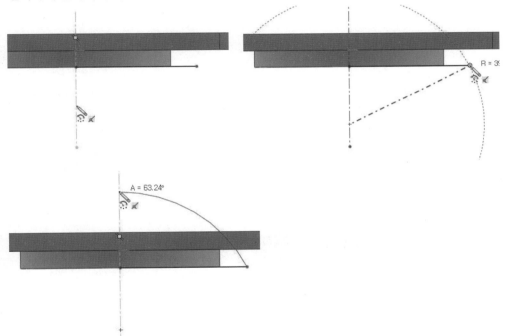

4 선 을 선택한 다음 호의 끝점과 선분의 한 점을 연결합니다.

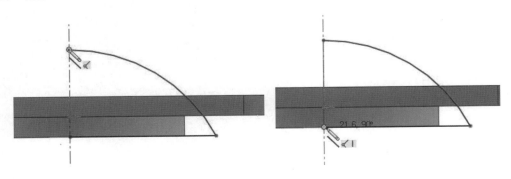

⑤ 지능형 치수 를 선택하여 다음과 같이 치수를 기입합니다.

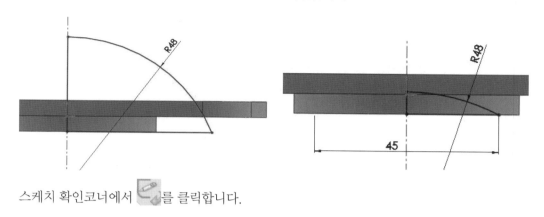

스케치 확인코너에서 ✎를 클릭합니다.

07 회전컷 ⋒ 1

피처 도구모음에서 회전컷 ⋒을 클릭하거나 삽입 → 컷 → 회전을 클릭합니다.

① 회전축란에 스케치의 수직한 중심선을 선택합니다.

② 방향1의 회전유형에 블라인드를 선택합니다.

③ 방향1각도 ⬆는 360°를 지정합니다.

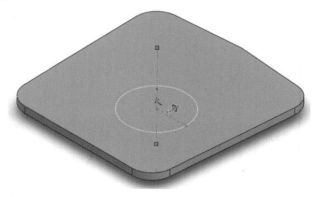

✔ 확인

08 2D평면 선택하고 스케치하기4

FeatureManager 디자인트리에서 정면을 선택하고, 스케치 도구모음에서 스케치 ✏를 클릭하여 다음과 같이 스케치합니다.

1 원호 명령어의 원호 유형을 중심점호 ⟲ 를 선택하여 호를 스케치합니다.

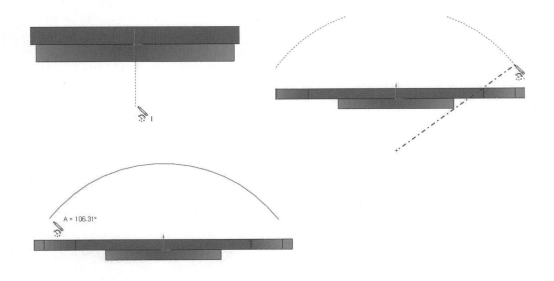

2 호의 중심점과 스케치 원점과의 구속조건을 수직조건을 부가한 후 지능형 치수 ✐ 를 이용하여 다음과 같이 치수를 기입합니다.

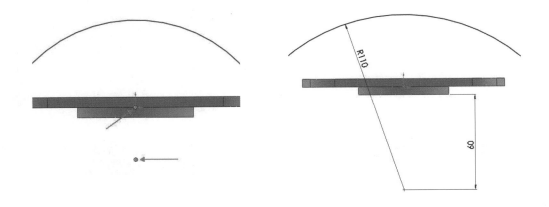

③ 중심선 ⬚을 선택한 다음 한 점을 모서리에 일치하게 한 후 수직한 중심선을 스케치합니다.

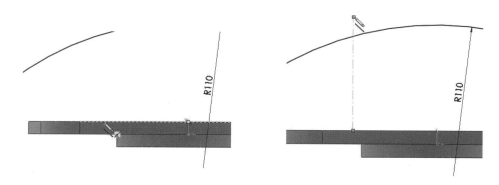

④ 스케치 도구모음의 선 ⬚을 클릭하고 한 점을 호와 중심선의 osnap 점인 교점 ✕에 클릭하고 다른 한 점은 모서리 선분에 일치가 되도록 그립니다.

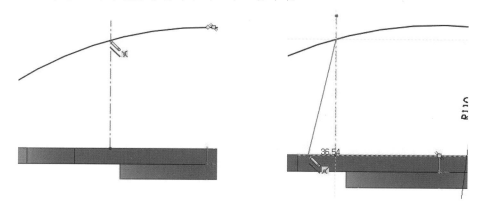

⑤ 위와 같이 반대편에 사선을 하나 더 그린 후 중심선과 두 사선을 Ctrl 을 누른 채 선택한 후 구속조건 부가에 대칭조건을 부가합니다.

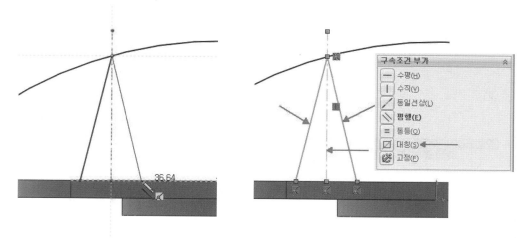

두 사선의 끝점을 선분으로 연결합니다.

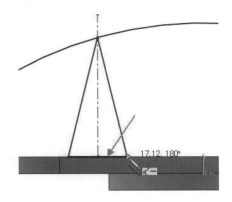

6 다음과 같이 지능형 치수 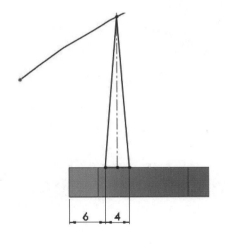를 이용하여 치수를 부가한 후 스케치한 호를 선택하고 속성창에서 보조선으로 바꿉니다.

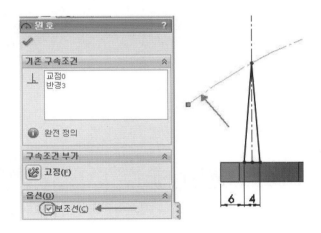

스케치 확인코너에서 을 클릭합니다.

09 돌출 3

피처 도구모음에서 돌출 보스/베이스 를 클릭합니다.

1 방향1의 마침조건 관통을 지정합니다.
2 방향2의 마침조건을 관통을 지정합니다.

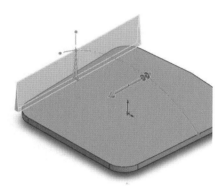

✔ 확인

10 선형패턴 1

FeatureManager 디자인트리에서 돌출피처를 더블클릭하거나 그래픽영역에서 위의 돌출피처의
면을 더블클릭하여 스케치 치수가 보이도록 하고 피처 도구모음에서 선형패턴 을 클릭합니다.

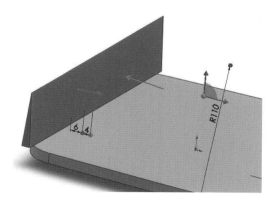

1 방향1의 패턴방향 선택란에 치수 6을 지정합니다.

2 반대방향 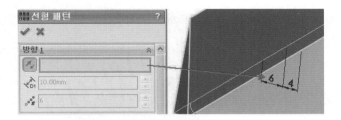을 클릭하여 패턴방향을 정합니다.

3 방향1에 대한 패턴 인스턴스 간격 $\overset{\mapsto}{D1}$은 9mm를 기입하고, 인스턴스 수 $\overset{\circ\circ}{\#}$는 13을 기입한 다음 패턴할 피처에 돌출 피처를 선택합니다.

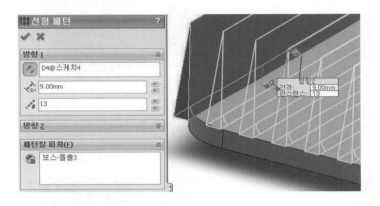

4 옵션에 스케치 수정에 체크를 합니다.

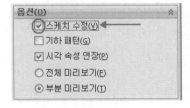

✔ 확인

11 · 2D평면 선택하고 스케치하기 5

다음과 같이 솔리드 형상의 면을 선택한 후 스케치 도구모음에서 스케치 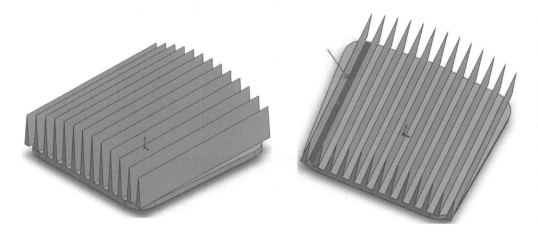를 클릭합니다.

1 Ctrl + 8 을 눌러 형상의 아랫면을 수직 면보기로 만든 후 다음과 같이 면을 선택한 후 스케치 도구모음의 스케치 요소변환 를 클릭합니다.

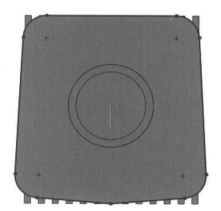

스케치 확인코너에서 를 클릭합니다.

12 돌출컷 🔳 1

피처 도구모음에서 돌출컷 🔳 을 클릭합니다.

1 방향1의 마침조건 관통을 선택합니다.

반대방향 🔧 을 클릭하여 컷 돌출방향을 결정합니다.

 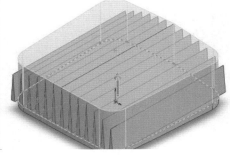

2 자를 면 뒤집기를 체크하여 자를 방향을 다음과 같이 결정합니다.

 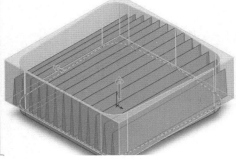

✔ 확인

13   2D평면 선택하고 스케치하기 6

다음과 같이 솔리드 형상의 면을 선택한 후 스케치 도구모음에서 스케치 █를 클릭합니다.

다음과 같이 스케치한 후 치수를 부가합니다.

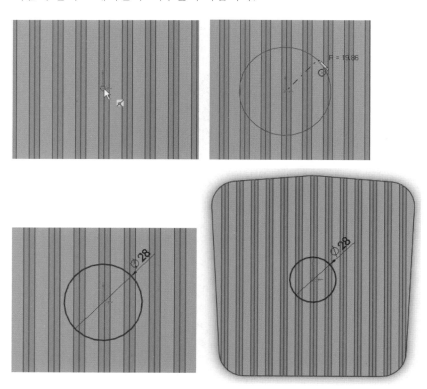

스케치 확인 █을 클릭합니다.

14 　돌출컷 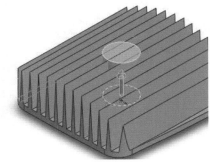 2

피처 도구모음에서 돌출컷 을 클릭합니다.

1 방향1의 마침조건 : 관통을 선택합니다.

반대방향 을 클릭하여 컷 돌출방향을 결정합니다.

14 　2D평면 선택하고 스케치하기 7

위의 같은 방법으로 솔리드 형상의 면을 선택하여 스케치 평면을 잡은 후 다음과 같이 스케치를
완성합니다.

1 FeatureManager 디자인트리에서 마지막으로 생성한 컷 돌출의 스케치를 선택하고 스케치 요소 변환 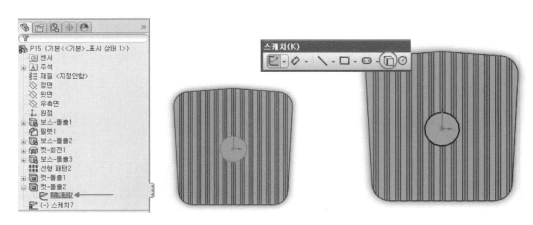을 클릭하여 컷 돌출 스케치를 현 스케치로 투영합니다.

스케치 확인 을 클릭합니다.

16 돌출 4

피처 도구모음에서 돌출 을 클릭합니다.

마침조건 : 블라인드를 선택합니다.
반대방향 을 클릭하여 돌출방향을 결정합니다.
깊이 는 10을 기입합니다.

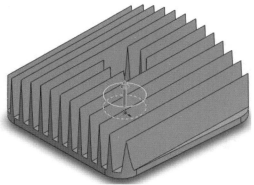

위의 같은 솔리드 형상의 면을 선택하여 스케치 평면을 잡은 후 다음과 같이 스케치를 완성합니다.

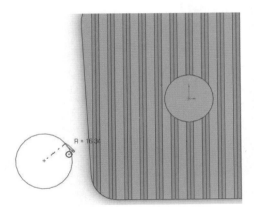

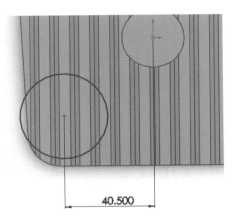

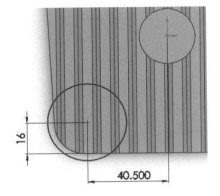

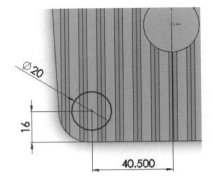

스케치 확인 을 클릭합니다.

18 돌출컷 3

피처 도구모음에서 돌출컷 을 클릭합니다.

1 방향1의 마침조건은 관통을 선택하고, 반대방향 을 클릭하여 컷 돌출방향을 결정합니다.

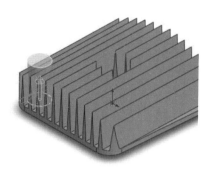

✔ 확인

19 2D평면 선택하고 스케치하기 9

위의 같은 솔리드 형상의 면을 선택하여 스케치 평면을 잡은 후 다음과 같이 스케치를 완성합니다.

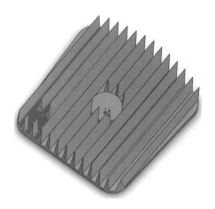

1 FeatureManager 디자인트리에서 마지막으로 생성한 컷 돌출의 스케치를 선택하고 스케치 요소 변환을 클릭하여 컷 돌출 스케치를 현 스케치로 투영합니다.

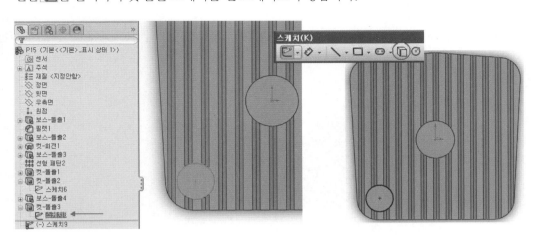

스케치 확인을 클릭합니다.

20 돌출 5

피처 도구모음에서 돌출을 클릭합니다.

마침조건은 블라인드를 선택합니다.

반대방향을 클릭하여 돌출방향을 결정합니다.

깊이는 10을 기입합니다.

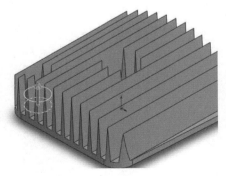

✔ 확인

21 구멍기본형 🔘 1

위의 돌출피처의 윗면을 선택한 후 구멍기본형 🔘을 클릭하거나 삽입 → 피처 → 구멍 → 기본형을 클릭합니다.

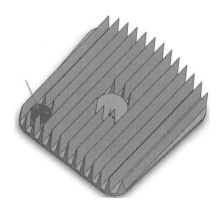

1 방향1의 마침조건은 관통을 지정합니다.

구멍지름 🔘은 10mm를 지정합니다.

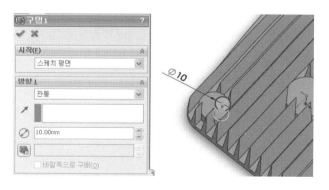

2 그래픽 영역에서 스케치 원의 중심점을 드래그한 후 원통 형상의 모서리 중심에 가져다 놓고 두 중심점의 일치조건의 위치를 지정합니다.

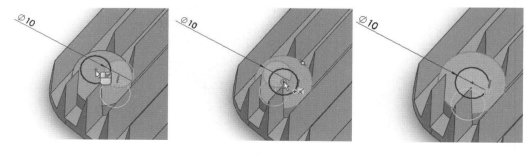

✔ 확인

3 피처의 스케치 편집을 이용한 구멍의 위치를 지정하는 방법

① 모델 또는 FeatureManager 디자인트리에서 구멍기본형 피처를 마우스 오른쪽 버튼을 클릭하고, 스케치 편집을 선택합니다.

② 스케치 편집 상태에서 치수를 추가하거나 구속조건을 사용하여 구멍의 위치를 지정합니다. 구멍 지름치수를 수정하여 구멍의 크기를 수정할 수도 있습니다.

③ 스케치를 종료하고 재생성을 클릭합니다.

22 선형패턴 ▦

피처 도구모음에서 선형패턴▦을 클릭합니다.

1 방향1 : 패턴 방향1에서 다음과 같이 형상의 모서리를 지정하고, 필요하면 반대방향 ↗을 클릭하여 패턴할 방향을 변경합니다.

간격 ↙₁은 81mm로 하고 인스턴스 수 ⚬₌는 2를 기입합니다.

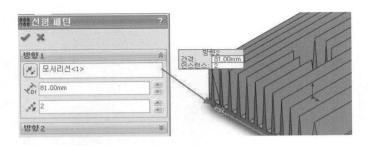

2 방향2 : 패턴 방향2에서 다음과 같이 형상의 모서리를 지정하고, 간격 ⚒은 80mm를 지정하고 인스턴스 수 ⚹는 2를 기입합니다.

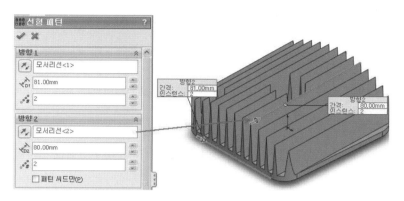

3 패턴할 피처 🏠의 선택란에 플라이아웃 FeatureManager 디자인트리에서 컷돌출, 돌출, 구멍피처를 선택합니다.

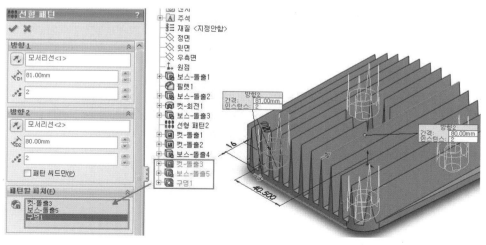

☑ 확인

23 구멍가공마법사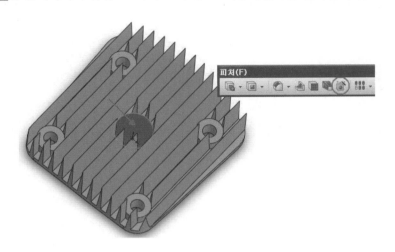

구멍가공마법사로 구멍을 뚫을 면을 다음과 같이 선택하고 피처 도구모음에서 구멍가공마법사 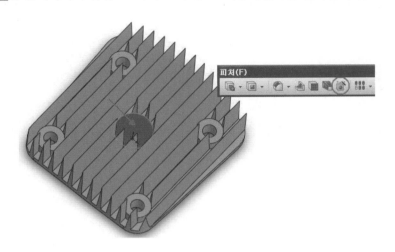를 클릭하거나 삽입 → 피처 → 구멍 → 가공마법사를 클릭합니다.

1 구멍유형 : 직선탭
  표준규격 : ISO
  유 형 : 탭 구멍

2 구멍스팩
  크 기 : M18

3 마침조건
  탭 드릴 : 관통
  나사 산 : 관통

4 위치 탭을 클릭하고 스케치 명령어 점을 비활성화시킵니다. 점과 형상의 원호 모서리를 선택한 다음 구속조건 부가에 동심조건을 부가합니다.

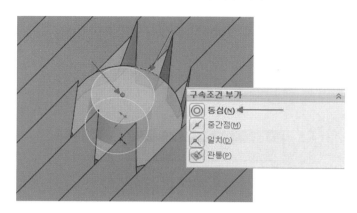

✔ 확인

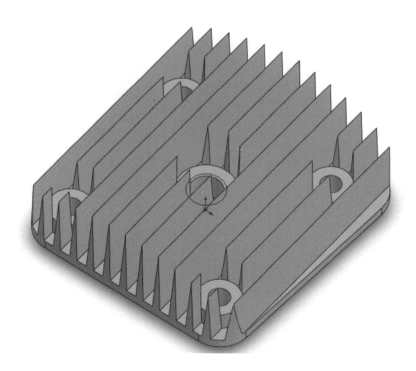

PROJECT

16 곡선 이용 패턴예제

Solid Works

▶▶ 스케치 도구모음 - 오프셋

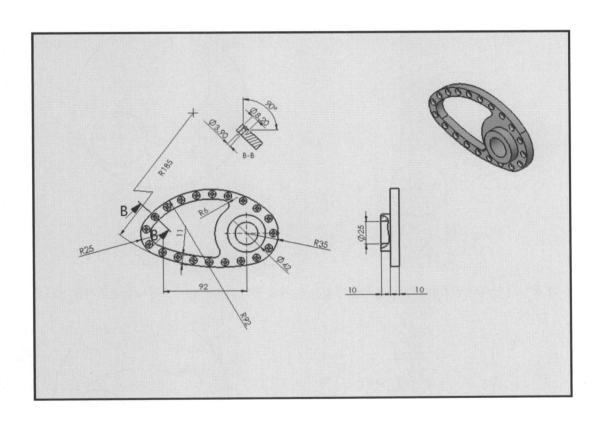

01   2D평면 선택하고 스케치하기 1

FeatureManager 디자인트리에서 정면을 선택하고, 스케치 도구모음에서 스케치 ✏️를 클릭하고
중심선 ┊과 원 도구 ⊙를 이용하여 다음과 같이 스케치를 합니다.

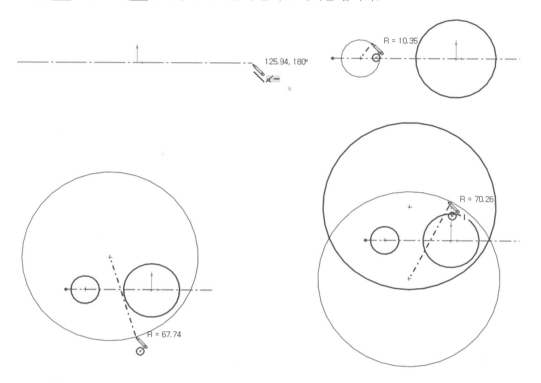

1️⃣ 중심선 아래에 위치한 원을 중심선상에 있는 두 개의 원에 구속조건 부가에서 인접조건을 부가합
니다.

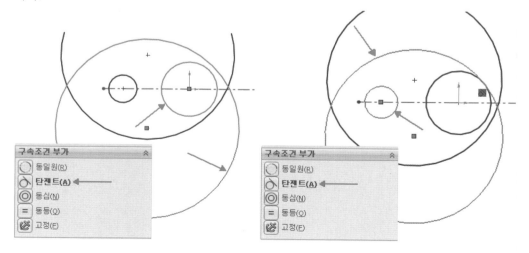

2 중심선 위에 위치한 원을 중심선상에 있는 두 개의 원에 위와 같은 방법으로 인접조건을 부가합니다.

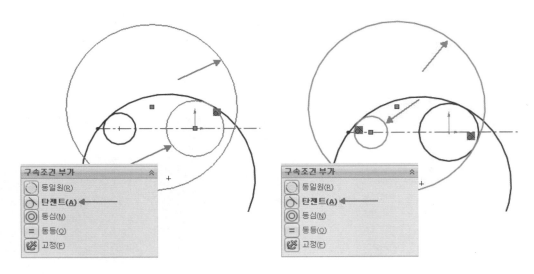

3 스케치 잘라내기 ✂ 를 이용하여 스케치 형상을 다음과 같이 만들고 지능형 치수 ◇ 를 클릭하여 치수를 부가합니다.

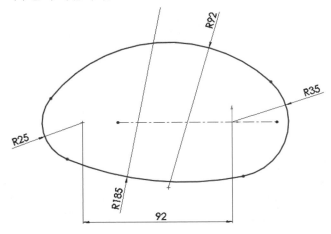

스케치 확인코너에서 ✎ 를 클릭합니다.

02　돌출 1

피처 도구모음에서 돌출 보스/베이스를 클릭합니다.

1 방향1의 마침조건은 중간평면을 선택합니다.
2 깊이 값은 10mm을 입력합니다.

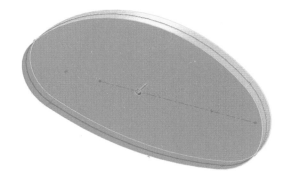

✔ 확인

03　스케치 평면 선택하고 스케치하기 2

등각보기에서 다음과 같이 모델의 면을 선택한 후 스케치를 클릭합니다.

> **TIP**
>
> 스케치 요소, 모델 모서리선, 모델 면을 지정한 거리로 오프셋합니다. 예를 들어, 자유곡선, 원호, 루프 등과 같은 스케치 요소를 오프셋 할 수 있습니다.

(1) 오프셋 PropertyManager

1 오프셋 거리  : 스케치 요소를 오프셋할 거리를 입력합니다.

2 치수부가 : 스케치에 오프셋거리의 치수를 부가합니다.

3 반대방향 : 양쪽 방향이 아닐 때 즉 한방향일 때 오프셋 방향을 바꿉니다.

4 체인선택 : 연결된 스케치 요소가 모두 선택되어 오프셋합니다.

5 양쪽 방향 : 양쪽 방향으로 오프셋을 작성합니다.

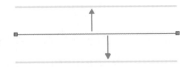

6 베이스 작성 : 원본스케치 요소를 보조선으로 전환합니다.

7 양면 마무리 : 양쪽 방향을 선택하고 양면 마무리를 선택 시, 스케치 요소가 연장되어 중공형상의
스케치를 만들며, 연장유형으로는 원호나 선을 작성할 수 있습니다.

(2) 오프셋

1 다음과 같이 면을 선택한 후 스케치 도구모음에서 오프셋을 클릭하거나 도구 → 스케치 도구 → 오프셋을 클릭합니다.

오프셋 PropertyManager에서 오프셋 거리 로는 11mm를 기입하고 반대방향을 선택하여 다음과 같이 오프셋 방향을 지정합니다.

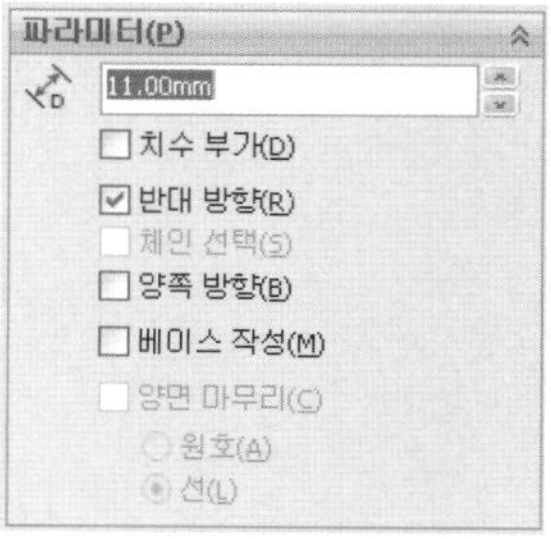

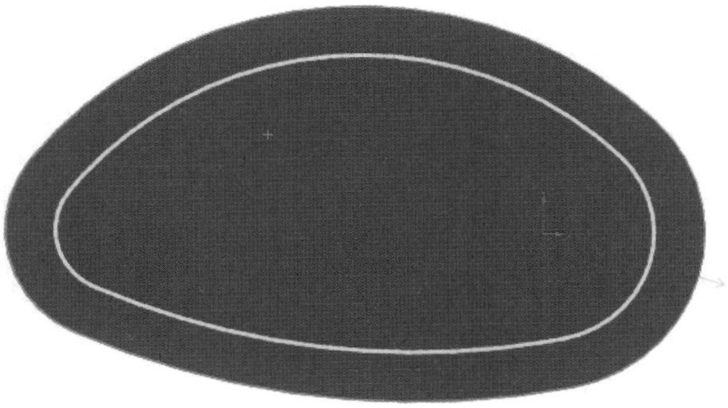

형상의 면이나 모서리를 선택하였을 경우에는 치수기입을 선택하지 않아도 자동으로 치수가 기입됩니다.

2 스케치 도구모음의 원 도구를 이용하여 원의 중심점을 스케치 원점에 일치하게 스케치한 후 원과 솔리드 형상의 모서리를 선택하고 구속조건 부가에 동일 원 구속조건을 부가합니다.

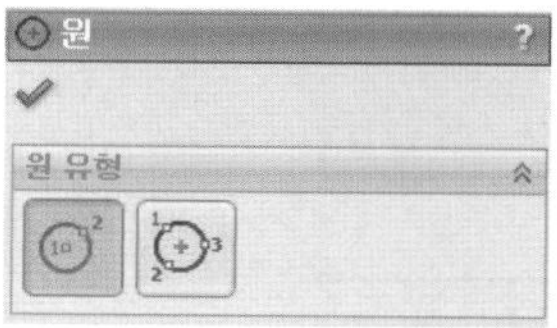

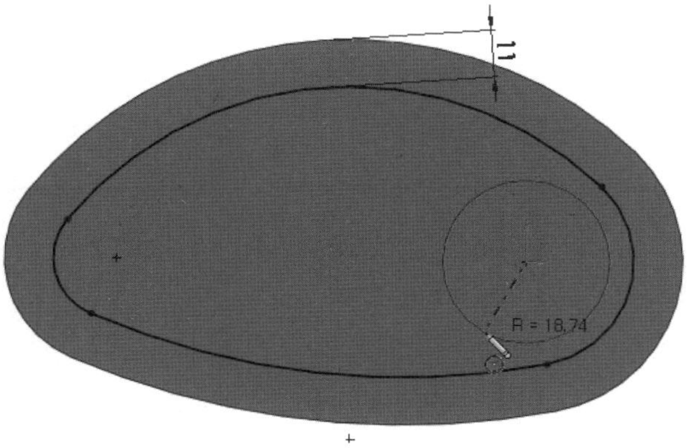

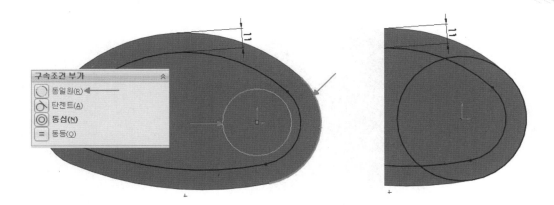

3 스케치 잘라내기 ![icon]를 이용하여 다음과 같이 스케치 형상을 만듭니다.

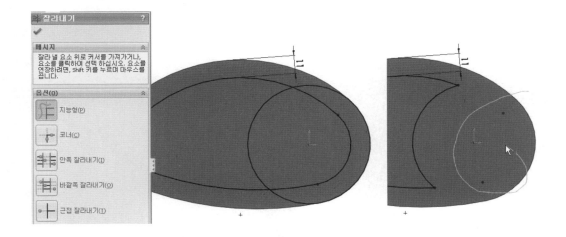

4 스케치 도구모음에서 스케치 필렛 ![icon]을 클릭하고 필렛 반경 값으로 6mm를 기입합니다.
다음과 같이 우클릭하여 필렛을 만듭니다.

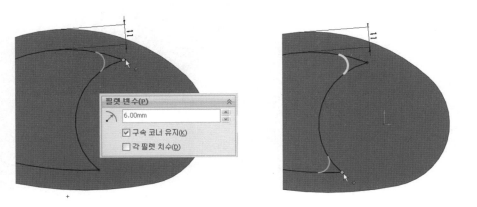

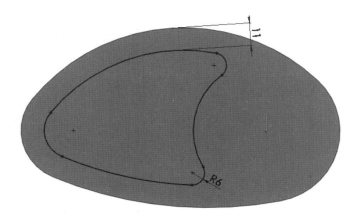

스케치 확인코너에서 를 클릭합니다.

04 돌출컷 📵 1

피처 도구모음에서 돌출컷 📵 을 클릭합니다.

1 방향1의 마침조건에서 관통을 선택합니다.

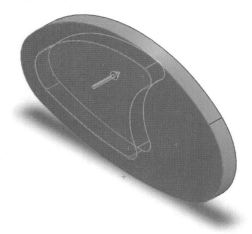

✔ 확인

다음과 같이 솔리드 형상의 면을 선택한 후 스케치 도구모음의 스케치 를 클릭한 다음 스케치
한 후 치수를 부가합니다.

스케치 확인코너에서 를 클릭합니다.

06   돌출 2

피처 도구모음에서 돌출 보스/베이스 를 클릭합니다.

1 방향1의 마침조건 : 블라인드
2 깊이 값은 10mm을 입력합니다.

✔ 확인

07   2D평면 선택하고 스케치하기 4

다음과 같이 솔리드 형상의 면을 선택한 후 스케치 도구모음의 스케치 를 클릭한 다음 선택한 면의 모서리를 오프셋합니다.

∗등각 보기

면을 선택한 상태에서 스케치 요소 오프셋 명령을 실행합니다.

오프셋 거리 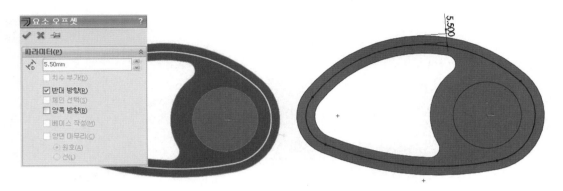를 5.5mm를 기입하고 다음 반대방향을 이용하여 오프셋 방향을 지정합니다.

✔ 확인

스케치 확인코너에서 ✏️를 클릭합니다.

08 구멍가공마법사 🗇

구멍가공마법사로 구멍을 뚫을 면을 다음과 같이 선택합니다.

피처 도구모음에서 구멍가공마법사 🗇를 클릭하거나 삽입 → 피처 → 구멍 → 가공마법사를 클릭합니다.

1 유형 : 구멍 유형 파라미터를 지정합니다.

- 구멍유형 : 카운터 싱크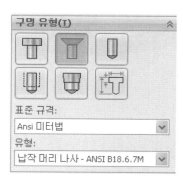
- 표준규격 : Ansi미터법
- 유   형 : 납작머리나사 - ANSI B18.6.7M
- 크   기 : M3.5
- 맞   춤 : 보통
- 마침조건 : 관통

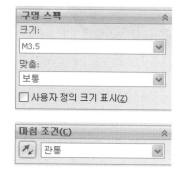

2 위치 : 위치 탭을 클릭하여 다음과 같이 구멍의 개수를 정하고 위치를 지정해 줍니다.

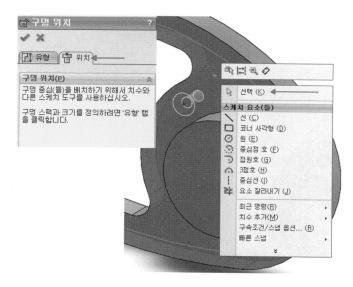

구멍의 점과 원호를 선택한 다음 구속조건 부가에 일치조건을 부가합니다.

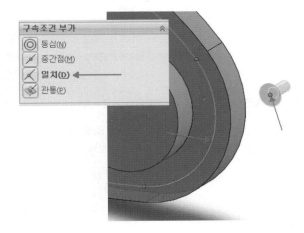

구멍의 점과 스케치 원점을 선택한 다음 구속조건 부가에 수평조건을 부가합니다.

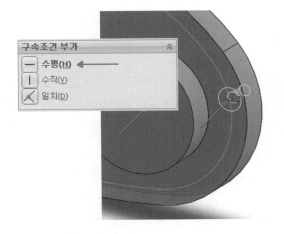 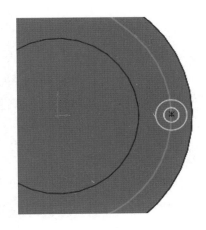

✔ 확인

09 곡선이용패턴 PropertyManager

TIP

곡선이용 패턴

피처 도구모음에서 곡선이용패턴 을 클릭하거나 삽입 → 패턴/대칭복사 → 곡선이용패턴을 클릭합니다.

곡선이용패턴 도구 를 사용하여 평면이나 3D 곡선을 따라 패턴을 생성할 수 있습니다. 패턴을 지정할 때, 평면에 있는 모든 스케치 요소 또는 면의 모서리를 사용할 수 있습니다. 패턴을 열린 곡선이나 원과 같은 폐곡선에서 시작할 수 있습니다.

1 곡선이용패턴 PropertyManager

① 방향1 : 패턴 경로로 사용할 곡선, 모서리선, 스케치 요소 또는 스케치를 선택합니다.

② 반대방향 을 클릭하여 패턴할 방향을 변경합니다.

③ 인스턴스 수 : 패턴에 삽입할 씨드 인스턴스의 수를 지정합니다.

④ 동등간격 : 인스턴스 사이의 거리를 동등하게 지정합니다.

인스턴스 사이의 간격은 패턴 방향으로 선택한 곡선과 곡선방법에 따라 정해집니다.

• 동등간격을 체크하지 않았을 때 : 선택한 패턴방향을 따라 지정된 간격으로 피처를 배치합니다.

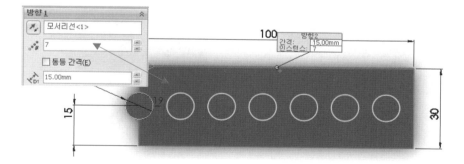

• 동등간격을 체크하였을 때 : 선택된 패턴방향을 따라 동일한 간격으로 피처를 배치합니다. 이때 패턴방향으로 선택된 객체를 인스턴스 수만큼 동일한 간격으로 등분하므로 간격 값은 비활성화됩니다.

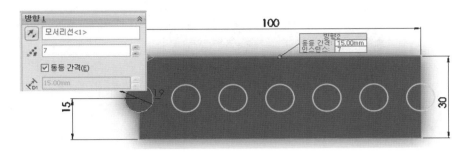

❺ 간격 : 동등간격을 선택하지 않았을 때 사용 가능합니다. 곡선상에 있는 패턴 인스턴스 사이의 거리를 지정합니다. 곡선과 패턴할 피처 사이의 간격은 곡선에 수직으로 측정됩니다.

❻ 곡선변형 : 선택한 곡선의 원점에서 씨드 피처까지의 델타 X와 델타 Y거리가 유지됩니다. 즉 곡선의 형태를 그대로 패턴합니다.

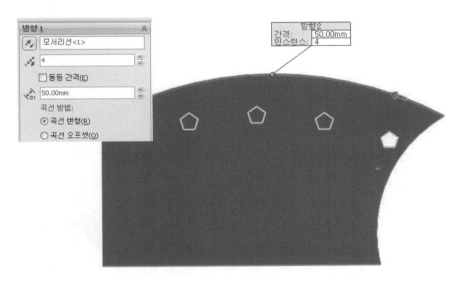

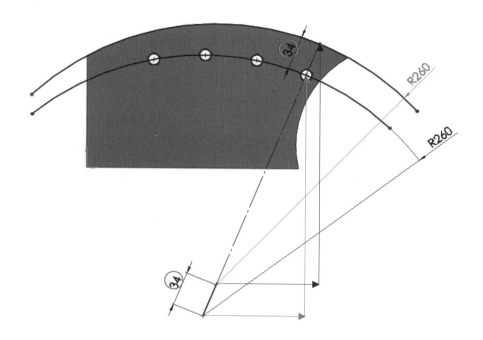

❼ 곡선오프셋 : 선택한 곡선의 원점에서 씨드 피처 사이의 수직거리가 유지됩니다.

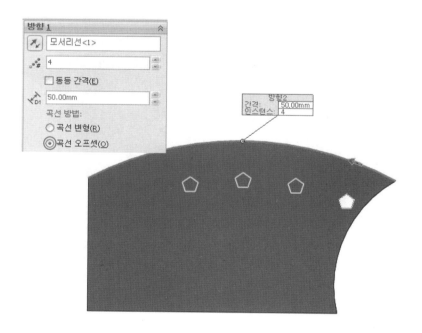

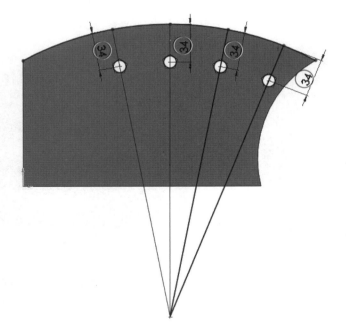

❽ 곡선에 접합 : 각 패턴 인스턴스를 패턴방향으로 선택한 곡선에 탄젠트를 이루도록 정렬합니다.

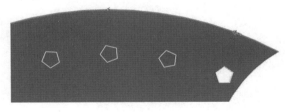

❾ 씨드에 정렬 : 각 패턴 인스턴스를 씨드 피처의 원래 정렬에 맞춥니다.

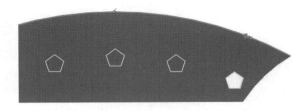

⑩ 수직면 : 3D 곡선이 놓인 면을 선택해서 선 이용 패턴을 작성합니다.

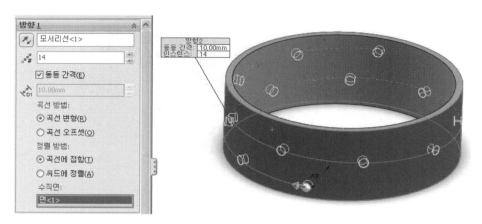

⑪ 패턴 씨드만 : 방향1 아래에 작성된 곡선 패턴을 중복하지 않고, 씨드 패턴만 반복하여 방향2 아래에 곡선 패턴을 작성합니다.

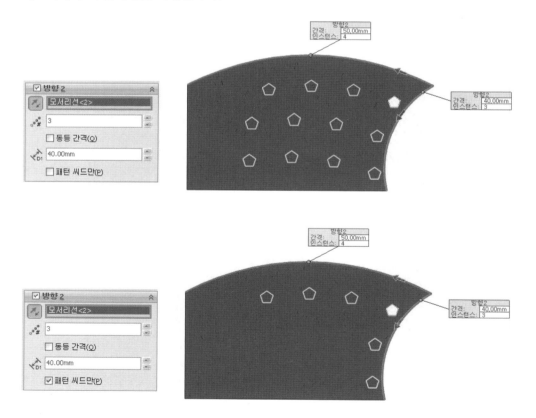

10 곡선이용패턴 1

피처 도구모음에서 곡선이용패턴을 클릭하거나 삽입 → 패턴/대칭 복사 → 곡선이용패턴을 클릭합니다.

1 방향1 : 오프셋한 스케치를 플라이아웃 FeatureManager 디자인트리에서 선택합니다.

2 인스턴스 수 : 20을 입력하고 동등간격을 지정합니다.

3 패턴할 피처에 플라이아웃 FeatureManager 디자인트리에서 구멍가공마법사로 생성한 M3.5 납작머리 작은 나사용 카운터싱크1을 선택합니다.

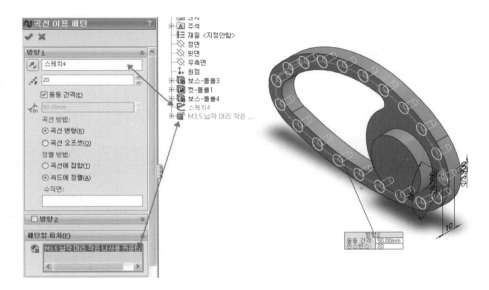

11 　스케치 숨기기

FeatureManager 디자인트리에서 곡선이용패턴의 패턴방향으로 사용한 스케치를 선택한 후 마우스 오른쪽 버튼을 누릅니다. 바로가기 메뉴에서 숨기기 🐝 를 선택합니다.

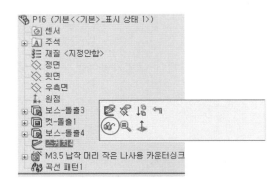

12 　2D평면 선택하고 스케치하기 5

솔리드 형상의 면을 선택한 후 스케치 도구모음의 스케치 📝 를 클릭하고 다음과 같이 스케치를 합니다.

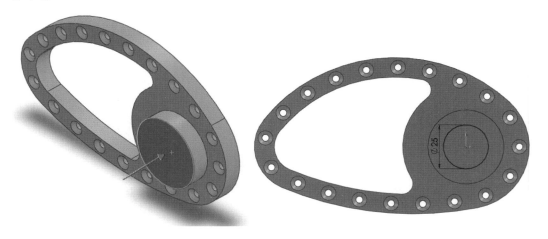

스케치 확인코너에서 🖉 를 클릭합니다.

13   돌출컷  2

피처 도구모음에서 돌출컷 을 클릭합니다.

마침조건 : 관통을 선택합니다.

PROJECT

17 단순 스윕 예제

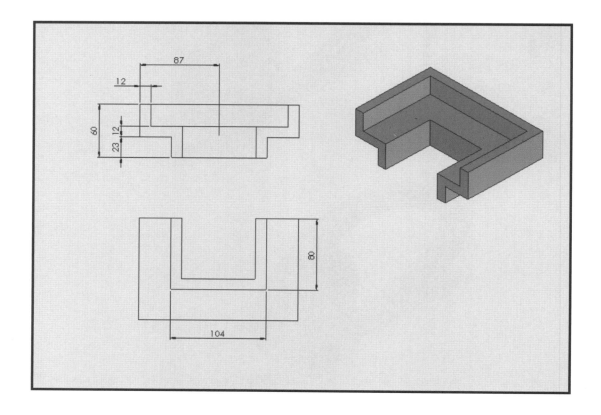

01   2D평면 선택하고 스케치하기 1

FeatureManager 디자인트리에서 윗면을 선택하고, 스케치 도구모음에서 스케치 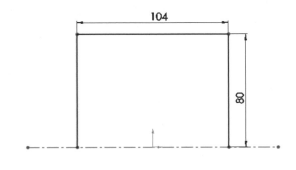를 클릭합니다.

1 선택한 평면에 중심선 을 이용하여 원점에 수평한 중심선을 그은 다음 선 을 이용하여 다음과 같이 스케치한 후 선분의 중간점과 스케치 원점 사이의 구속조건에 수직조건을 부가합니다.

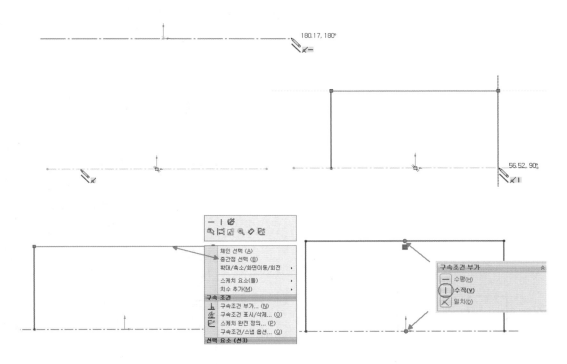

2 다음과 같이 지능형 치수 를 클릭하고 치수를 부가하여 스윕의 경로를 스케치를 완성합니다.

스케치 확인코너에서 를 클릭합니다.

02   2D평면 선택하고 스케치하기 2

경로를 따라 이동할 프로파일을 스케치하기 위해 FeatureManager 디자인트리에서 정면을 선택하고, 스케치 도구모음에서 스케치 를 클릭합니다.

1 선 을 클릭한 후 스케치하고 지능형 치수 를 이용하여 다음과 같이 치수를 부가합니다.

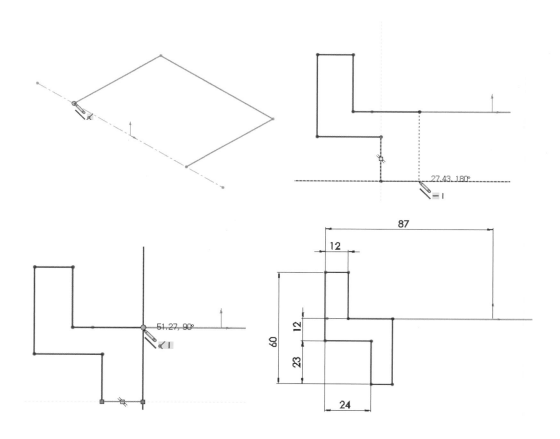

스케치 확인코너에서 을 클릭합니다.

03 스윕 1

1 우선 스윕 PropertyManager 중 프로파일과 경로에 대해서만 알아보겠습니다.

- 프로파일 : 스윕 작성에 사용할 스케치 프로파일을 지정합니다. FeatureManager나 그래픽 영역에서 프로파일 스케치를 선택합니다. 베이스나 보스 스윕 피처를 위해 사용할 프로파일은 닫혀 있어야 합니다.
- 경로 : 프로파일을 스윕할 경로를 지정합니다. FeatureManager 디자인트리나 그래픽 영역에서 경로 스케치를 선택합니다. 경로는 개곡선 또는 폐곡선일 수 있으며, 하나의 스케치, 곡선, 또는 모델 모서리 세트에 포함된 스케치된 곡선 세트를 경로로 사용할 수 있습니다. 스윕 경로는 프로파일의 평면에서 시작해야 합니다.

T I P

> 스윕은 프로파일(단면)이 경로를 따라 이동하여 베이스/보스를 만들기 때문에 경로가 교차하거나 경로를 따라 생성되는 솔리드는 교차하지 않아야 합니다.

2 피처 도구모음에서 스윕 보스/베이스 를 클릭하거나 삽입 → 보스/베이스 → 스윕을 클릭합니다. 다음과 같이 프로파일과 경로에 해당하는 스케치를 지정합니다.

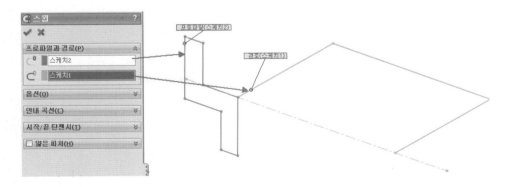

✔ 확인

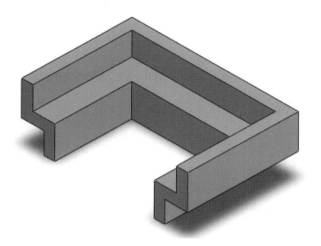

단순 스윕과 스케치 이용 패턴
사용예제

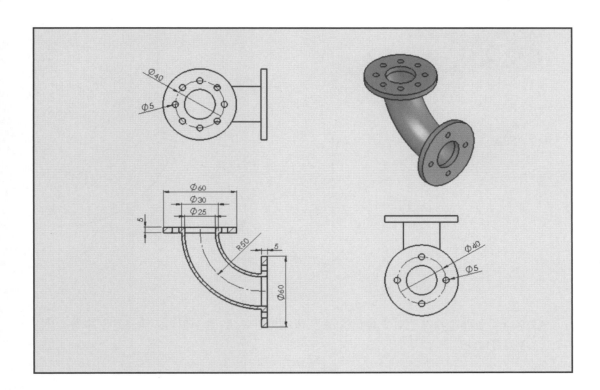

01   2D평면 선택하고 스케치하기 1

FeatureManager 디자인트리에서 정면을 선택하고, 스케치 도구모음에서 스케치 ✐ 를 클릭하여 스윕경로를 다음과 같이 스케치합니다.

1 스케치 도구모음의 중심점 호 ⟨⟩ 를 선택하고 스케치 원점을 클릭하여 호 중심점을 지정한 다음 시작점을 클릭하고 호의 끝점을 클릭하여 다음과 같은 위치에 호를 작성합니다.

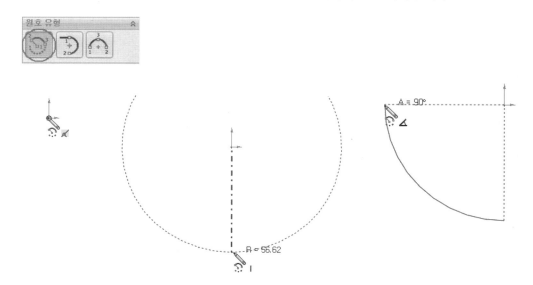

① 호의 끝점과 스케치 원점을 Ctrl 을 누른 채 선택한 후 두 점 사이의 구속조건은 수평조건을 부가합니다.

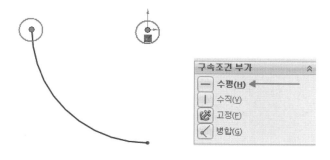

❷ 호의 끝점과 스케치 원점을 Ctrl 을 누른 채 선택한 후 두 점 사이의 구속조건은 수직조건을 부가합니다.

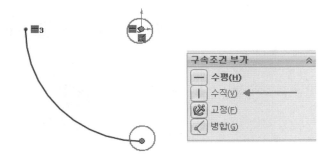

2 지능형 치수 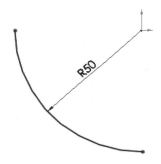 를 이용하여 호의 반경 치수로 50을 기입합니다.

스케치 확인코너에서 를 클릭합니다.

02   2D평면 선택하고 스케치하기 2

FeatureManager 디자인트리에서 윗면을 선택하고, 스케치 도구모음에서 스케치 ▨를 클릭하여
스윕의 프로파일을 다음과 같이 스케치합니다.

1 스케치 도구모음의 원을 클릭한 후 다음과 같이 스케치하고 지능형 치수 ▨를 이용하여 치수를
부가합니다.

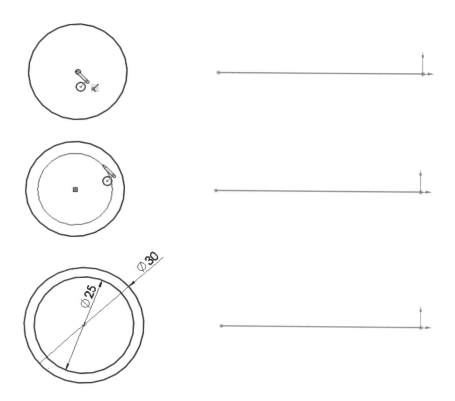

2 보기(빠른 보기) 도구모음에서 보기 방향을 등각보기 상태 ▨로 맞추고 원의 중심점과 호를 선
택한 다음 구속조건의 관통조건 ▨을 부가합니다.

관통조건 ▨은 스케치 점이 축, 모서리선, 또는 곡선이 스케치 평면을 관통하는 위치와 일치하
게 합니다.

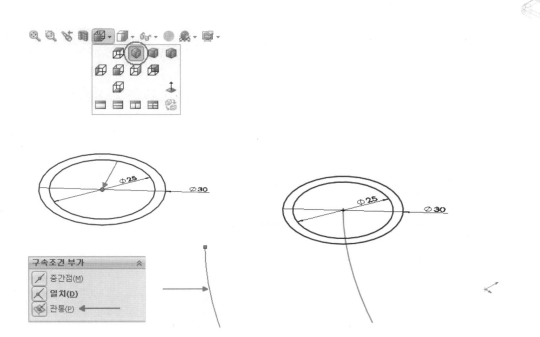

스케치 확인코너에서 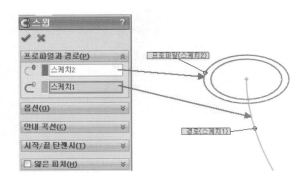를 클릭합니다.

---

03   스윕 1

피처 도구모음에서 스윕 보스/베이스 를 클릭하거나 삽입 → 보스/베이스 → 스윕을 클릭합니다.
프로파일과 경로에 해당 스케치를 선택합니다.

✔ 확인

04 2D평면 선택하고 스케치하기 3

FeatureManager 디자인트리에서 윗면을 선택하고, 스케치 도구모음에서 스케치 🖉 를 클릭합니다.

1 스케치 도구모음의 스케치 요소변환 🗇 을 클릭하고, 요소변환 난에 다음과 같이 솔리드형상의 안쪽 원형 모서리를 선택합니다.

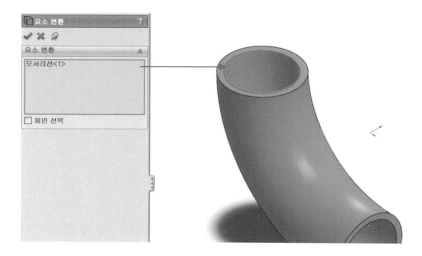

2 스케치 도구모음의 원 ⊕ 을 클릭한 후 원의 중심점을 스케치 원점에 일치시키고 마우스를 끌어 원의 반경을 지정한 다음 지능형 치수 ◇ 를 이용하여 다음과 같이 치수를 부가 합니다.

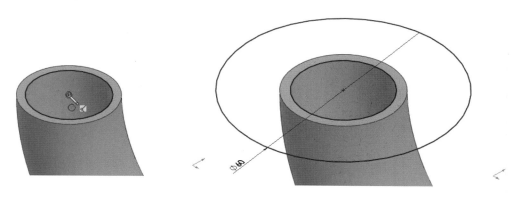

스케치 확인코너에서 🖉 를 클릭합니다.

05 돌출 1

피처 도구모음의 돌출 을 클릭한 다음 마침조건은 블라인드, 깊이 는 5를 기입합니다.

✔ 확인

06 2D평면 선택하고 스케치하기 4

FeatureManager 디자인트리에서 우측면을 선택하고, 위와 같은 방법으로 모델의 모서리를 스케치 요소변환 한 후 원 을 스케치하고 지능형 치수 를 이용하여 치수를 부가합니다.

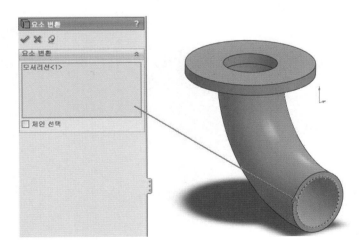

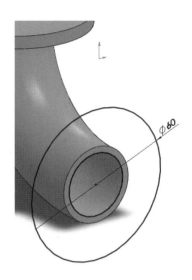

스케치 확인코너에서  를 클릭합니다.

07   돌출 2

피처 도구모음의 돌출 을 클릭한 다음 마침조건은 블라인드로, 깊이 는 5를 기입합니다.

✔ 확인

다음과 같이 형상의 면을 선택하고, 스케치 도구모음에서 스케치 를 클릭합니다.

1 스케치 도구모음의 점 ※을 클릭하면 포인터 모양이 ✎로 바뀝니다. 다음과 같이 그래픽 영역을 클릭하여 점을 배치합니다. 점 도구는 계속 활성상태이므로 해당 아이콘을 다시 선택하거나 Esc 버튼을 눌러 점 명령어를 비활성화시킵니다.

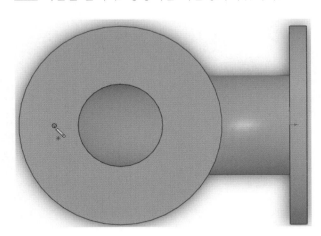

2 스케치 원점과 점을 Ctrl 을 누른 채 선택한 후 구속조건 부가에서 수평조건을 부가합니다.

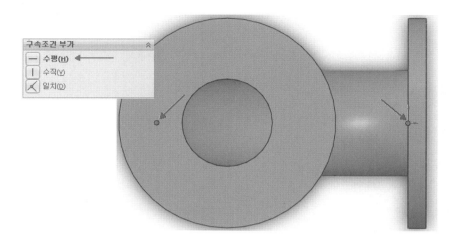

3 지능형 치수 를 클릭한 후 점과 원을 선택한 다음 치수를 부가합니다.

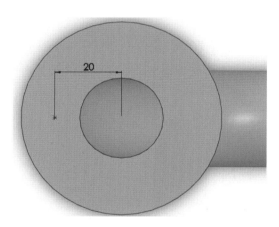

스케치 확인코너에서 를 클릭합니다.

솔리드 형상에서 점을 스케치한 면을 선택한 후 피처 도구모음의 구멍기본형 ▣을 클릭합니다.

마침조건은 다음까지를 선택하고 구멍지름 ⊘에 5를 기입한 후 원의 중심점을 드래그하여 전에 스케치한 점과 일치하도록 합니다.

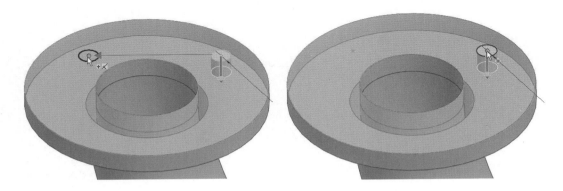

✔ 확인

10 구멍기본형의 위치를 지정하기 위해 점을 그려놓은 스케치 숨기기

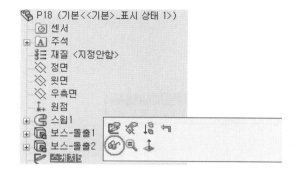

TIP

구멍의 위치를 지정하기 위해 위에서처럼 미리 스케치를 하여도 되지만 구멍기본형 피처를 구현한 후에 생성되는 스케치를 편집하여 위치를 수정해도 됩니다.

11 원형 패턴 1

보기, 임시축을 클릭하거나 보기(빠른보기) 도구모음의 임시축을 선택합니다.

원통형 형상에 임시축이 보이면 피처 도구모음의 원형 패턴을 클릭합니다.

TIP

임시축은 스케치 형상을 만들 때나 원형패턴의 축에 사용할 수 있습니다.
모든 원통형 및 원추형 면에는 축이 있습니다. 임시축은 모델의 원추형 및 원통형에 의해 임의로 만들어진 것입니다.
기본값을 설정하여 모든 임시축을 숨기거나 표시할 수 있습니다.

1 축 패턴의 원형 형상에 보이는 임시축을 선택합니다.

2 각도 ⬚ : 360°

3 인스턴스 수 ⬚ : 8

4 동등간격 체크

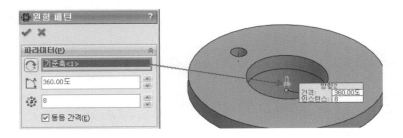

5 패턴할 피처 ⬚ 에는 플라이아웃 FeatureManager 디자인트리에서 구멍기본형 피처를 선택합니다.

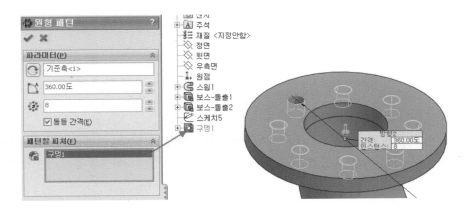

✔ 확인

6 보기, 임시축을 다시 클릭하여 보이는 임시축을 숨깁니다.

12   2D평면 선택하고 스케치하기 6

다음과 같이 형상의 면을 선택하고, 스케치 도구모음에서 스케치 를 클릭합니다.

1️⃣ 스케치 도구모음의 원 ⊕ 을 선택합니다.

커서를 모델의 원주에 가지고 가면 Osnap점이 활성화되는데 그 중에서 중심점을 클릭하여 스케
치하는 원의 중심점이 모델의 중심점과 일치가 되도록 하고 반경을 클릭하여 원을 스케치합니다.

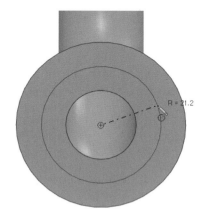

스케치 도구모음의 지능형 치수 를 클릭하여 치수를 부가합니다.

2 원을 선택한 다음 스케치 도구모음의 보조선 을 클릭하여 원을 보조선으로 변환시킵니다.

보조선 은 스케치 또는 도면에 스케치한 요소를 참조형상(보조선)으로 변환합니다. 참조형상은 최종적으로 파트에 합쳐지는 스케치 요소 및 형상 생성의 보조요소로만 사용됩니다. 참조형상은 스케치가 피처 생성에 사용될 경우 무시됩니다. 참조형상은 중심선과 같은 선 형식을 사용합니다.

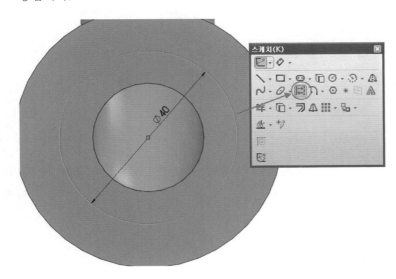

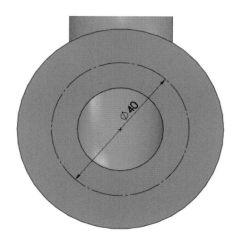

스케치 요소를 보조선으로 변환하는 방법으로 변환하고자 하는 요소를 선택하고 속성창에서 옵션에 보조선을 체크하여도 됩니다. 또는 마우스 오른쪽버튼을 이용한 바로가기 메뉴에서 보조선을 선택하여도 됩니다.

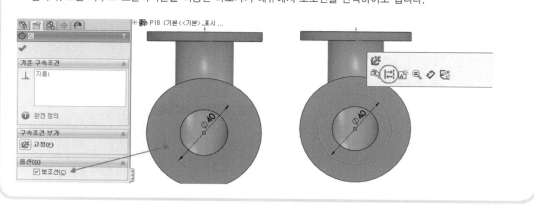

③ 스케치 도구모음의 점 █ 을 클릭하여 원의 Osnap점인 사분점에 다음과 같이 점을 배치합니다.

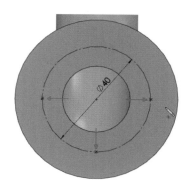

스케치 확인코너에서 █ 를 클릭합니다.

솔리드 형상에서 점을 스케치한 면을 선택한 후 피처 도구모음의 구멍기본형 을 클릭합니다.

1 마침조건 : 다음까지를 선택합니다.

2 구멍지름 ⊘ : 5를 기입합니다.

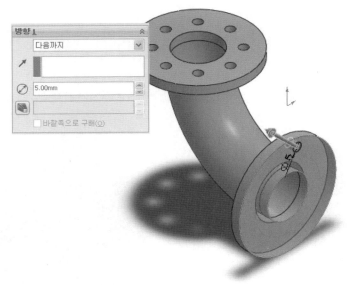

✔ 확인

14 구멍기본형 2 위치 편집하기

FeatureManager 디자인트리에서 구멍기본형 피처2를 선택하고 바로가기 메뉴에서 스케치편집을
선택합니다.

1 구멍기본형의 원의 중심점과 위에 그려 놓은 원주를 선택하고 구속조건 부가에 일치를 부가합니다.

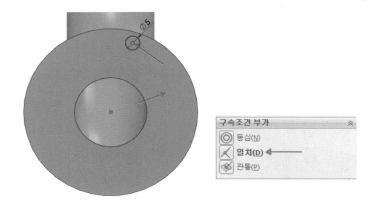

2 구멍기본형의 원의 중심점과 위에 그려 놓은 원의 중심점을 선택하고 수직조건을 부가합니다.

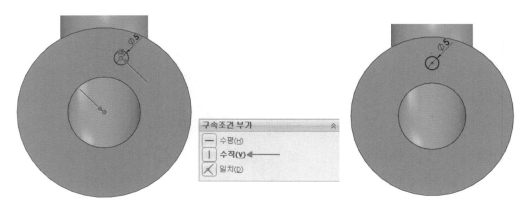

스케치 확인코너에서 를 클릭합니다.

15 스케치 이용 패턴 ⚬⚬⚬ PropertyManager

1 스케치 이용 패턴 ⚬⚬⚬

스케치 내의 스케치 점을 사용하여 피처 패턴을 지정할 수 있습니다. 씨드 피처가 스케치의 각 점에 걸쳐 패턴 복사됩니다. 구멍 또는 기타 피처 항목에 스케치 이용 패턴을 사용할 수 있습니다.

2 스케치 이용패턴 PropertyManager(속성창)

3 참조스케치 ✏ : 패턴에 사용할 참조스케치를 선택

4 참조점 : 중심(C)

중심을 스케치 이용 패턴에 대한 참조점으로 선택할 경우 씨드 피처의 유형을 기반으로 중심이 결정됩니다.

❶ 원통형, 원추형, 또는 회전 피처에서 중심은 회전축과 패턴의 X - Y 평면과 교차하는 지점입니다.

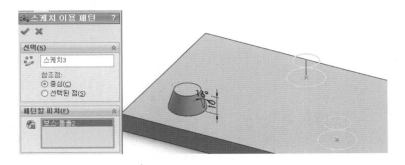

❷ 스케치가 사각형이나 타원형과 같은 선과 원호로 구성되고 스케치 평면이 X - Y 평면에 평행한 경우 중심은 스케치의 중심으로 정의됩니다.

❸ 다른 조건에서는 중심이 씨드 피처 면의 중심입니다.

❹ 하나 이상의 씨드 피처가 있을 경우 첫 번째 씨드 피처의 중심이 사용됩니다.

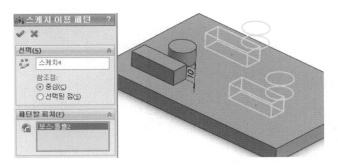

⑤ 씨드 피처가 여러 윤곽선을 포함하는 스케치에서 생성된 경우 가장 큰 폐쇄 윤곽선의 중심이 사용됩니다.

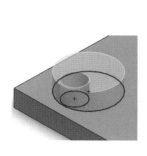  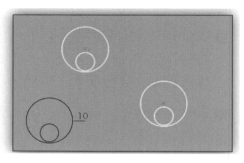

5 선택된 점(S)

씨드 지오메트리가 비대칭이거나 여러 개의 피처로 구성되어 있으면 선택점 옵션을 사용합니다. 참조점을 무엇을 선택하느냐에 따라 연장하는 피처의 위치가 달라집니다.

참조점으로 선택한 점을 선택한 경우, 그래픽 영역에서 참조 꼭짓점 ⅄을 선택합니다.

📂 Example

• 참조점 : 중심(C)

 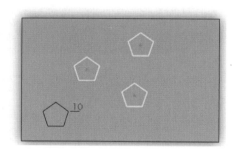

• 참조점 : 선택된 점(S)

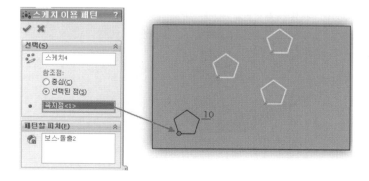

16 스케치 이용 패턴

피처 도구모음에서 스케치 이용 패턴을 클릭하거나 삽입 → 패턴/대칭 복사 → 스케치 이용 패턴을 클릭합니다.

1 참조스케치 : 패턴에 사용할 참조 스케치는 플라이아웃 FeatureManager 디자인트리에서 사분점에 점을 스케치한 스케치를 선택합니다.

2 패턴할 피처 에는 플라이아웃 FeatureManager 디자인트리에서 구멍기본형 피처를 선택합니다.

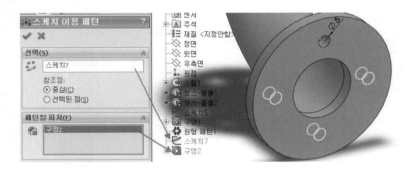

✔ 확인

PROJECT

19

나선형 곡선을 이용한 스윕과 합치기 사용예제

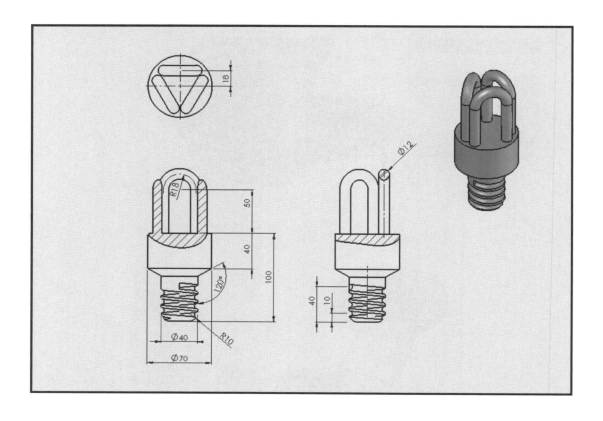

2D평면 선택하고 스케치하기 1

FeatureManager 디자인트리에서 정면을 선택하고, 스케치 도구모음에서 스케치를 클릭합니다.

1 스케치 도구모음의 중심선과 선 아이콘을 클릭하여 다음과 같이 스케치한 후 지능형 치수를 클릭하여 다음과 같이 치수를 부가합니다.

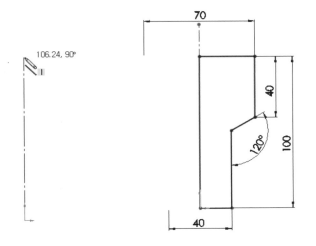

스케치 필렛을 이용하여 두 선이 만나는 점에 탄젠트 호를 작성합니다.

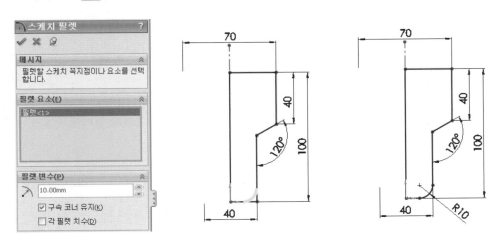

스케치 확인코너에서 를 클릭합니다.

02   회전 ⊕

피처 도구모음에서 회전 보스/베이스 ⊕를 클릭하거나 삽입 → 보스/베이스 → 회전을 클릭합니다.

1 회전축 ✎ : 피처를 회전할 기준 축을 선택합니다. 회전축은 위의 스케치 중심선을 선택합니다.

2 회전 유형 : 블라인드 형태

3 각도 ⬚ : 회전 각도를 지정합니다. 기본값은 360°입니다.

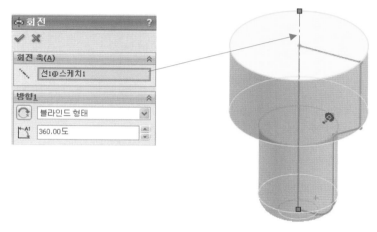

✔ 확인

03   기준면 ▧ 1

FeatureManager 디자인트리에서 정면을 선택하고, 선택한 평면을 그래픽 영역에서 Ctrl 을 누른 채 모서리선을 사용하여 새 위치로 끌어옵니다.
오프셋 평면이 만들어 집니다.

기준면 PropertyManager(속성창)에서 제1참조 오프셋 거리 를 18mm로 지정합니다.

또는 참조형상 도구모음에서 기준면 을 클릭하거나 삽입 → 참조형상 → 기준면을 클릭합니다.

평면 PropertyManager가 열리면 참조요소란 에 정면을 선택하고 오프셋 거리 는 18mm를 기입합니다.

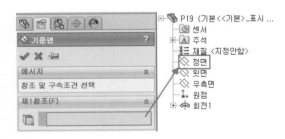

✔ 확인

04 스케치 평면 선택 후 스케치하기 2

새로 만든 평면을 선택한 후 스케치 도구모음에서 스케치 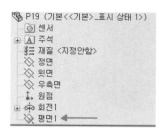를 클릭합니다.

1 선 스케치 에서 원 스케치 로(또는 이 반대로) 원호 도구를 선택하지 않고도 전환할 수 있습니다.

- 선과 호 자동 전환하는 방법

  스케치 도구모음에서 선 을 클릭하거나 도구 → 스케치 요소 → 선을 클릭하여 선을 그립니다.

선 끝점을 클릭하고, 포인터를 멀리 가져갑니다.

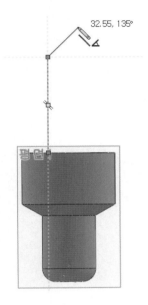

미리보기에 다른 선이 표시됩니다.
포인터를 다시 끝점으로 가져온 뒤, 그리고자 하는 호의 모양대로 마우스를 끌어갑니다.

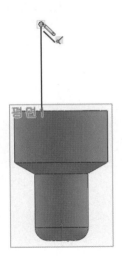

미리보기에 접원호가 표시됩니다. 클릭하여 원호를 배치합니다.

포인터를 호의 끝점에서 멀어지게 이동하고 미리보기에서 선으로 전환합니다.
또는 선 상태에서 끝점으로 돌아가지 않고 선과 원호 사이를 전환하려면 A를 누릅니다.

2 위의 선과 호 자동 전환하는 방법으로 다음과 같이 스케치하거나, 스케치 도구모음의 선 ╲ 과 접
원호 ⊕ 를 이용하여 다음과 같이 스케치합니다.

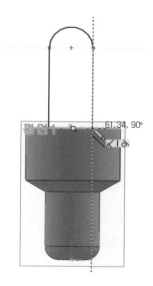

③ 호의 중심점과 스케치 원점을 Ctrl 을 누른 채 선택한 다음 두 점 사이의 구속조건으로 수직조건
을 부가합니다.

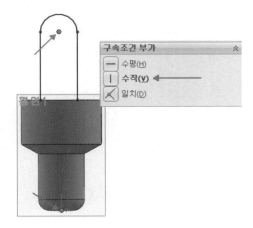

④ 지능형 치수 ◇ 를 클릭하여 다음과 같이 치수를 부가합니다.

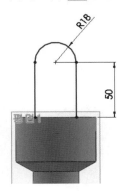

스케치 확인코너에서 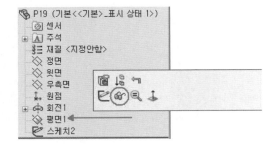 를 클릭합니다.

⑤ FeatureManager 디자인트리에서 작성한 평면을 선택하고 마우스 오른쪽 버튼을 누른 후 숨기기
를 클릭하여 작성한 평면을 숨겨 둡니다.

05   2D평면 선택하고 스케치하기 3

형상의 면을 다음과 같이 선택한 후 스케치 도구모음에서 스케치 를 클릭합니다.

1 스케치 도구모음의 원 ⊕ 을 이용하여 다음과 같이 임의의 위치에 원을 스케치한 후 지능형 치수
     ◇ 를 클릭하여 치수를 부가합니다.

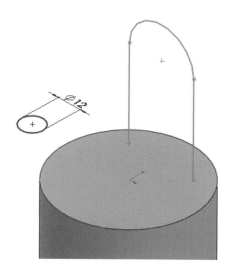

② Ctrl 을 누른 채 원의 중심점과 곡선을 선택하고 구속조건 부가에 관통조건 을 부가하여 스윕 프로파일을 작성합니다.

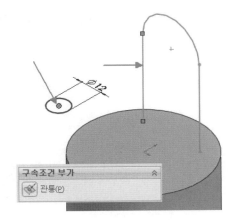 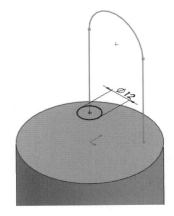

스케치 확인코너에서 를 클릭합니다.

06 스윕 1

피처 도구모음에서 스윕 보스/베이스 를 클릭하거나 삽입 → 보스/베이스 → 스윕을 클릭합니다.

① 프로파일 스케치 는 원이 그려진 스케치를 선택합니다.
② 경로 는 선과 호로 작성된 스케치를 선택합니다.

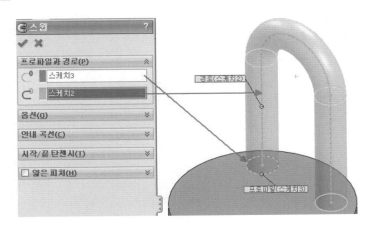

✔ 확인

07　원형패턴 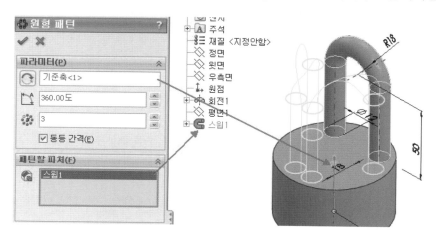 1

보기 → 임시축 를 클릭합니다. 원통형 형상에 임시축이 보이면 피처 도구모음의 원형패턴 을 클릭합니다.

1 축패턴의 원형 형상에 보이는 임시축을 선택합니다.

2 각도 에 360°를 기입합니다.

3 인스턴스 수는 3을 기입합니다.

4 패턴 할 피처에는 플라이아웃 FeatureManager 디자인트리에서 스윕 피처를 선택합니다.

✔ 확인

5 보기 → 임시축 을 다시 클릭하여 보이는 임시축을 숨깁니다.

FeatureManager 디자인트리에서 윗면을 선택하고 스케치 도구모음에서 스케치 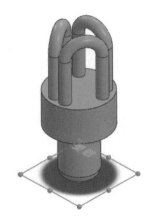를 클릭합니다.

다음과 같이 형상의 모서리를 선택하고 스케치 도구모음의 스케치 요소변환 을 클릭합니다.

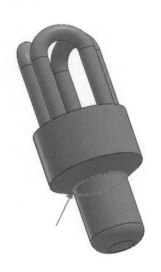
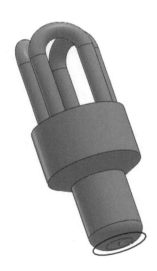

스케치 확인코너에서 를 클릭합니다.

09   나선형 곡선

> **TIP**
>
> **나선형 곡선**
>
> 파트에 나선형 곡선을 작성할 수 있습니다.
> 나선형 곡선은 스윕 피처에 대한 경로나 안내곡선으로, 또는 로프트 피처에 대한 안내곡선으로 사용할 수 있습니다.
> 스케치한 원의 지름으로 나선형 곡선(다양한 피치 나사곡선 제외)의 지름을 조절합니다.

1 곡선 도구모음에서 나선형 곡선 을 클릭하거나 삽입 → 곡선 → 나선형 곡선을 클릭합니다.

2 나선형 곡선 PropertyManager

　1 정의 기준(D)

　　● 피치와 회전 : 피치와 회전값으로 정의한 나선형 곡선을 작성합니다.

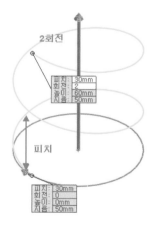

• 높이와 회전 : 높이와 회전값으로 정의한 나선형 곡선을 작성합니다.

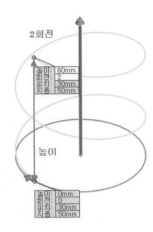

• 높이와 피치 : 높이와 피치값으로 정의한 나선형 곡선을 작성합니다.

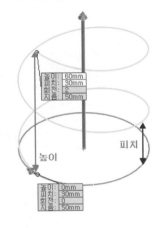

• 나선형 : 피치와 회전값으로 정의한 나선형을 작성합니다.

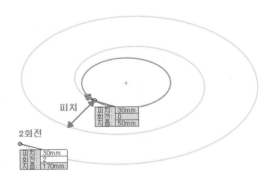

❷ 파라미터(P)

- 일정 피치 : 나선 곡선 전반에 걸쳐 일정 피치를 작성합니다.

- 가변 피치 : 지정한 영역 파라미터에 근거한 수정된 피처를 작성할 수 있습니다.

- 영역 파라미터(유동 피치만) : 피치 나사곡선의 회전(Rev), 높이(H), 지름(Dia)과 피치율 (P)을 정합니다.

- 높이(나선형 곡선만) : 높이를 지정합니다.

- 피치 : 각 회전에 반경의 변동률을 지정해 줍니다. 피치 값은 최소한 0.001 이상이어야 하며 200000보다 클 수 없습니다.

- 회전 : 회전 수를 지정합니다.

- 반대방향 : 헬릭스 곡선을 원점에서 뒤로 연장하거나, 스파이럴을 안쪽으로 작성합니다.

- 시작 각도 : 원 스케치에서 처음 회전을 시작할 곳을 지정합니다.

- 시계방향 : 시계방향으로 곡선을 돌립니다.

- 시계 반대방향 : 시계 반대방향으로 곡선을 돌립니다.

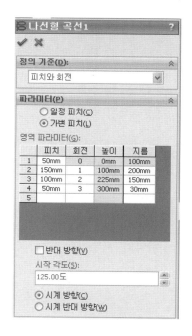 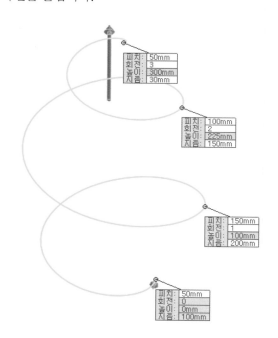

❸ 테이퍼 나사산

- 테이퍼 나사산 : 점점 가늘어지는 나사산을 작성합니다.

- 테이퍼 각도 ⬚ : 테이퍼 각을 지정합니다.

- 바깥쪽으로 가늘게 : 나사산을 바깥쪽으로 테이퍼합니다.

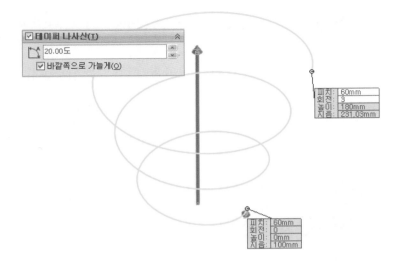

☑ 테이퍼 나사산(T)

20.00도

☑ 바깥쪽으로 가늘게(O)

피치:	60mm
회전:	3
높이:	180mm
지름:	231.03mm

피치:	60mm
회전:	0
높이:	0mm
지름:	100mm

③ 나선형 곡선 PropertyManager에서 정의기준(D)으로 피치와 회전을 선택하고, 변수(P)에 일정 피 치를 선택합니다. 피치 10, 회전 4, 시작 각도 0°를 기입한 후 시계방향(C)을 선택합니다.

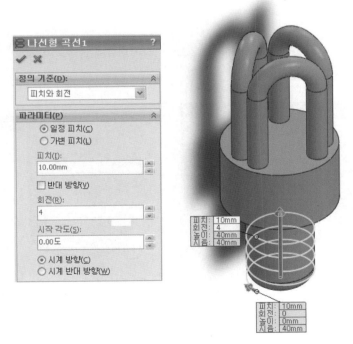

나선형 곡선1 ?

✔ ✖

정의 기준(D):

피치와 회전

파라미터(P)

⦿ 일정 피치(C)
◯ 가변 피치(L)

피치(I):

10.00mm

☐ 반대 방향(V)

회전(R):

4

시작 각도(S):

0.00도

⦿ 시계 방향(C)
◯ 시계 반대 방향(W)

피치:	10mm
회전:	4
높이:	40mm
지름:	40mm

피치:	10mm
회전:	0
높이:	0mm
지름:	40mm

✔ 확인

10   2D평면 선택하고 스케치하기 5

나선형 곡선을 생성하였으면 FeatureManager 디자인트리에서 우측면을 선택합니다.

1 스케치 도구모음에서 스케치 ✏️를 클릭한 후 스케치 도구모음의 원 ⊙을 클릭하여 다음과 같이 스케치한 후 지능형 치수 ⊘를 클릭하여 치수를 부가합니다.

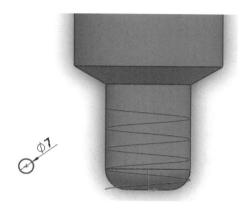

2 Ctrl 을 누른 채 원의 중심점과 나선형 곡선을 선택한 다음 구속조건 부가에 관통조건 ✦을 부가합니다.

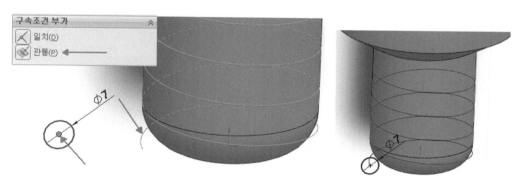

스케치 확인코너에서 ✎를 클릭합니다.

11 스윕 2

피처 도구모음에서 스윕 보스/베이스 를 클릭하거나 삽입 → 보스/베이스 → 스윕을 클릭합니다.

1 다음과 같이 프로파일과 경로를 플라이아웃 FeatureManager 디자인트리에서 원 스케치와 나선형 곡선을 선택합니다. 옵션에 바디 합치기 체크를 없애 두 개의 솔리드바디를 만듭니다.

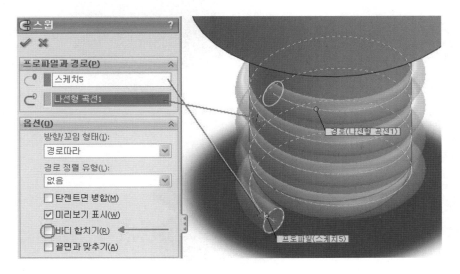

✔ 확인

12 합치기 PropertyManager

합치기
여러 개의 솔리드 바디를 합쳐서 단일 바디 파트나 다른 멀티바디 파트를 작성할 수 있습니다. 다중 솔리드 바디를 합치는 세 가지 방법이 있습니다.

(1) 합치기 PropertyManager

1 작업유형(O)

❶ 추가 : 모두 선택된 바디의 솔리드를 합쳐서 단일 바디를 작성합니다.

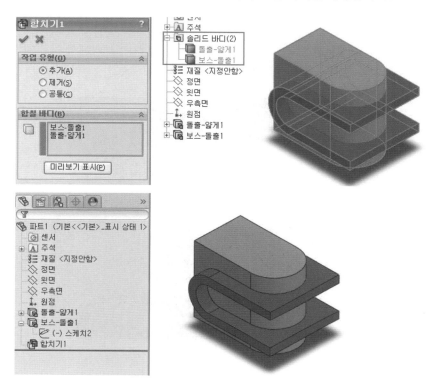

❷ 제거 : 선택한 본체에서 중복되는 재질을 삭제합니다.

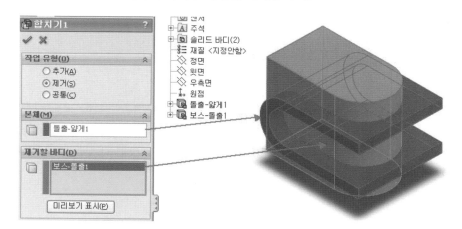

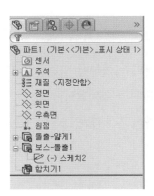

❸ 공통 : 중복되는 것을 제외한 모든 재질을 삭제합니다.

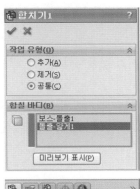

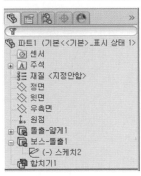

② 추가 또는 공통 작업유형의 사용방법

　❶ 작업유형 아래에서 추가 또는 공통을 클릭합니다.

　❷ 합칠 바디를 선택하기 위해 그래픽 영역에서 바디를 선택하거나 FeatureManager 디자인트
리 안의 솔리드 바디 폴더 🗀에서 바디를 선택합니다.

③ 제거 작업유형 사용방법

　❶ 작업유형 아래에서 제거를 클릭합니다.

　❷ 본체(M) 아래의 솔리드 바디 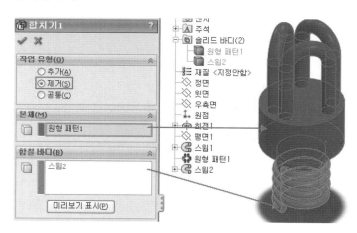를 선택하기 위해 그래픽 영역에서 바디를 선택하거나 FeatureManager 디자인트리의 솔리드 바디 폴더 에서 바디를 선택합니다.

　❸ 제거할 바디 아래, 솔리드 바디 를 선택하기 위해 제거하고자 하는 재질이 있는 바디를 선택합니다.

13　합치기

피처 도구모음에서 합치기 를 클릭하거나 삽입 → 피처 → 합치기를 클릭합니다.

① 합치기 PropertyManager에서 작업유형을 제거를 선택하고 본체와 제거할 바디를 다음과 같이 그래픽영역에서 선택하든가 FeatureManager 디자인트리 안의 솔리드 바디 폴더 에서 바디를 선택합니다.

✔ 확인

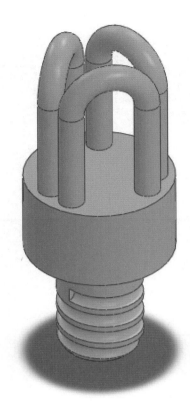

PROJECT

20 나선형 곡선, 조인곡선을 이용한 스윕예제

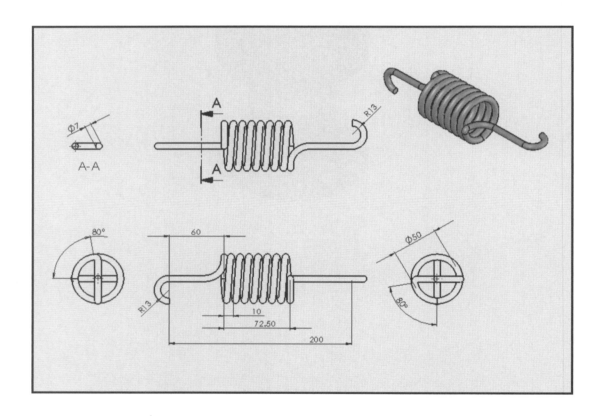

01 2D평면 선택하고 스케치하기 1

FeatureManager 디자인트리에서 우측면을 선택하고, 스케치 도구모음에서 스케치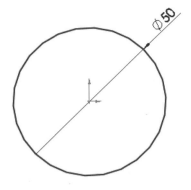를 클릭합니다. 스케치 도구모음의 원을 클릭하여 다음과 같이 스케치한 후 지능형 치수를 클릭하여 치수를 부가합니다.

스케치 확인코너에서 를 클릭합니다.

02 나선형 곡선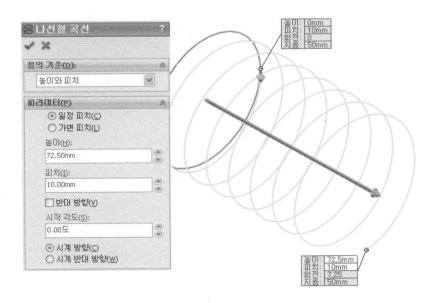 1

곡선 도구모음에서 나선형 곡선을 클릭하거나 삽입 → 곡선 → 나선형 곡선을 클릭합니다.

1 나선형 곡선 PropertyManager에서 정의 기준(D)으로 높이와 피치를 선택하고 파라미터(P)에 일정 피치를 선택합니다. 높이 72.5, 피치 10, 시작 각도 0°를 기입한 후 시계방향(C)을 선택합니다.

✔ 확인

03 평면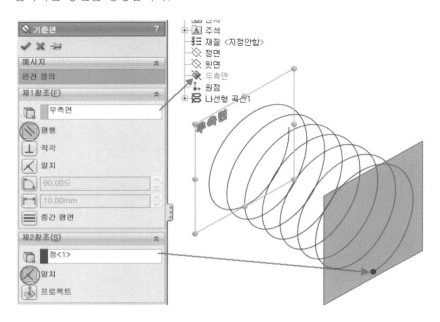 1

참조형상 도구모음에서 기준면을 클릭하거나 삽입 → 참조형상 → 기준면을 클릭합니다.

1️⃣ 제1참조란 🗔에 플라이아웃 FeatureManager 디자인트리에서 우측면을 선택합니다.

2️⃣ 제2참조란 🗔에 생성한 나선형 곡선의 끝점을 선택하여 제1참조 평면과 평행하고 제2참조 점과
일치하는 평면을 생성합니다.

✔️확인

04 2D평면 선택하고 스케치하기 2

새로 작성한 평면을 선택하고 스케치 도구모음에서 스케치 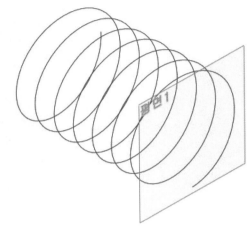를 클릭합니다.

1 스케치 도구모음의 원호 플라이아웃 도구 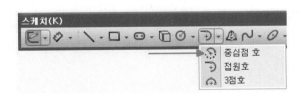에서 중심점 호 를 선택하거나 원호Property
Manager에서 원호 유형에 중심점 호를 선택합니다.

2 원호의 중심점은 스케치 원점에 일치시킨 후 다음과 같이 스케치합니다.

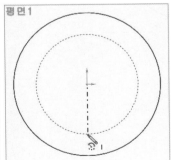

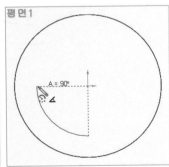

③ 등각보기 상태에서 **Ctrl** 을 누른 채 호의 끝점과 나선형 곡선을 선택한 후 구속조건 부가에 관통
조건 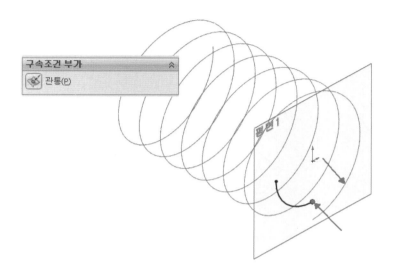 을 부가합니다.

구속조건 부가
관통(P)

④ 지능형 치수 ◇ 를 클릭하여 호의 중심점과 시작점 끝점을 찍은 후 각도 값 80°를 기입합니다.

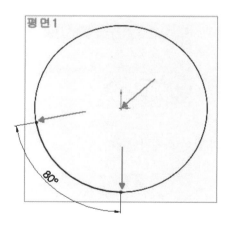

5 스케치 도구모음의 원호 플라이아웃 도구 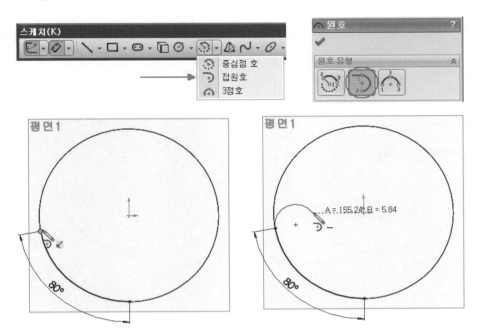 에서 접원호 를 선택하거나 원호Property
Manager에서 원호 유형에 접원호를 선택하고 다음과 같이 스케치합니다.

6 호를 스케치를 하였으면 Ctrl 을 누른 채 스케치 원점과 호의 끝점을 선택한 후 구속조건 부가에
수평조건을 부가합니다.

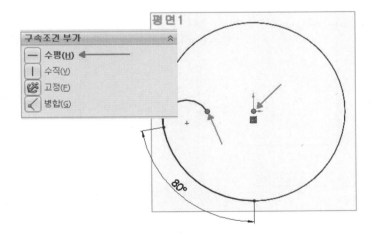

7 Ctrl 을 누른 채 호의 끝점과 호의 중심점을 선택한 후 구속조건 부가에서 수직조건을 부가합니다.

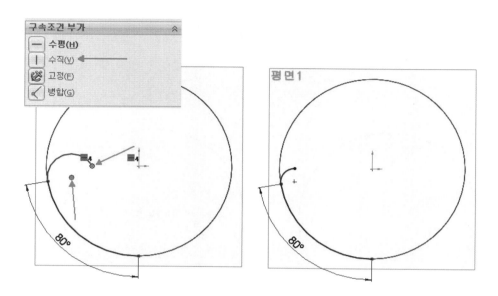

스케치 확인코너에서 ![icon] 를 클릭합니다.

8 FeatureManager 디자인트리에서 평면1에 마우스 오른쪽 버튼을 누른 후 숨기기를 클릭하여 평면을 숨겨둡니다.

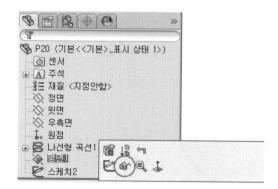

05 2D평면 선택하고 스케치하기 3

FeatureManager 디자인트리에서 우측면을 선택하고, 스케치 도구모음에서 스케치 🖉 를 클릭합니다. 위와 같은 방법으로 다음과 같이 스케치를 합니다.

1 스케치 도구모음의 원호 플라이아웃 도구 🕜 ▾ 에서 중심점 호 🕥 를 선택하거나 원호Property Manager에서 원호 유형에 중심점 호를 선택합니다.

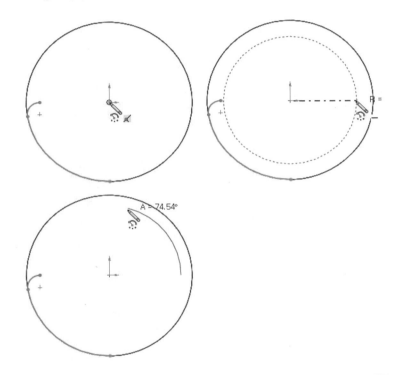

2 호의 끝점과 나선형 곡선을 선택한 후 구속조건 부가에 관통조건 🕥 을 부가합니다.

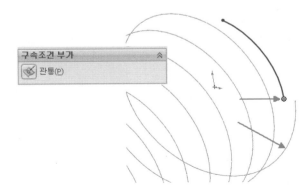

3 지능형 치수 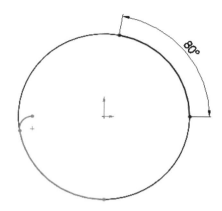를 클릭하여 호의 중심점과 시작점 끝점을 찍은 후 각도 값 80°을 기입합니다.

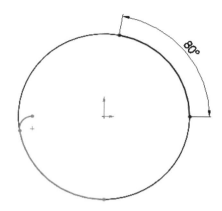

4 스케치 도구모음의 원호 플라이아웃 도구 ⏚ 에서 접원호 ⤵ 를 선택하거나 원호Property Manager에서 원호 유형에 접원호를 선택하고 다음과 같이 스케치합니다.

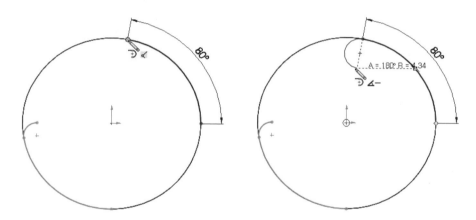

5 Ctrl 을 누른 채 스케치 원점과 호의 끝점을 선택한 후 구속조건 부가에 수직조건을 부가합니다.

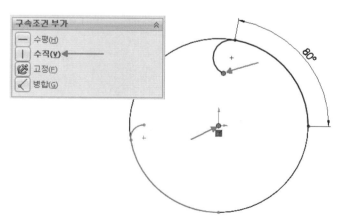

6 Ctrl 을 누른 채 호의 끝점과 호의 중심점을 선택한 후 구속조건 부가에서 수평조건을 부가합니다.

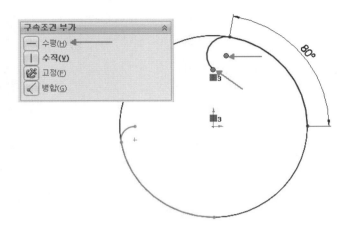

스케치 확인코너에서 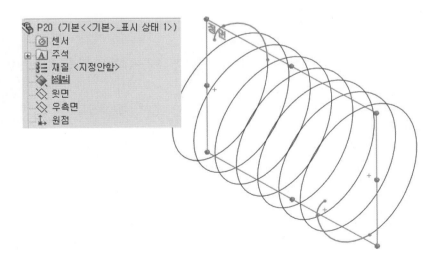를 클릭합니다.

06   2D평면 선택하고 스케치하기 4

FeatureManager 디자인트리에서 정면을 선택하고, 스케치 도구모음에서 스케치 를 클릭합니다.

1 스케치 도구모음의 원호 플라이아웃 도구 에서 3점호 를 클릭하고 다음과 같이 스케치 합니다.

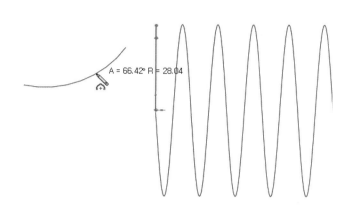

2 호의 끝점과 전 스케치의 접원호를 선택한 다음 구속조건 부가의 관통조건 을 부가합니다.

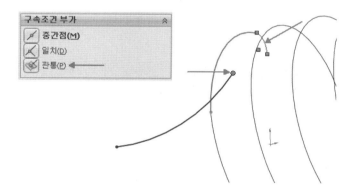

3 전 스케치의 접원호와 현 스케치의 3점호를 선택한 다음 구속조건 부가에 인접조건 을 부가합니다.

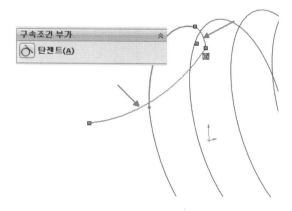

4 호의 중심점과 호의 끝점을 선택한 후 구속조건 부가에 수직조건을 부가합니다.

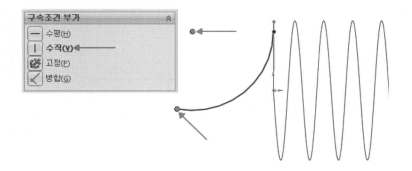

5 스케치 도구모음의 선 ◣ 을 클릭하여 호의 끝점에서 시작하여 수평한 선분을 스케치합니다.

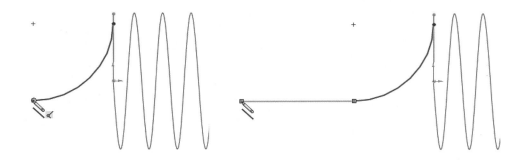

6 선의 끝점과 스케치 원점을 선택한 후 구속조건 부가에 수평조건을 부가합니다.

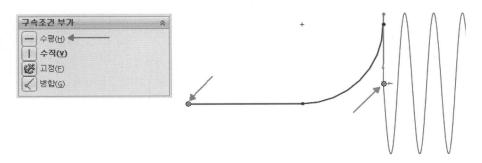

7 접원호 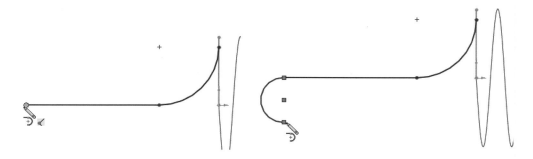 를 클릭하여 다음과 같이 스케치합니다.

8 호의 두 끝점을 선택한 후 구속조건 부가에 수직조건을 부가합니다.

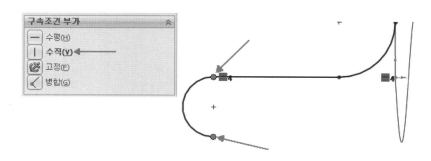

9 지능형 치수 를 클릭하여 다음과 같이 치수를 부가한 후 스케치 확인코너에서 를 클릭합니다.

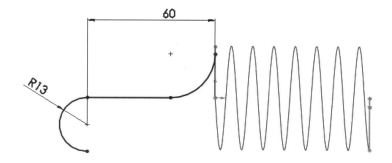

07 2D평면 선택하고 스케치하기 5

FeatureManager 디자인트리에서 윗면을 선택하고, 스케치 도구모음에서 스케치 ✏️를 클릭합니다.
위의 스케치와 같은 방법으로 다음과 같이 스케치합니다.

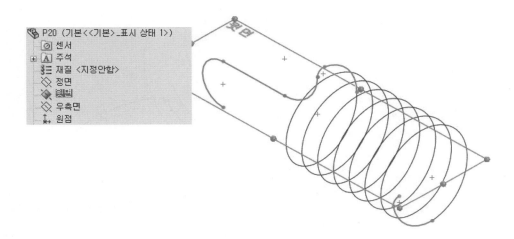

1 스케치 도구모음의 3점호 ⌒를 클릭하여 다음과 같이 스케치합니다.

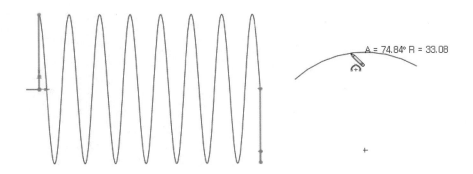

A = 74.84° R = 33.08

2 등각보기 상태에서 현 스케치의 호의 끝점과 전 스케치의 접원호를 선택한 다음 관통조건 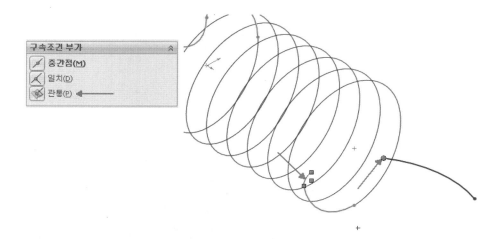 을 부가합니다.

3 전 스케치의 접원호와 현 스케치의 3점호를 선택한 다음 구속조건 부가에 인접조건 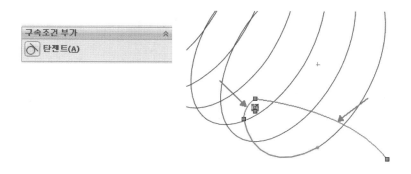 을 부가합니다.

4 Ctrl + 8 을 눌러 면에 수직으로 보기 상태로 만듭니다.
호의 중심점과 호의 끝점을 선택한 후 구속조건 부가에 수직조건을 부가합니다.

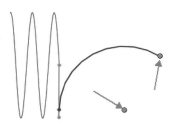

5 스케치 도구모음의 선 ▧을 클릭하여 호의 끝점에서 시작하여 수평한 선분을 스케치합니다.

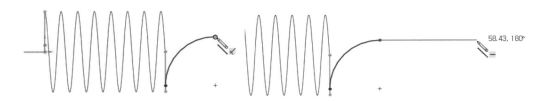

6 선의 끝점과 스케치 원점을 선택한 후 구속조건 부가에 수평조건을 부가합니다.

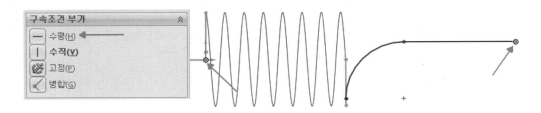

7 접원호 ▣를 클릭하여 다음과 같이 스케치하고, 호의 두 끝점을 선택한 후 구속조건 부가에 수직
조건을 부가합니다.

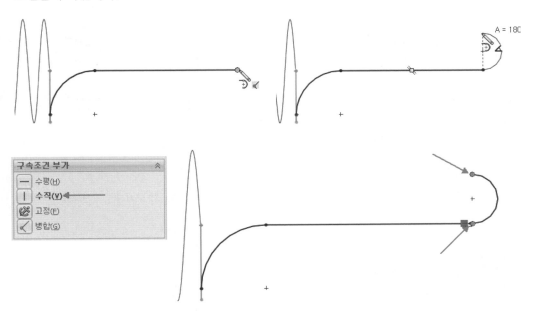

8 지능형 치수 를 클릭하여 다음과 같이 치수를 부가합니다.

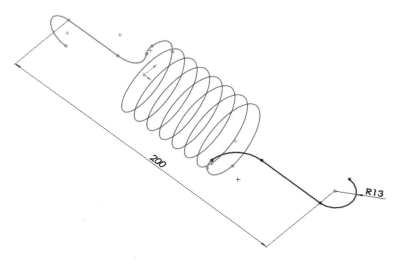

스케치 확인코너에서 ![icon]를 클릭합니다.

---

08 조인곡선 ⌐┐ 1

TIP

조인곡선

곡선, 스케치, 형상, 모델 모서리선 등을 하나의 곡선으로 결합하여 조인곡선을 만들 수 있습니다. 조인곡선을 로프트나 스윕을 만들 때 안내곡선과 경로로 사용할 수 있습니다.

합치려는 항목(스케치 요소, 모서리선 등)을 클릭합니다.

선택한 항목이 조인곡선 Property Manager의 합칠 요소란 아래에 있는 합칠 스케치, 모서리선, 곡선상자 ひ에 표시됩니다.

곡선 도구모음에서 조인곡선 ⌐┐을 클릭하거나 삽입 → 곡선 → 조인곡선을 클릭합니다.

곡선(C)   ☒

■ 플라이아웃 FeatureManager 디자인트리에서 합칠 요소를 나선형 곡선과, 다른 스케치들을 선택합니다.

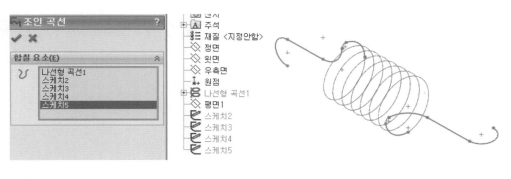

✔ 확인

09   평면 2

참조형상 도구모음에서 기준면 을 클릭하거나 삽입 → 참조형상 → 기준면을 클릭합니다.

■ 제1참조란 에 플라이아웃 FeatureManager 디자인트리에서 조인곡선을 선택합니다.

■ 제2참조란 에 생성한 조인곡선의 끝점을 선택하여 제1참조 조인곡선과 직각하고 제2 참조점과 일치하는 평면을 생성합니다.

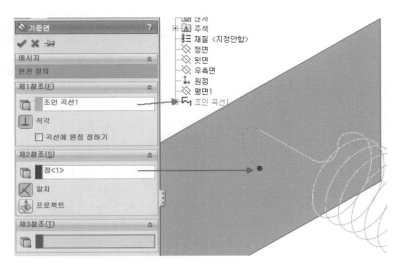

✔ 확인

10 2D평면 선택하고 스케치하기 6

FeatureManager 디자인트리에서 새로 만든 평면을 선택하고, 스케치 도구모음에서 스케치를
클릭한 후 다음과 같이 스케치하고 치수를 기입합니다.

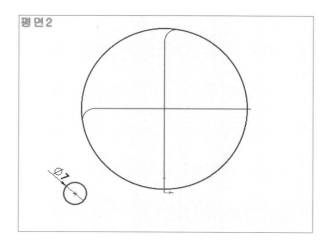

Ctrl 을 누른 채 원의 중심점과 조인곡선을 선택한 후 구속조건 부가에 관통조건을 부가합니다.

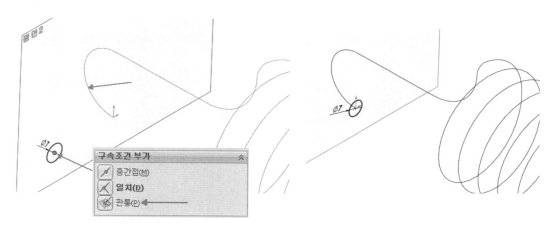

스케치 확인코너에서 를 클릭하고 평면을 숨깁니다.

11 스윕 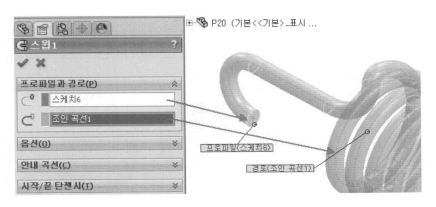 1

피처 도구모음에서 스윕 보스/베이스 를 클릭하거나 삽입 → 보스/베이스 → 스윕을 클릭합니다.

1 다음과 같이 프로파일과 경로를 플라이아웃 FeatureManager 디자인트리에서 원 스케치와 조인 곡선을 선택합니다.

✔ 확인

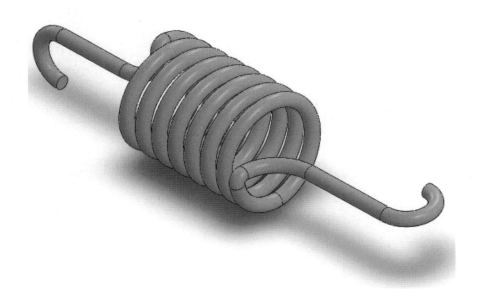

PROJECT

21

3D스케치를 이용한 스윕예제

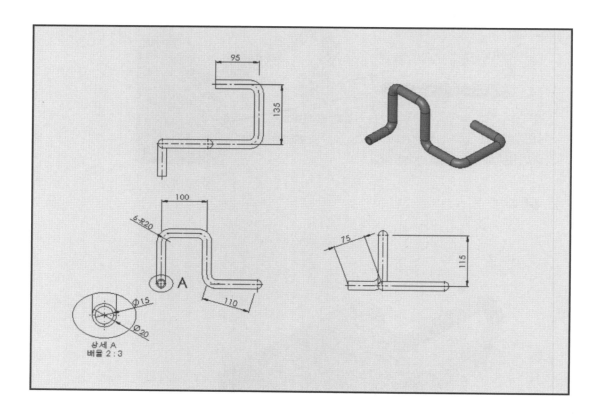

01   3D 스케치 사용방법

3D 스케치를 스윕 경로, 로프트나 스윕에 대한 안내곡선, 로프트 중심선, 또는 배관 시스템의 주요 요소 중 하나로 사용
할 수 있습니다.
3D 스케치 작성에 다음과 같은 도구들, 즉 모든 원 도구, 모든 호 도구, 모든 사각형 도구, 선, 자유곡선, 점을 사용할 수
있습니다.

█ 3D 스케치에 선을 만드는 방법

❶ 스케치 도구모음의 3D스케치 🖱를 클릭하고, 선 ╲을 클릭합니다.

❷ 3D 선 PropertyManager가 열리며 **XY**✗ 포인터로 바뀝니다.

❸ 마우스 버튼을 누를 때마다 그려지는 객체의 끝점으로 공간 핸들이 이동하여 여러 평면에
스케치할 수 있도록 도움을 줍니다.

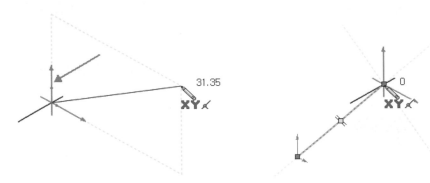

공간핸들
3D 스케치 중 그래픽 공간 핸들이 여러 평면에 스케치하는 동안 방향을 유지할 수 있게 도와줍니다. 공간 핸들은 스케치
요소의 첫 번째 점이 선택한 평면에 지정될 때 나타납니다. 공간 핸들을 사용하여 스케치하려는 기준 축을 선택할 수 있
습니다.

④ 평면을 변경하려면 Tab 키를 누릅니다.

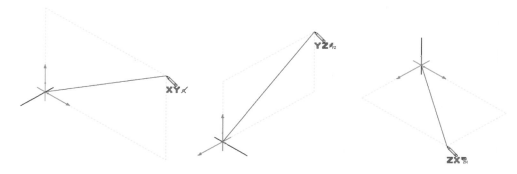

④ Tab 키를 눌러 원하는 평면을 선택하였으면 선 스케치를 완성합니다.

⑤ 다른 평면에 선을 계속 그리려면, 끝점을 선택하고 Tab 키를 눌러 평면을 바꾸면서 그려나 갑니다.

<table>
<tr><td>**02**</td><td>**3D 스케치하기 1**</td></tr>
</table>

보기 방향을 등각보기 ⬢ 상태로 맞추고, 3D 스케치(스케치 도구모음) 🖊️를 클릭하거나 삽입 → 3D 스케치를 클릭합니다.

1 스케치 도구모음의 선 ╲ 을 클릭합니다.

2 선의 한 점을 원점을 클릭하고 XY평면 **XY**🖊️ 에 X축을 따라 선의 끝점 **XY**🖊️을 지정합니다.

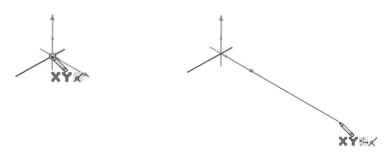

3 Tab 키를 눌러 스케치평면을 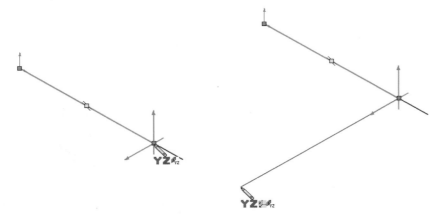로 변경하고, Z축을 따라 다음 점 을 지정하여 연속적인 선분을 그립니다.

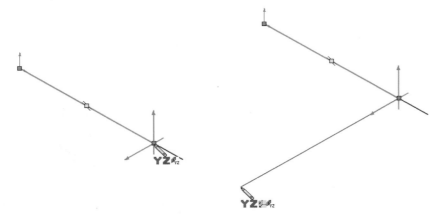

4 다시 Tab 키를 눌러 스케치평면을 로 변경하고, X축을 따라 선을 스케치 합니다.

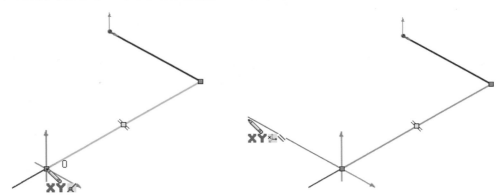

5 선의 다음 점을 Y축을 따라 스케치 합니다.

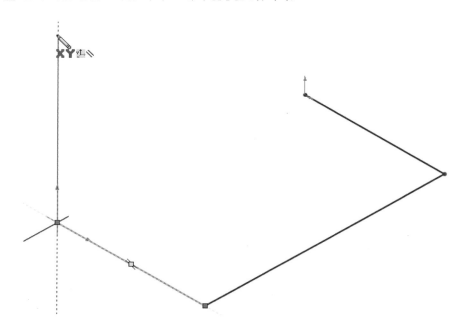

6 선의 다음 점을 X축을 따라 스케치합니다.

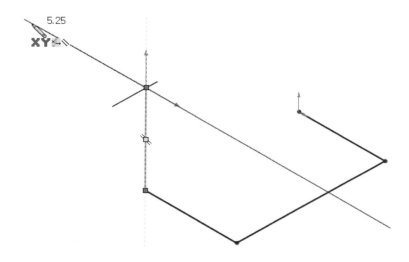

7 선의 다음 점을 Y축을 따라 스케치 **XY** 합니다.

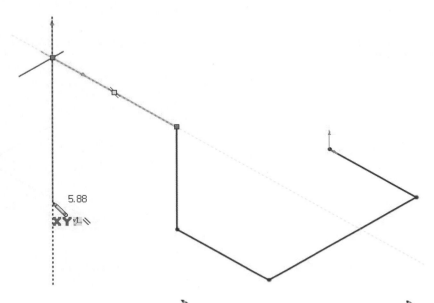

8 Tab 키를 눌러 스케치 평면을 **YZ** 로 변경하고, Z축을 따라 스케치 **YZ** 합니다.

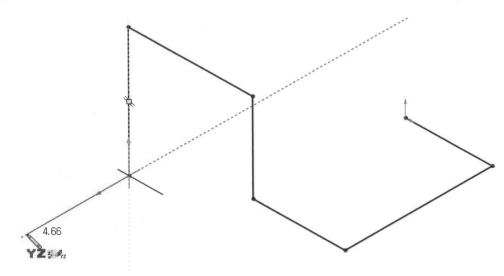

⑨ 스케치가 끝났으면 스케치한 선을 클릭하고 PropertyManager에서 해당 방향을 따라 구속조건이
부가되었는지 확인해 봅니다. 구속조건이 부여되지 않았으면 방향에 맞게 X, Y, Z축을 따라 구속
조건을 부가합니다.

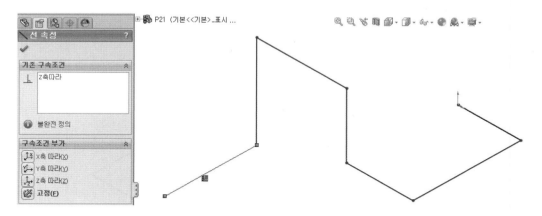

⑩ 스케치 도구모음의 지능형 치수 ◇를 클릭하여 다음과 같이 치수를 부가합니다.

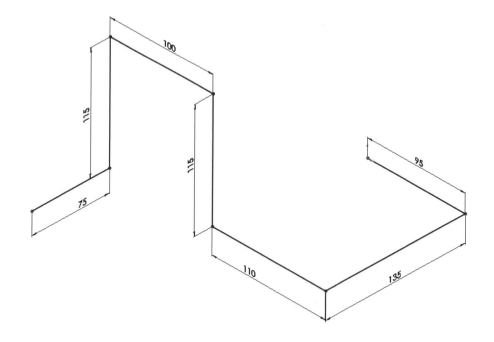

⑪ 스케치 도구모음에서 스케치 필렛 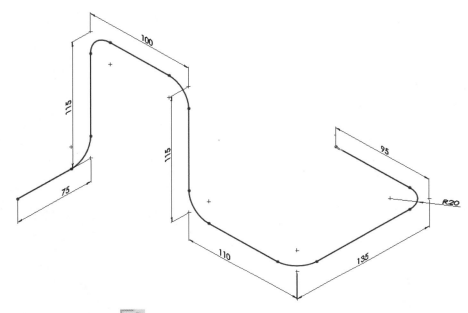을 클릭한 후 필렛반경 ⤢에 20을 기입하고 다음과 같이
필렛을 적용합니다.

스케치 확인코너에서 ⬚를 클릭합니다.

03 2D 평면 선택하고 스케치하기 1

FeatureManager 디자인트리에서 우측면을 선택하고, 스케치 도구모음에서 스케치 ⬚를 클릭합
니다.

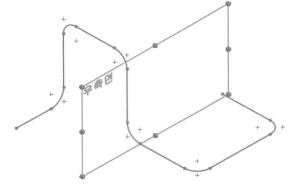

☐ 스케치 도구모음의 원 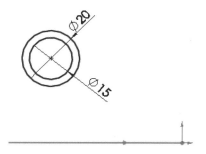 을 선택하고 중심이 같은 두 개의 원을 스케치한 후 지능형 치수 ◈ 를 클릭하여 다음과 같이 치수를 부가합니다.

② 다음과 같이 등각보기 상태에서 Ctrl 을 누른 채 이전 스케치의 선분과 원의 중심점을 선택한 후 구속조건 부가에 관통조건 ☒ 을 부가합니다.

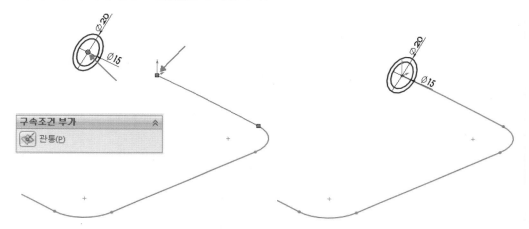

스케치 확인코너에서 ☑ 를 클릭합니다.

04 스윕 1

피처 도구모음에서 스윕 보스/베이스 를 클릭하거나 삽입 → 보스/베이스 → 스윕을 클릭합니다.

1 다음과 같이 프로파일과 경로를 플라이아웃 FeatureManager 디자인트리에서 원 스케치와 3D 스케치를 선택합니다.

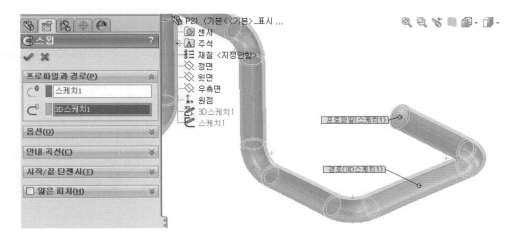

✔ 확인

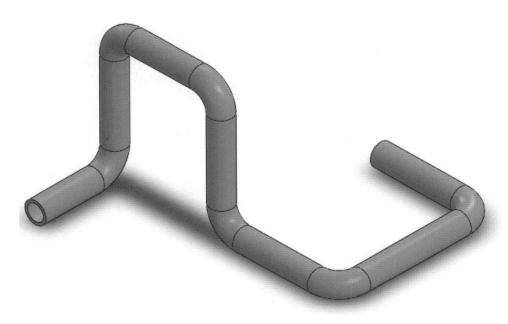

22 안내곡선을 이용한 스윕예제

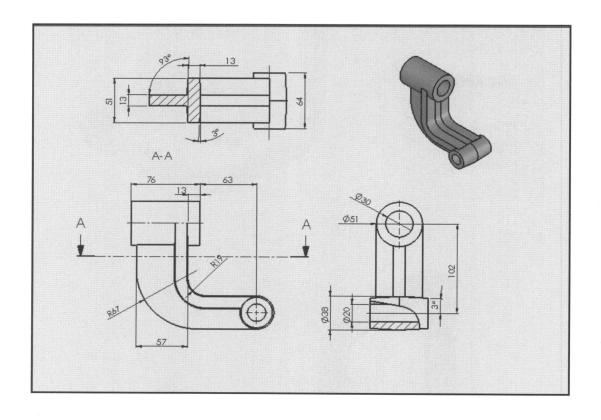

FeatureManager 디자인트리에서 우측면을 선택하고, 스케치 도구모음에서 스케치 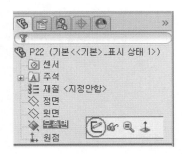를 클릭합니다.

1 스케치 도구모음의 원 을 클릭하고 원의 중심점을 스케치 원점에 일치하게 원을 스케치하고 지능형 치수 를 클릭하여 치수를 부가합니다.

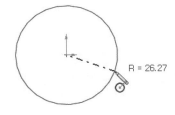

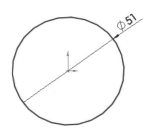

스케치 확인코너에서 를 클릭합니다.

02 돌출  1

피처 도구모음의 돌출 을 클릭하고 마침조건은 블라인드, 깊이 는 76을 기입합니다. 반대방향 을 클릭하여 원하는 돌출방향을 결정합니다.

✔ 확인

03 2D평면 선택하고 스케치하기 2

FeatureManager 디자인트리에서 정면을 선택하고, 스케치 도구모음에서 스케치 를 클릭합니다.

1 스케치도구모음의 원 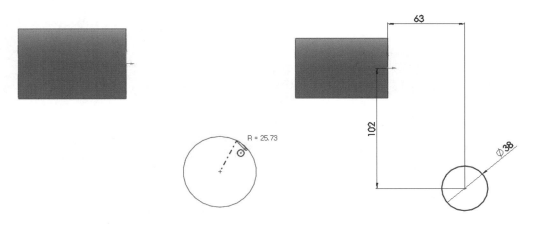 을 클릭하여 원을 스케치하고 지능형 치수 를 클릭하여 치수를 부가
합니다.

스케치 확인코너에서 를 클릭합니다.

04　돌출 2

피처 도구모음의 돌출 을 클릭하고 마침조건은 중간평면, 깊이 는 64를 기입합니다.
구배켜기/끄기 를 클릭하고 구배각도 3°를 기입합니다.

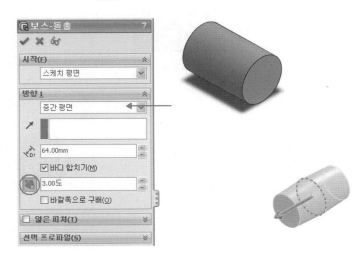

✔ 확인

05   **2D평면 선택하고 스케치하기 3**

FeatureManager 디자인트리에서 정면을 선택하고, 스케치 도구모음에서 스케치 를 클릭합니다.

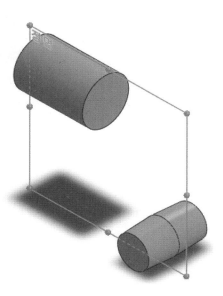

1 스케치 도구모음의 중심선 을 클릭하고 스케치 원점을 지나는 수평한 중심선을 스케치합니다.

2 선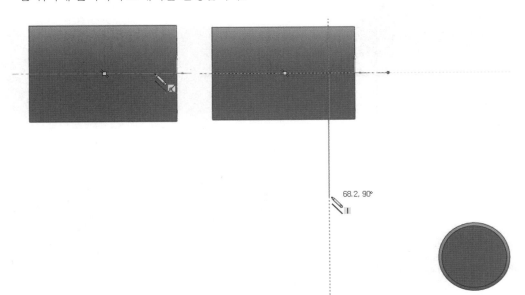을 클릭하여 한 점을 중심선에 일치하게 클릭하고 다음 점은 수직한 위치에 다음 점은 수평
한 위치에 클릭하여 스케치를 완성합니다.

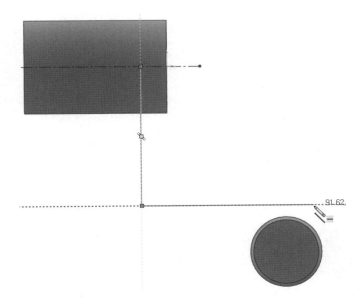

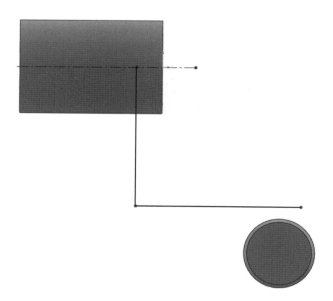

③ 선분의 끝점을 드래그하여 형상의 모서리에 가져간 후 원주와 선분의 끝점이 일치하도록 일치조
건 ✎을 부가하고, 선과 형상의 모서리 원주 사이에 인접조건 ◌을 부가합니다.

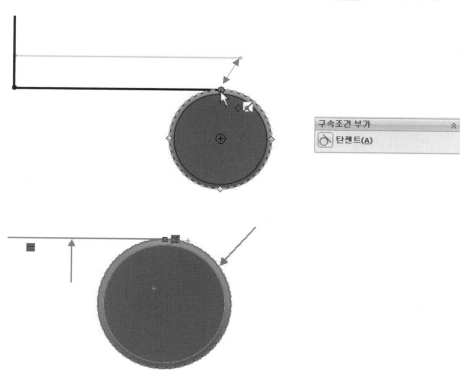

4 다음과 같이 치수를 부여합니다.

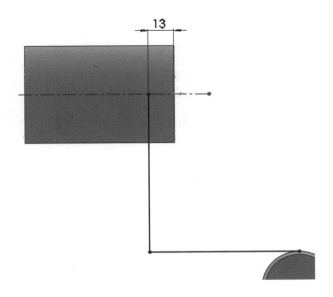

5 스케치 필렛 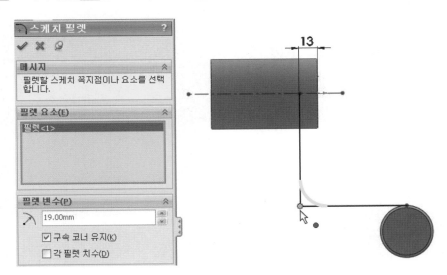 을 클릭하고 반경 19를 기입하여 다음과 같이 필렛을 완성합니다.

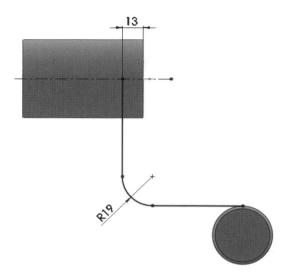

스케치 확인코너에서 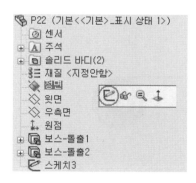를 클릭합니다.

06 　2D평면 선택하고 스케치하기 4

FeatureManager 디자인트리에서 정면을 선택하고, 스케치 도구모음에서 스케치 를 클릭합니다.

1 위와 같은 방법으로 다음과 같이 스케치 후 치수를 부가합니다.

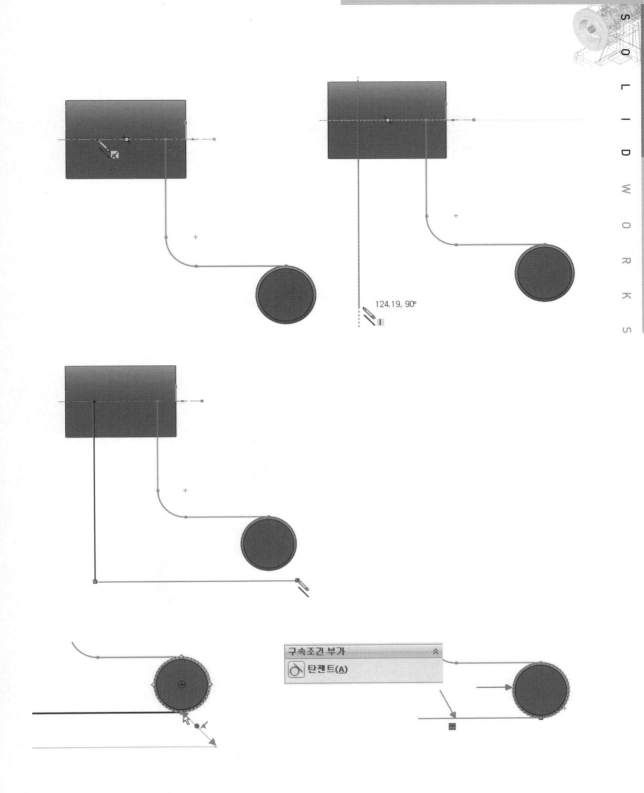

124.19, 90°

구속조건 부가 ⌃
◇ 탄젠트(A)

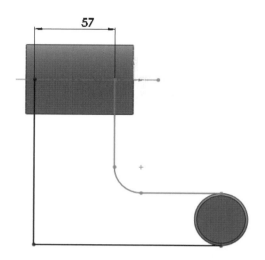

2 스케치 필렛 ⌐을 클릭하고 반경 ↗은 67을 기입하여 다음과 같이 필렛을 완성합니다.

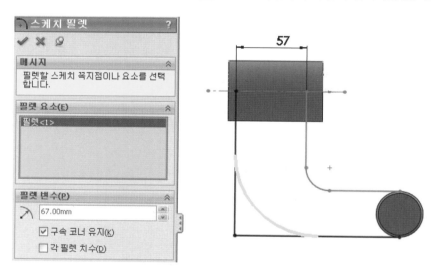

스케치 확인코너에서 ⌐를 클릭합니다.

FeatureManager 디자인트리에서 윗면을 선택하고, 스케치 도구모음에서 스케치 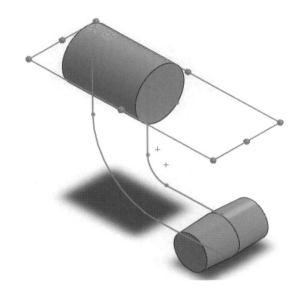를 클릭합니다.

1 스케치 도구모음의 중심선 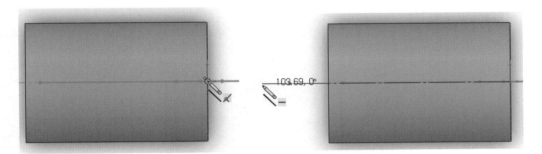을 클릭하고 스케치 원점에서 시작하는 수평한 중심선을 스케치 합니다.

103.69, 0°

2 스케치한 중심선을 선택하고 동적 대칭복사 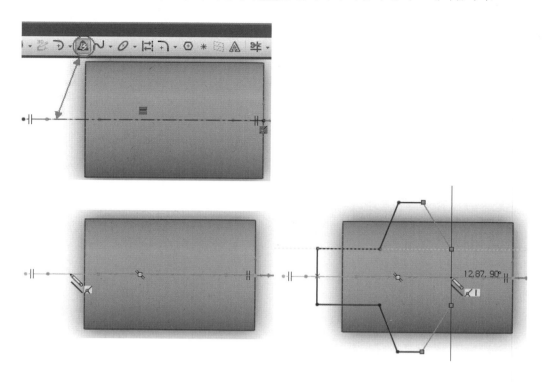를 클릭하여 다음과 같이 스케치합니다.

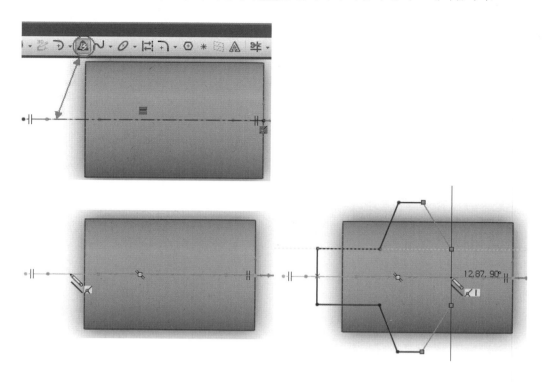

3 동적 대칭복사 를 다시 클릭하여 명령어를 끝내고 지능형 치수 를 클릭하여 다음과 같이 치수를 부가합니다.

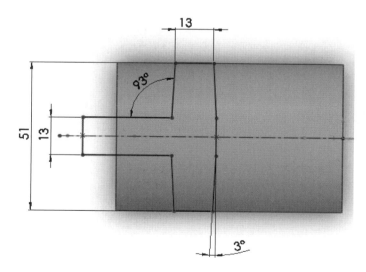

4 Ctrl 을 누른 채 두 선을 선택한 후 구속조건 부가에 동등조건 = 을 부가합니다.

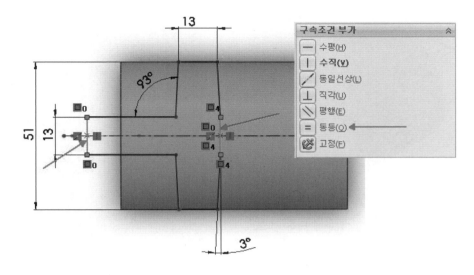

5 보기(빠른 보기) 도구모음에서 뷰 방향을 등각보기 상태 🧊 로 전환합니다. 또는 Ctrl + 7 을 누릅니다.

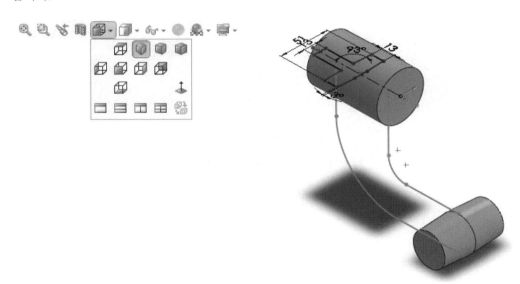

⑥ 점과 선분을 선택하고 구속조건 부가에 관통조건 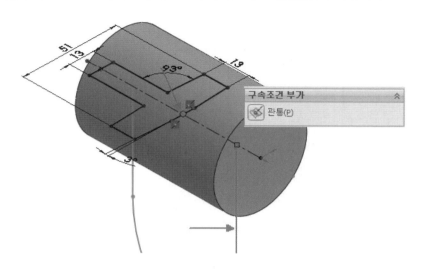을 부가합니다.

⑦ 위와 같은 방법으로 점과 선분을 선택하고 관통조건 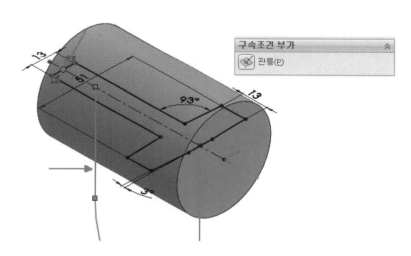을 부가합니다.

스케치 확인코너에서 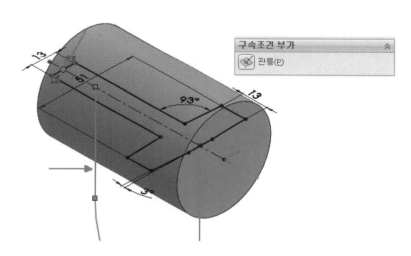를 클릭합니다.

08 스윕 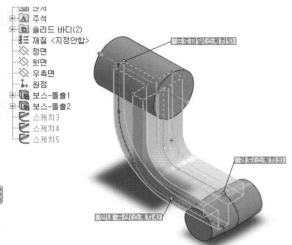 1

피처 도구모음에서 스윕 보스/베이스 를 클릭하거나 삽입 → 보스/베이스 → 스윕을 클릭합니다.

1 다음과 같이 프로파일 과 경로를 플라이아웃 FeatureManager 디자인트리에서 스케치5와
스케치3을 선택하고 안내곡선 으로는 스케치4를 선택합니다.

● 경로 및 안내곡선 스케치

경로 스케치와 안내곡선 스케치를 먼저 만들
고 단면 스케치 프로파일을 만듭니다.

안내곡선 : 프로파일을 경로를 따라 스
윕할 때, 프로파일을 안내해 주는 역할을 하
며 단면 스케치 프로파일의 크기 값을 변화시
키는 곡선입니다.

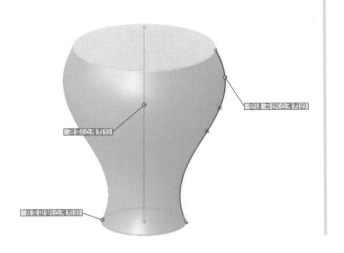

● 경로 및 안내곡선 길이

경로와 안내곡선은 그 길이가 다를 수 있는데
아래와 같이 짧은 곡선까지 스윕 형상을 만듭
니다.
안내곡선이 경로보다 길 경우 스윕이 경로의
길이를 따릅니다.

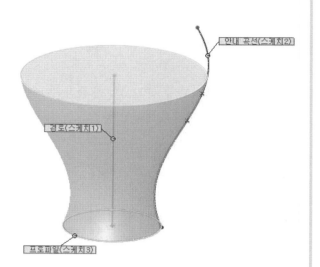

안내곡선이 경로보다 짧을 경우 스윕은 가장
짧은 안내곡선을 따릅니다.

✔ 확인

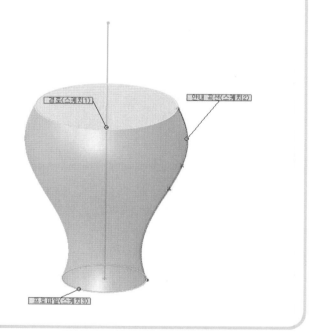

FeatureManager 디자인트리에서 우측면을 선택하고, 스케치 도구모음에서 스케치 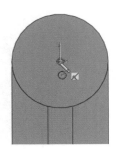를 클릭한 후 다음과 같이 스케치합니다.

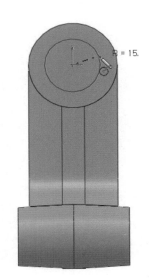

10 돌출컷 🔲 1

피처 도구모음의 돌출컷 🔲 을 클릭하고 마침조건에 관통을 선택합니다.

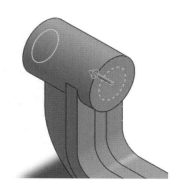

✔️ 확인

솔리드형상의 면을 선택하고, 스케치 도구모음에서 스케치 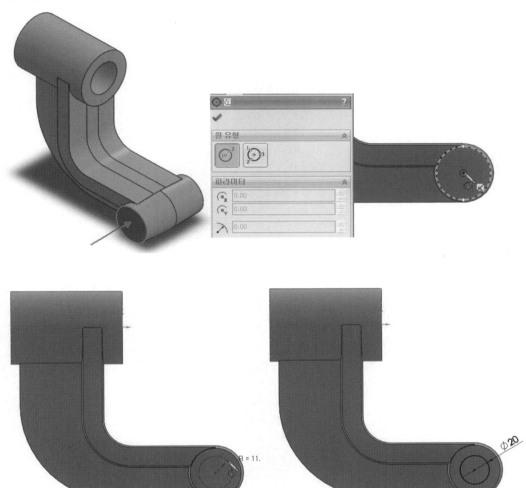를 클릭한 후 다음과 같이 스케치
합니다.

12 돌출컷 📧 2

피처 도구모음의 돌출컷 📧 을 클릭하고 마침조건에 관통을 선택합니다.

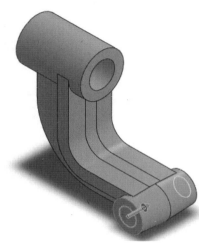

✔ 확인

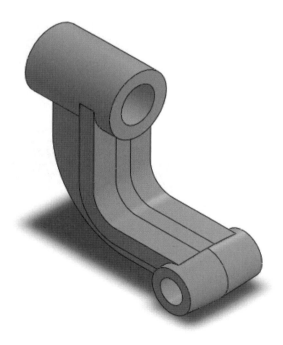

PROJECT
23 스윕 옵션 사용예제

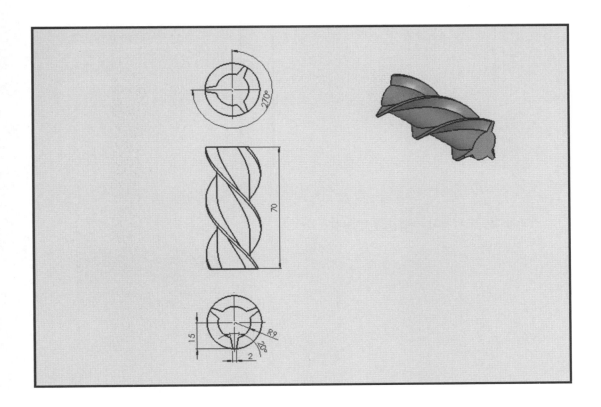

01 2D평면 선택하고 스케치하기 1

FeatureManager 디자인트리에서 정면을 선택하고, 스케치 도구모음에서 스케치를 클릭한 다음 선과 지능형 치수를 이용하여 다음과 같이 스케치합니다.

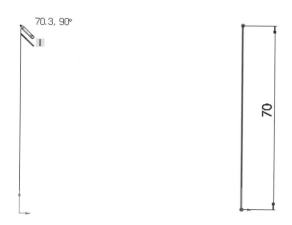

스케치 확인코너에서 를 클릭합니다.

02 2D평면 선택하고 스케치하기 2

FeatureManager 디자인트리에서 윗면을 선택하고, 스케치 도구모음에서 스케치 📝를 클릭합니다.

1 스케치 도구모음의 중심선 ⋮ 을 선택하여 스케치 원점을 지나는 수직한 선분을 스케치하고, 원
⊕을 선택하여 중심점을 스케치 원점에 일치하게 클릭하고 반경을 클릭하여 원을 스케치합니다.

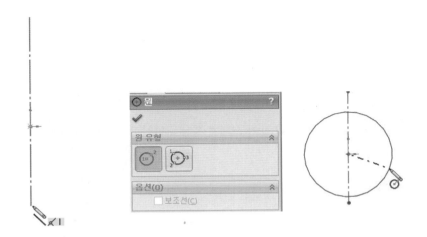

2 수직한 중심선을 선택한 다음 스케치도구모음의 동적 대칭복사 ☒ 를 클릭한 후 선 ＼을 클릭하
여 다음과 같이 스케치하여 수직한 중심선을 기준으로 좌우가 대칭이 되도록 합니다.

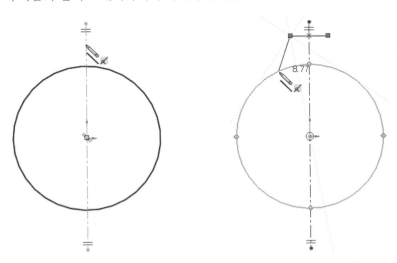

3 다시 동적 대칭복사 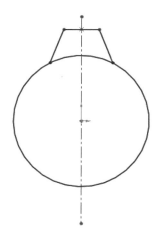 를 클릭하여 대칭도시기호가 표시되지 않도록 합니다.

4 스케치 잘라내기 ✂ 를 클릭하여 다음과 같이 스케치 형상을 만들고 지능형 치수 ◈ 를 클릭하여 치수를 부가합니다.

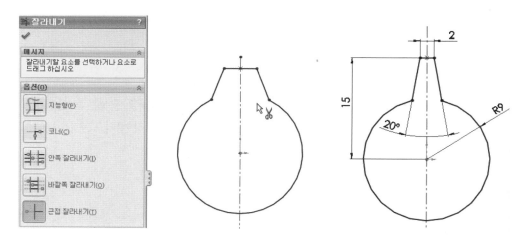

5 원형 스케치 패턴 ▦ 을 클릭합니다.

다음과 같이 원형 스케치 패턴 PropertyManager(속성창)에서 패턴할 요소 🔲 로 대칭되는 두 사선과 수평선을 선택합니다. 패턴할 인스턴스 수 ✱ 는 3, 패턴에 포함된 총 각도 ⬚ 는 360°를 기입하고 동등간격에 체크합니다.

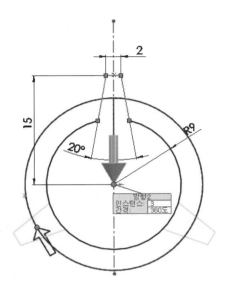

6 스케치 잘라내기 를 클릭하여 다음과 같이 스케치 형상을 만듭니다.

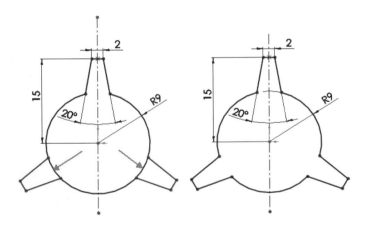

스케치 확인코너에서 를 클릭합니다.

03 스윕 1

피처 도구모음에서 스윕 보스/베이스를 클릭하거나 삽입, 보스/베이스, 스윕을 클릭합니다.

1 다음과 같이 프로파일과 경로를 플라이아웃 FeatureManager 디자인트리에서 각각 스케치2와 스케치1을 선택합니다.

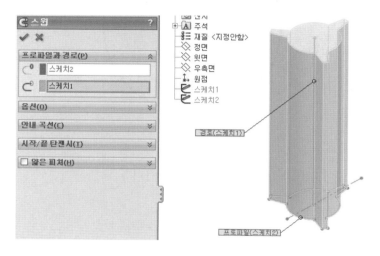

2 옵션(O)에서 방향/꼬임 형태를 '경로 따라 꼬임'으로 선택하고 지정기준은 '도'로 지정한 다음 엇각은 270°를 기입합니다.

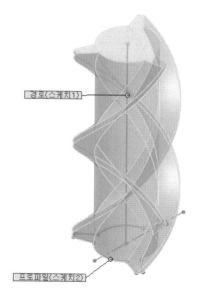

3 방향/꼬임 형태 : ⟳ 경로를 따라 스윕되는 ⟳° 프로파일의 방향을 조절합니다.

❶ 경로따라 : 단면이 항상 경로와 같은 각도를 유지합니다.

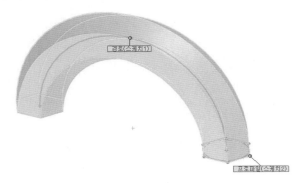

❷ 기본값 계속 유지 : 단면이 항상 시작 단면에 평행을 유지합니다.

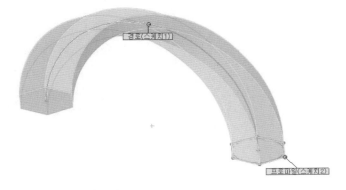

❸ 경로 따라 꼬임 : 경로 따라 단면을 꼽니다. 꼬임의 각도를 지정기준(B) 아래에서 지정합니다.

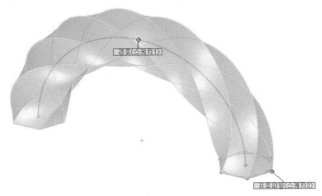

❹ 일정 반경으로 경로 따라 꼬임 : 단면을 경로에 따라 꼴 때 시작 단면이 계속 평행을 유지하
며 단면을 꼽니다.

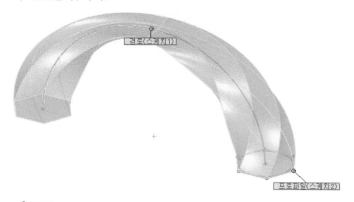

✔ 확인

PROJECT
24 XYZ 좌표지정곡선을
이용한 스윕예제

▶▶ 스케치 도구모음 - 타원

▶▶ 피처 도구모음 - 모따기

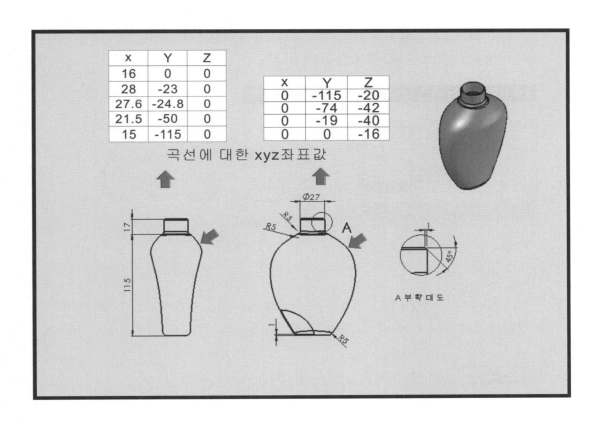

x	Y	Z
16	0	0
28	-23	0
27.6	-24.8	0
21.5	-50	0
15	-115	0

x	Y	Z
0	-115	-20
0	-74	-42
0	-19	-40
0	0	-16

곡선에 대한 xyz좌표값

A부확대도

01   XYZ 좌표지정곡선  사용방법

곡선 도구모음에서 XYZ 좌표지정곡선 을 클릭하거나 삽입 → 곡선 → XYZ 좌표지정곡선을 클릭합니다.

1 X, Y, Z 열에서 셀을 더블클릭하고 각 셀에 점 좌표를 입력하여 새 좌표 세트를 만듭니다.(입력한 X, Y, Z 좌표값에 의하여 그래픽 영역에 곡선을 생성합니다.)

XYZ 좌표지정곡선은 스윕 피처에 대한 경로나 안내곡선, 로프트 피처에 대한 안내곡선, 구배 피처에 대한 구획선으로 사용할 수 있습니다.

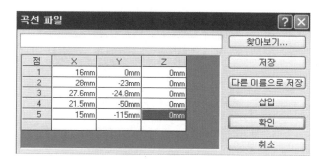

확인 을 클릭하여 곡선을 표시합니다.

sldcrv파일 txt파일로 저장된 곡선파일 열기

찾아보기를 클릭하고 곡선파일을 찾아 지정합니다. .sldcrv 파일 또는 .sldcrv 파일과 동일한 형식을 사용하는 .txt 파일을 열 수 있습니다. Microsoft Excel에서 3D 곡선을 작성하고 .txt 파일로 저장한 뒤 SolidWorks에서 다시 여는 방법으로 곡선을 작성할 수 있습니다. 텍스트 편집기나 워크시트 프로그램을 사용하여 곡선점 좌표계를 포함하는 파일을 작성합니다. 파일형식은 X, Y, Z 좌표계를 탭이나 스페이스로 구분한 세 개의 열로 구성된 목록이어야 합니다. X, Y, Z, 또는 다른 기타 데이터와 같은 열 머리글을 쓰지 마십시오.

2️⃣ 텍스트 편집기(메모장)을 열고 다음과 같이 XYZ 값을 스페이스로 구분한 세 개의 열로 구성된 목록을 작성합니다.

.txt 파일로 저장합니다.

3️⃣ 곡선 도구모음에서 XYZ 좌표지정곡선 🎯 을 클릭하거나 삽입 → 곡선 → XYZ 좌표지정곡선을 클릭합니다.

    [찾아보기...] 를 클릭하고 위의 텍스트 파일을 엽니다.

    [확인] 을 클릭하여 곡선을 표시합니다.

02 2D평면 선택하고 스케치하기

FeatureManager 디자인트리에서 정면을 선택하고, 스케치 도구모음에서 스케치 ✏️를 클릭합니다.

1 선 ＼을 클릭하고 다음과 같이 한 점이 원점에 일치하는 수직한 선분을 스케치한 후 지능형 치수 ✏️를 클릭하여 치수를 부가합니다.

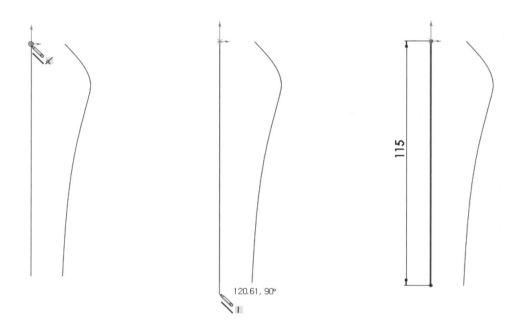

120.61, 90°

스케치 확인코너에서 ✏️를 클릭합니다.

03 2D평면 선택하고 스케치하기 2

FeatureManager 디자인트리에서 윗면을 선택하고, 스케치 도구모음에서 스케치 🖉를 클릭합니다.

1 보기방향을 등각보기 상태 🔲로 맞춥니다.

2 타원 🕗을 클릭하고, 포인터 모양이 🖉로 바뀌면 도면의 그래픽 영역을 클릭하여 타원 중심점을 배치하고, 마우스를 끌어 클릭하여 타원의 한 축을 정의하고, 마우스를 끌어 클릭하여 타원의 다른 축을 정의합니다.

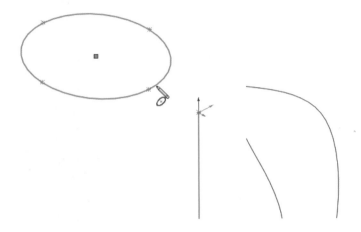

3 Ctrl 을 누른 채 타원의 사분점과 곡선을 선택하고 구속조건 부가에 관통조건 🚫을 부가합니다.

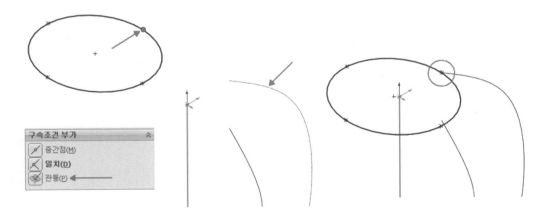

4️⃣ Ctrl 을 누른 채 타원의 다른 사분점과 곡선을 선택하고 구속조건 부가에 관통조건 을 부가합니다.

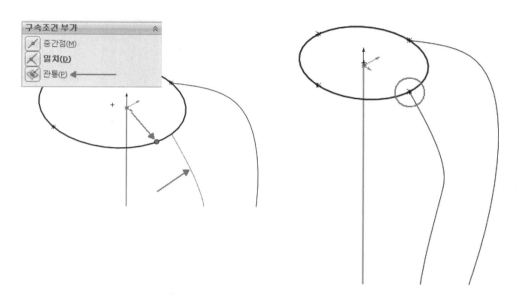

5️⃣ Ctrl 을 누른 채 타원의 중심점과 스케치 원점을 선택한 후 구속조건 부가에 일치조건 을 부가합니다.

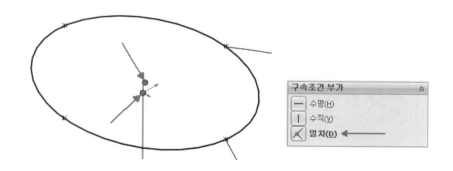

스케치 확인코너에서 를 클릭합니다.

04   스윕  1

피처 도구모음에서 스윕 보스/베이스 ![icon]를 클릭하거나 삽입 → 보스/베이스 → 스윕을 클릭합니다.

1 다음과 같이 프로파일은 타원을 그린 스케치를 선택하고 경로는 수직한 선분을 그린 스케치를 선택합니다. 안내곡선은 XYZ 좌표지정곡선 ![icon]으로 만든 두 곡선을 차례로 플라이아웃 Feature Manager 디자인트리에서 선택하거나 그래픽영역에서 형상스케치를 클릭하여 선택합니다.

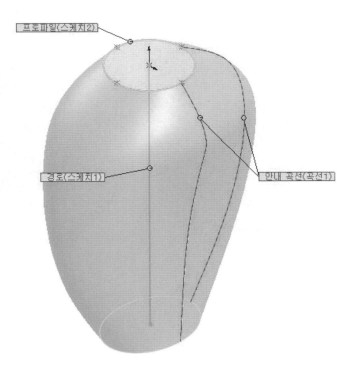

✔ 확인

05 2D평면 선택하고 스케치하기3

FeatureManager 디자인트리에서 윗면을 선택하고, 스케치 도구모음에서 스케치 [✏️]를 클릭합니다.

1 원[⊕]을 클릭하여 원의 중심점을 스케치 원점에 일치시키고 다음과 같이 지능형 치수 [✐]를 클릭하여 다음과 같이 치수를 부가합니다.

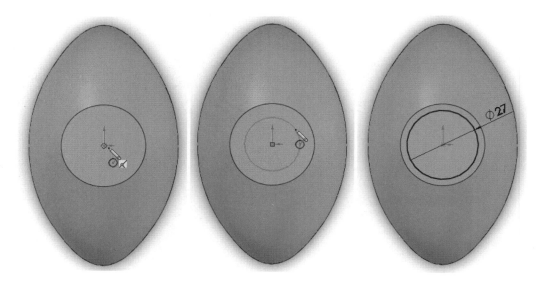

스케치 확인코너에서 [✏️]를 클릭합니다.

피처 도구모음에서 돌출 을 클릭하고 마침조건은 블라인드 깊이 17을 기입합니다.

✔️ 확인

07   필렛 🔲 1

피처 도구모음의 필렛 🔲 을 클릭하고 필렛 유형은 부동반경, 반경 ⟋ 은 5를 기입한 후 다음과 같이 형상의 모서리를 선택합니다.

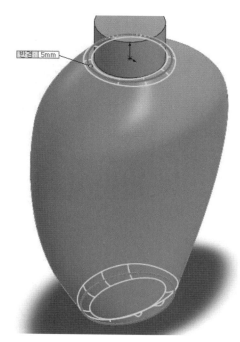

✔ 확인

피처 도구모음의 필렛을 클릭하고 필렛 유형은 부동반경, 반경은 3을 기입한 후 다음과
같이 형상의 모서리를 선택합니다.

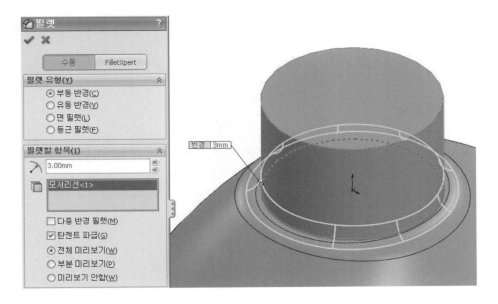

✔ 확인

09 쉘 1

피처 도구모음의 쉘을 클릭하고 셀 PropertyManager에서 면의 두께를 지정하기 위해 두께 1을 입력합니다. 제거할 면으로 그래픽 영역에서 다음과 같이 형상의 윗면을 선택합니다.

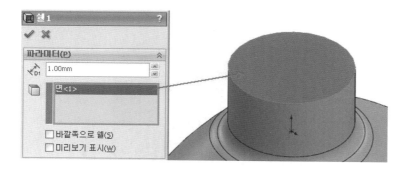

✔ 확인

10 모따기 1

피처 도구모음에서 모따기를 클릭하거나 삽입 → 피처 → 모따기를 클릭합니다.

1 모따기 변수 아래에서 : 모서리선과 면 또는 꼭짓점의 그래픽 영역에서 모따기 할 요소를 선택합니다.

2 모따기 변수 아래에서 : 거리 1과 각도 45°를 지정하거나 모따기 할 모서리를 선택하면 나타나는 그래픽 영역의 입력창에서 값을 지정합니다.
거리가 측정되는 방향을 가리키는 화살표가 나타납니다.
화살표를 선택하여 방향을 바꾸거나 반대방향 선택하여 방향을 바꿉니다.

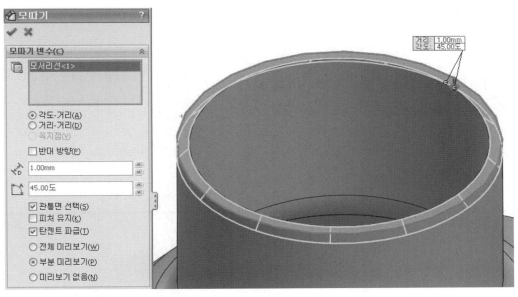

✔ 확인

PROJECT

25
단순 로프트와
스윕 컷 사용예제

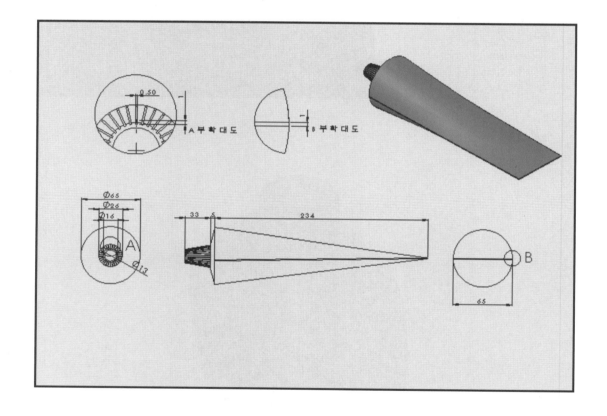

01 Loft와 Sweep의 차이점

◼ 로프트는 프로파일 사이에 전이를 주어 피처를 만듭니다. 두 개 이상의 프로파일을 사용하여 로프트를 만들 수 있습니다. 즉 Loft는 여러 개의 스케치를 이용하여 피처를 생성시킵니다.

◼ Sweep이 단일한 스케치 모형을 가지고 일정한 길을 따라서 피처를 만들어 가는 것이라면 Loft는 서로 다른 스케치들을 이용하여 변형된 단면을 가진 feature를 생성해 가는 것입니다.

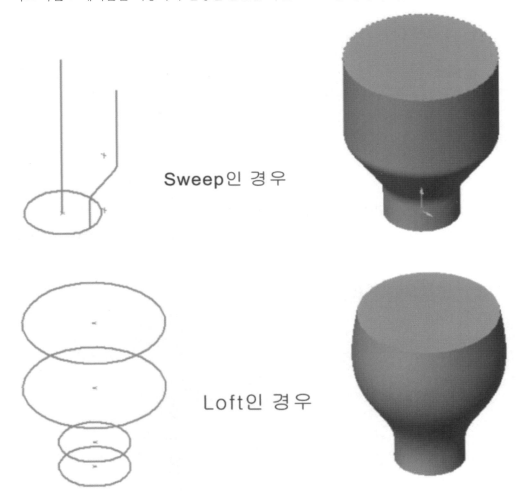

Sweep인 경우

Loft인 경우

02 평면 1, 2, 3

1 보기 방향을 등각보기 상태 에서, FeatureManager 디자인트리에서 우측면을 선택하고, Ctrl 을 누른 상태로 그래픽 영역에서 활성화된 우측면에 커서를 가져다 놓고 클릭합니다.

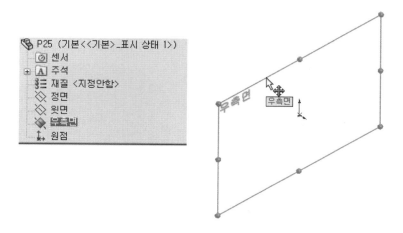

또는 드래그하여 평면을 끌어옵니다.

평면 PropertyManager가 열리고 제1참조의 오프셋 거리 가 선택되면 입력란에 오프셋 거리 5를 입력합니다. 뒤집기를 체크하여 원하는 방향으로 평면1을 만듭니다.

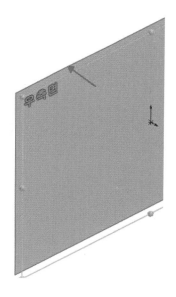

✔ 확인

2 위와 같은 방법으로 FeatureManager 디자인트리에서 우측면을 선택하고, Ctrl 을 누른 상태로 드래그하여 평면을 끌어옵니다.

평면 PropertyManager가 열리면 원하는 위치에 평면을 놓은 후 PropertyManager에서 오프셋 거리 ⊞에 234를 입력하여 평면2를 만듭니다.

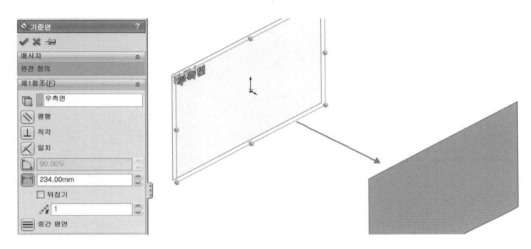

✔ 확인

3 FeatureManager 디자인트리에서 첫 번째로 작성한 평면1을 선택하고 Ctrl 을 누른 상태로 드래그하여 평면을 끌어옵니다. 오프셋 거리 ⊞로 33을 입력하고, 뒤집기를 체크하여 원하는 방향으로 평면3을 만듭니다.

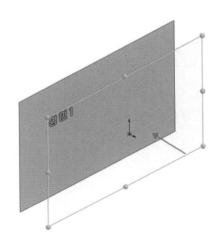

✔ 확인

03   2D평면 선택하고 스케치하기 1

FeatureManager 디자인트리에서 평면1을 선택하고, 스케치 도구모음에서 스케치 ![icon]를 클릭합니다.

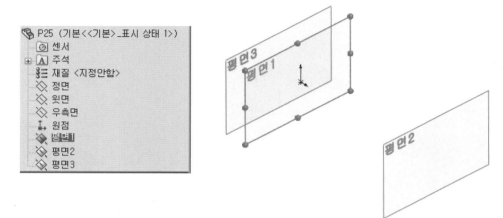

■1 스케치 도구모음의 원 ![icon]을 클릭하고 원의 중심점을 스케치 원점에 일치시킨 후 반경을 클릭하여 원을 스케치한 후 지능형 치수 ![icon]를 클릭하여 치수를 부가합니다.

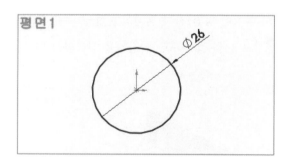

스케치 확인코너에서 ![icon]를 클릭합니다.

04 2D평면 선택하고 스케치하기 2

FeatureManager 디자인트리에서 우측면을 선택하고, 스케치 도구모음에서 스케치 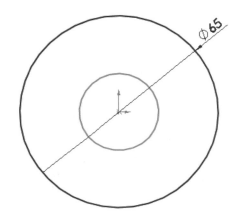를 클릭합니다.

1 스케치 도구모음의 원 ⊕을 클릭하고 원의 중심점을 스케치 원점에 일치시킨 후 반경을 클릭하여 원을 스케치한 후 지능형 치수 ◈를 클릭하여 치수를 부가합니다.

스케치 확인코너에서 를 클릭합니다.

05　2D평면 선택하고 스케치하기 3

FeatureManager 디자인트리에서 평면2를 선택하고, 스케치 도구모음에서 스케치 를 클릭합니다.

1 스케치 도구모음의 사각형 을 클릭합니다. 직사각형 유형의 중심사각형을 선택하고 사각형의 중심점을 스케치 원점에 일치되도록 하여 사각형을 다음과 같이 스케치합니다.

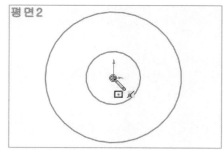

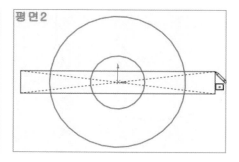

2 지능형 치수 를 클릭하고 다음과 같이 치수를 부여합니다.

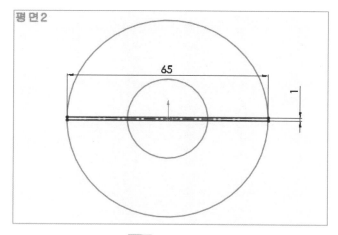

스케치 확인코너에서 를 클릭합니다.

06 2D평면 선택하고 스케치하기 4

FeatureManager 디자인트리에서 평면3을 선택하고, 스케치 도구모음에서 스케치 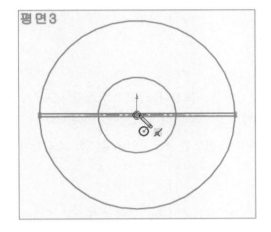를 클릭합니다.

1 스케치 도구모음의 원 ⊕을 클릭하고 원의 중심점을 스케치 원점에 일치시킨 후 반경을 클릭하여 원을 스케치한 후 지능형 치수 ◇를 클릭하여 치수를 부가합니다.

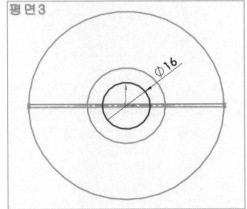

스케치 확인코너에서 ⤴를 클릭합니다.

07 로프트 1

피처 도구모음에서 로프트 를 클릭하거나 삽입, 보스/베이스, 로프트를 클릭합니다.

1 로프트 PropertyManager

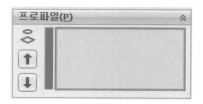

① 프로파일 : 로프트 작성에 사용할 프로파일을 지정합니다. 연결할 스케치 프로파일, 면, 모서리선들을 선택합니다. 프로파일을 선택한 순서에 따라 로프트가 작성됩니다.

② 위 로 이동이나 아래 로 이동을 사용하여 선택한 프로파일의 순서를 조절할 수 있습니다.

2 프로파일 에 플라이아웃 FeatureManager 디자인트리에서 우측면에 스케치한 스케치2와 평면2에 스케치한 스케치3을 선택합니다.

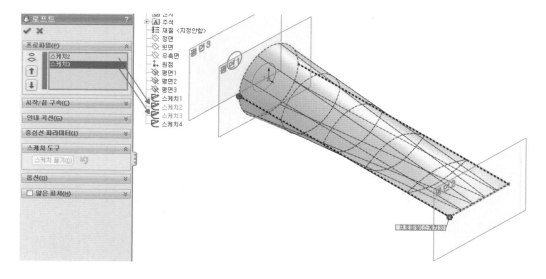

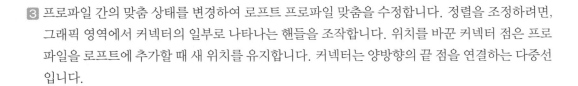

3 프로파일 간의 맞춤 상태를 변경하여 로프트 프로파일 맞춤을 수정합니다. 정렬을 조정하려면, 그래픽 영역에서 커넥터의 일부로 나타나는 핸들을 조작합니다. 위치를 바꾼 커넥터 점은 프로파일을 로프트에 추가할 때 새 위치를 유지합니다. 커넥터는 양방향의 끝 점을 연결하는 다중선입니다.

4 커넥터를 조절하는 방법

❶ 마우스커서를 프로파일의 ⬤─ 핸들에 둡니다. 핸들의 색이 ⬤ 로 바뀝니다. 어떤 프로파일을 선택하든 동작은 동일합니다. 하지만 로프트 형상은 경우에 따라 달라집니다.

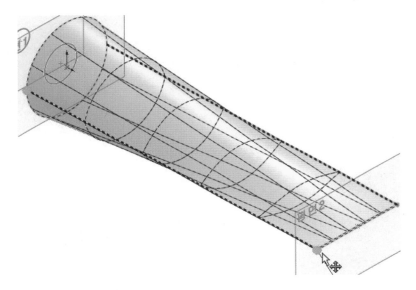

❷ 커넥터를 옮기려는 꼭짓점을 향해 드래그를 시작합니다. 커넥터가 지정한 모서리를 따라 다음 꼭짓점으로 이동하면서, 로프트 미리보기가 새 맞춤 위치로 업데이트됩니다.

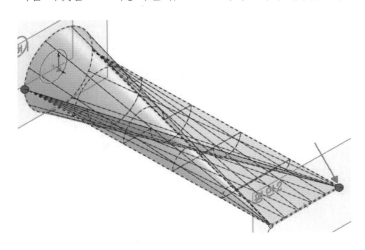

❸ 로프트 형상이 달라집니다.

❹ 커넥터를 움직여 원래 로프트 형상을 만듭니다.

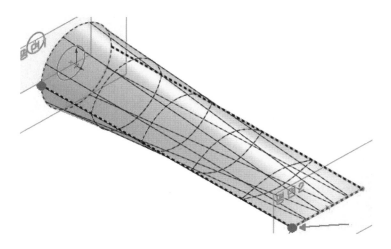

5️⃣ 커넥터를 추가하는 방법

❶ 커넥터를 추가하려는 프로파일 선에 마우스를 가져다 놓고 마우스 오른쪽 버튼을 클릭하고 커넥터에 추가를 선택합니다.

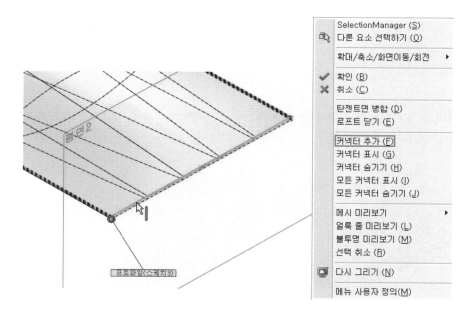

❷ 커넥터를 프로파일에 추가하고 나면 각 커넥터의 위치를 바꿀 수 있습니다. 모서리선을 따라 여러 개의 커넥터를 추가할 수 있습니다.

6 커넥터 편집방법

❶ 커넥터 작업 실행 취소 : 커넥터 삭제, 추가, 끌기와 같은 명령을 최근 6개까지 실행 취소할
수 있습니다.

❷ 커넥터 삭제 : 추가한 커넥터를 삭제합니다.

❸ 커넥터 표시 : 선택한 점에 가장 가까운 커넥터를 표시합니다.

❹ 모든 커넥터 표시 : 프로파일 간의 커넥터를 모두 표시하여 줍니다.

❺ 커넥터 원래대로 : 커넥터를 이동하여 변경한 사항을 모두 원래대로 되돌립니다.

❻ 커넥터 숨기기 : 핸들을 선택하여 커넥터를 삭제하지 않고 프로파일에서 표시하지 않습니다.

❼ 모든 커넥터 숨기기 : 모든 커넥터를 삭제하지 않고 숨기기만 합니다.

7 커넥터 기능을 보셨으면 커넥터 원래대로를 선택하고 로프트 PropertyManager의 ✔ 확인을 클
릭합니다.

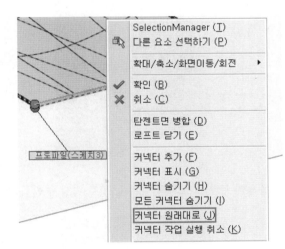

08 로프트 🔔 2

피처 도구모음에서 로프트 🔔 를 클릭하거나 삽입 → 보스/베이스 → 로프트를 클릭합니다.

1 프로파일 ⛁ 에 플라이아웃 FeatureManager 디자인트리에서 전에 실행한 로프트 프로파일 중 우측면에 스케치한 스케치2와 평면1에 스케치한 스케치1을 선택합니다.

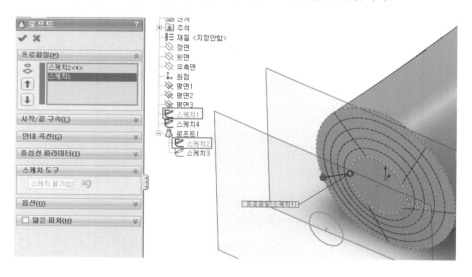

만약 형상이 트위스트되었으면, 커넥터를 움직여 트위스트되지 않은 로프트 형상을 만듭니다.

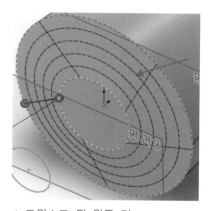

▲ 트위스트 된 원통 면

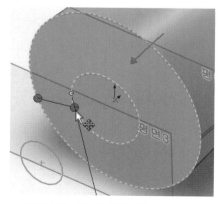

▲ 트위스트 안 된 원통 면

✔ 확인

피처 도구모음에서 로프트 🔔를 클릭하거나 삽입 → 보스/베이스 → 로프트를 클릭합니다.

1 프로파일 ❖에 플라이아웃 FeatureManager 디자인트리에서 전에 실행한 로프트2의 프로파일 중 스케치1과 평면3에 스케치한 스케치4를 선택합니다.

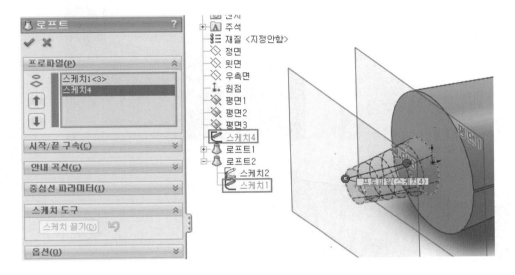

2 커넥터를 움직여 원하는 로프트 형상을 만듭니다.

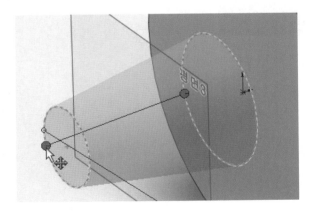

✔ 확인

10 | 2D평면 선택하고 스케치하기 5

FeatureManager 디자인트리에서 정면을 선택하고, 스케치 도구모음에서 스케치 를 클릭합니다. 스케치 요소변환 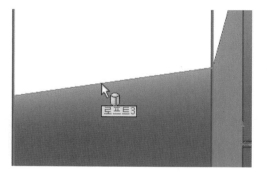을 실행하고 형상의 모서리를 선택하여 스케치를 완성합니다.

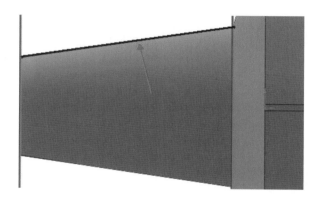

스케치 확인코너에서 를 클릭합니다.

11 2D평면 선택하고 스케치하기 6

1 FeatureManager 디자인트리에서 평면3을 선택하고, 스케치 도구모음에서 스케치 를 클릭합니다.

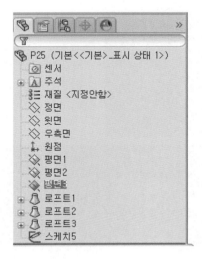

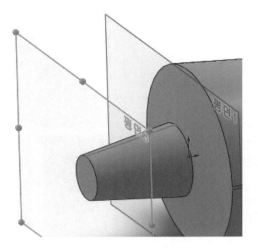

2 빠른 보기 도구모음의 면 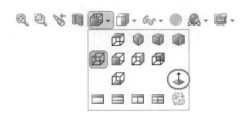에 수직으로 보기를 클릭하거나 Ctrl + 8 을 눌러 스케치 원점의 수평방향이 왼쪽으로 가도록 만듭니다.

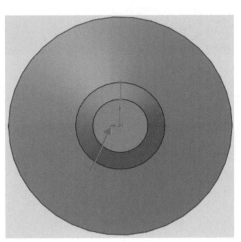

③ 스케치 도구모음의 사각형 을 클릭하고 직사각형 유형의 중심사각형을 선택하여 다음과 같이 스케치합니다.

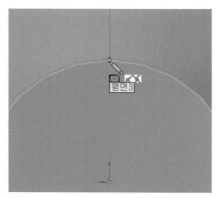

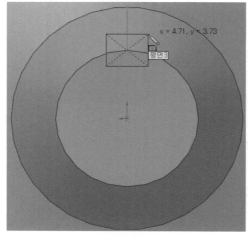

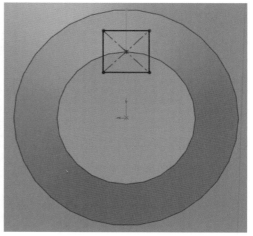

④ 지능형 치수 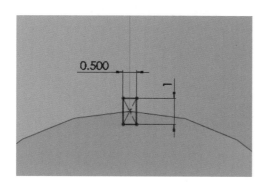를 클릭하여 다음과 같이 치수를 부가합니다.

스케치 확인코너에서 ⬟를 클릭합니다.

12 　스윕 컷 1

피처 도구모음에서 스윕 컷 을 클릭하거나 삽입 → 자르기 → 스윕을 클릭합니다.

1 다음과 같이 프로파일과 경로를 플라이아웃 FeatureManager 디자인트리에서 각각 사각형을 스케치한 스케치6과 선을 스케치한 스케치5를 선택합니다.

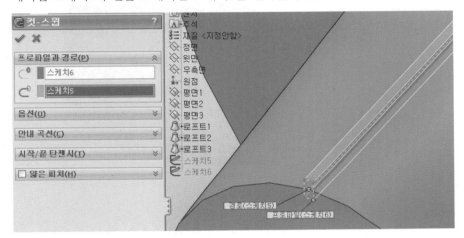

13 　평면 숨기기

FeatureManager 디자인트리에서 평면1, 2, 3을 선택하고 마우스 오른쪽 버튼을 눌러 숨기기를 선택하고 평면을 숨겨 둡니다.

14 원형패턴 1

① 보기 → 임시축 을 클릭하거나, 빠른 보기 도구모음의 항목숨기기/보이기의 임시축을 클릭하여 임시축을 표시합니다.

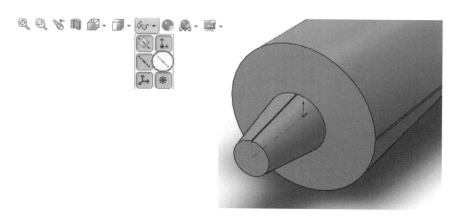

② 피처 도구모음의 원형패턴 을 클릭합니다.

③ 패턴축에 임시축을 선택하고, 각도합계란 에 360을 기입합니다. 인스턴스 수 는 30을 기입하고 동등간격에 체크한 후 패턴할 피처에 플라이아웃 FeatureManager 디자인트리에서 컷스웝 피처를 선택합니다.

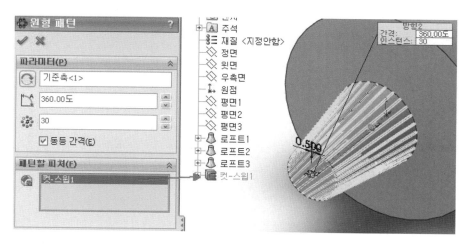

✔ 확인

④ 보기 → 임시축 을 다시 클릭하거나, 빠른 보기 도구모음의 항목 숨기기/보이기의 임시축을 다시 클릭하여 임시축이 보이지 않게 만듭니다.

1 다음과 같이 형상의 면을 선택하고, 스케치 도구모음에서 스케치 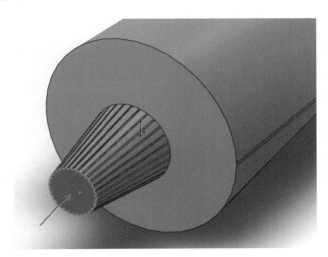 를 클릭합니다.

2 스케치 도구모음의 원 🔘 을 클릭하고 스케치 원점에 중심점이 일치하게 하고 반경을 클릭하여
원을 스케치한 후 지능형 치수 ◈ 를 클릭하여 다음과 같이 치수를 부가합니다.

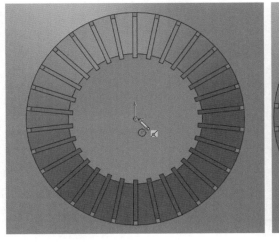
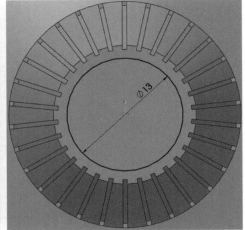

스케치 확인코너에서 ⟿ 를 클릭합니다.

16   돌출컷 📳 1

피처 도구모음의 돌출컷 📳 을 클릭합니다. 마침조건은 블라인드 형태로 하고 반대방향 📉 을 클릭하여 자를 방향을 결정합니다. 깊이 📉 는 5를 기입합니다.

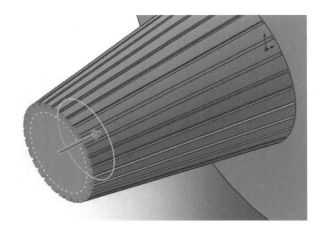

✔️ 확인

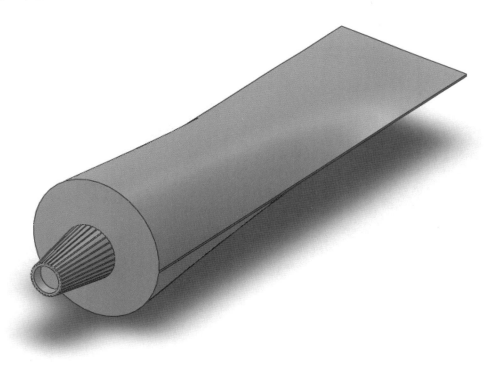

안내곡선을 이용한 로프트, 돔 사용예제

▶▶ 스케치 도구모음 - 자유곡선

▶▶ 구속 도구모음 - 수직좌표치수, 수평좌표치수

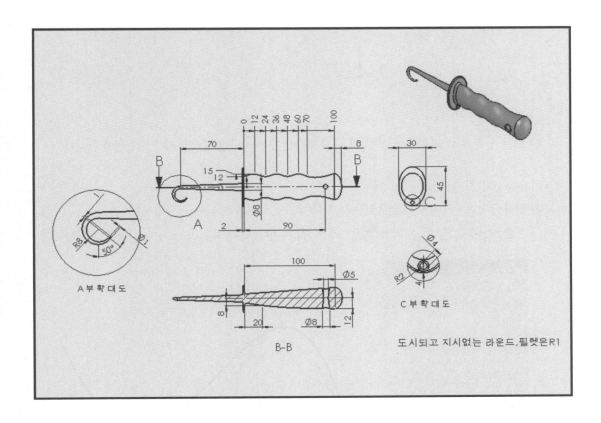

A부확대도

A

B

B-B

C부확대도

도시되고 지시없는 라운드,필렛은R1

01 자유곡선

▌**1** 자유곡선 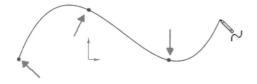 스케치하기

　❶ 자유곡선(스케치 도구모음) 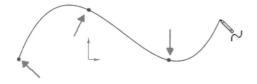을 클릭하거나 도구 → 스케치 요소 → 자유곡선을 클릭합

　　니다. 포인터 모양이 　　로 바뀝니다.

　❷ 첫 점을 클릭하고 마우스를 끌어 원하는 위치에 다음 점을 클릭하여 선분을 그립니다.

　❸ 다음 점을 클릭하고 끌어 두 번째 선분을 그립니다. 이 과정을 반복하여 두 개 이상의 점으

　　로 자유곡선을 생성합니다.

　❹ 모든 선에 위의 과정을 반복한 다음 자유곡선이 완성되면 클릭하거나 더블클릭합니다.

▌**2** 자유곡선 편집

　❶ 자유곡선점 : 자유곡선점을 선택하여 끌어 자유곡선의 형상을 변경합니다.

　　자유곡선점을 끌 때, X 좌표 　, Y 좌표 　가 변경되며 점 PropertyManager에 표시됩니다.

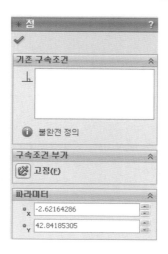

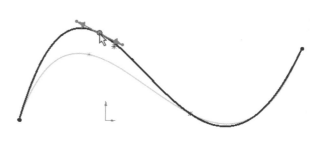

③ 조정 다각형 : 개체 형태를 조정하는 데 사용되는 공간 안에 있는 일련의 통제점입니다. 자유곡선점과는 달리 통제점을 끌면, 변경 면적을 계산하여 자유곡선의 모양을 좀 더 세밀하게 통제할 수 있습니다.

❶ 자유곡선에 마우스를 가져가고 마우스 오른쪽 버튼을 누른 후 조정 다각형 표시 를 선택합니다.

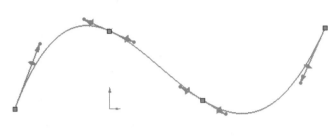

통제점

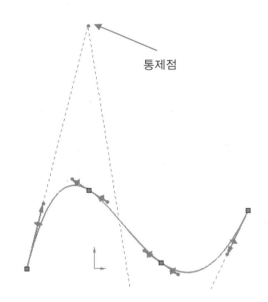

❷ 통제점을 선택하고 활성할 때 자유곡선 조정다각형 PropertyManager가 표시됩니다. ◈조
정다각형 핸들을 끌거나 PropertyManager의 값을 조정할 수 있습니다.

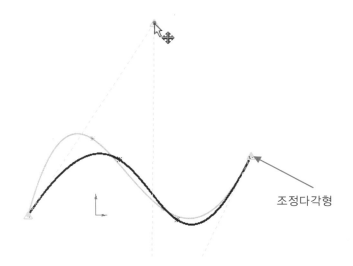

조정다각형

❸ 자유곡선 편집이 끝나면 자유곡선에 마우스를 가져간 다음 마우스 오른쪽 버튼으로 다각형
표시 ✏를 선택하여 취소합니다.

▣ 자유곡선 핸들 : 자유곡선 PropertyManager의 변수에서 탄젠트 구속을 선택합니다.(또는 자유곡
선 핸들을 사용하여 탄젠트 원을 수정합니다.)

아래 열거된 핸들을 사용하여 자유곡선점 ⌇ 수로 표시된 점을 수정합니다.

• 자유곡선 핸들

ⓐ

❶ 원형 핸들을 끌어 탄젠트 두께와 방향(벡터)을 비대칭으로 조절합니다.

❷ Alt 를 누른 채로, 원형 핸들을 끌어 탄젠시 두께와 방향(벡터)을 대칭으로 조절합니다.

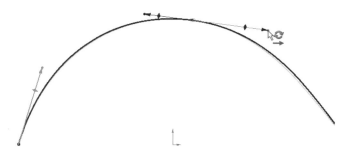

❸ 화살표 머리 핸들을 끌어 탄젠시 두께를 비대칭으로 조절합니다.

❹ Alt 를 누른 채로 화살표 머리 핸들을 끌어 탄젠시 두께를 대칭으로 조절합니다.

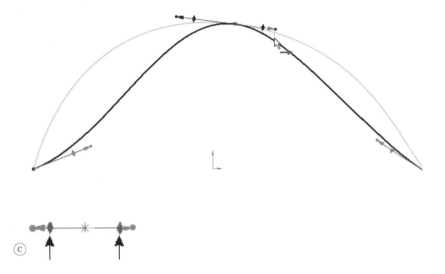

❶ 다이아몬드 핸들을 끌어 탄젠시 방향(벡터)을 조절합니다. 이때 탄젠시는 자유곡선점에 대칭으로 적용됩니다.

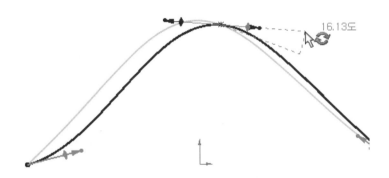

02 | 2D평면 선택하고 스케치하기 1

FeatureManager 디자인트리에서 정면을 선택하고, 스케치 도구모음에서 스케치 [✐]를 클릭합니다.

1 스케치 도구모음의 중심선 [┊]을 클릭하고 스케치 원점을 지나는 수평한 중심선 스케치한 후 스케치 도구모음의 자유곡선 [◠]을 클릭하여 다음과 같이 스케치합니다.

03 좌표치수

1 좌표 치수란 도면이나 스케치에서 0좌표에서 측정한 치수를 말합니다. 도면에서 좌표 치수는 참조 치수이며 이 치수는 변경할 수 없고, 이 값을 사용하여 모델을 만들 수 없습니다.

2 좌표 치수는 처음 선택한 축에서 측정됩니다. 좌표 치수의 유형(수평, 수직)은 선택한 점의 방향으로 정의됩니다.

04 수직좌표치수  사용하기

치수/구속조건 도구모음에서 수직좌표 치수를 클릭하거나 도구 → 치수 → 수직좌표를 클릭합니다.

1 베이스(0.0 치수)가 될 첫 번째 항목(모서리, 꼭짓점 등)을 클릭한 후 다시 클릭하여 모델 바깥에 치수를 부가합니다.

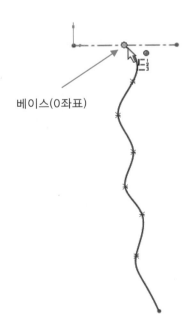

베이스(0좌표)

2️⃣ 자유곡선점을 수직방향으로 순차적으로 클릭합니다.

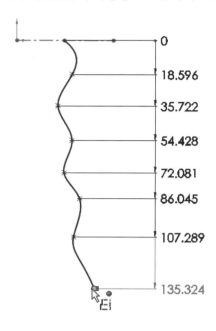

3️⃣ 해당 좌표치수를 더블클릭하여 치수를 다음과 같이 수정합니다.

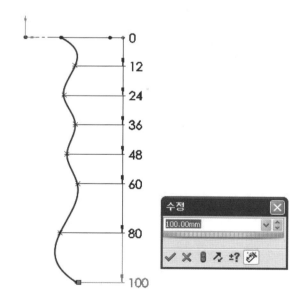

4 다음과 같이 자유곡선점을 Ctrl 을 누른 채 선택한 다음 구속조건 부가에 수직조건을 부가합니다.

 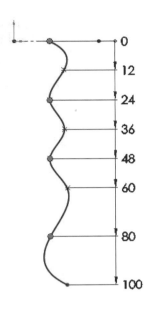

5 반대편의 자유곡선점을 Ctrl 을 누른 채 선택한 다음 구속조건 부가에 수직조건을 부가합니다.

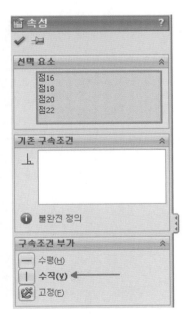 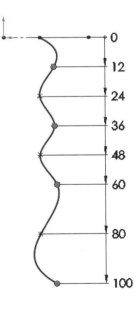

6 치수/구속조건 도구모음에서 수평좌표 치수 를 클릭하거나 도구 → 치수 → 수평좌표를 클릭합니다.

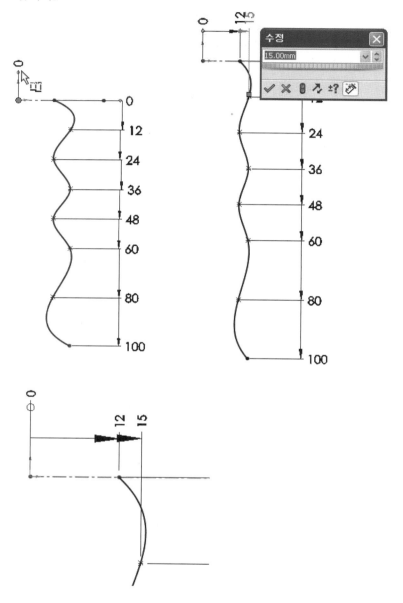

스케치 확인코너에서 를 클릭합니다.

05 2D평면 선택하고 스케치하기 2

FeatureManager 디자인트리에서 정면을 선택하고, 스케치 도구모음에서 스케치 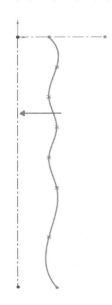를 클릭합니다.

1 스케치 도구모음의 중심선 ⋮ 을 클릭하고 스케치 원점에 수직한 중심선을 스케치합니다.

2 스케치1에 스케치한 자유곡선을 선택하고 스케치 도구모음의 스케치 요소변환 🔲을 클릭합니다.

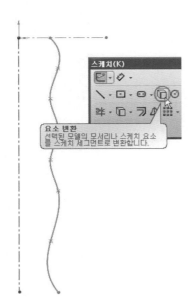

③ 수직한 중심선과 자유곡선을 선택한 다음 요소대칭복사 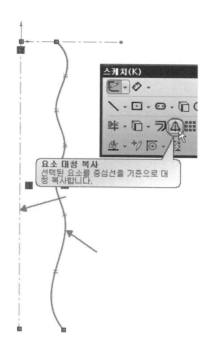를 클릭합니다.

④ 원본 자유곡선을 선택하고 자유곡선 PropertyManager 보조선에 체크하여 보조선으로 만듭니다.

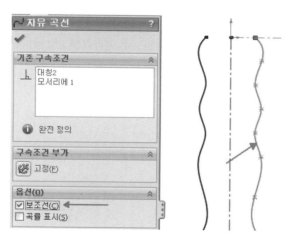

스케치 확인코너에서 를 클릭합니다.

06 **2D평면 선택하고 스케치하기 3**

FeatureManager 디자인트리에서 우측면을 선택하고, 스케치 도구모음에서 스케치 ✎ 를 클릭합니다.

1 스케치도구모음의 중심선 ⋮ 과 자유곡선 ～ 을 클릭하여 다음과 같이 스케치한 후 지능형 치수 ✦ 를 클릭하여 치수를 부가합니다.

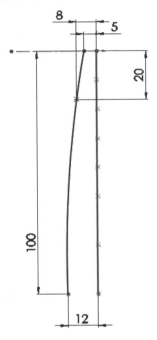

스케치 확인코너에서 ◢ 를 클릭합니다.

07   2D평면 선택하고 스케치하기 4

FeatureManager 디자인트리에서 윗면을 선택하고, 스케치 도구모음에서 스케치 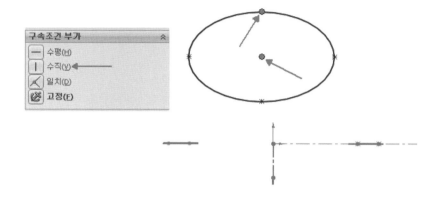 를 클릭합니다.

1 스케치 도구모음의 타원 을 클릭하고 다음과 같이 스케치한 다음 Ctrl 을 누른 채 타원의 사분점과 타원의 중심점을 선택한 다음 구속조건 부가에 수직조건을 부가합니다.

2 보기 방향을 등각보기 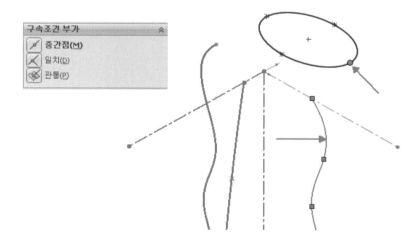 상태에서, Ctrl 을 누른 채 타원의 사분점과 자유곡선을 선택한 다음 구속조건 부가에 관통조건 을 부가합니다.

3 위와 같은 방법으로 Ctrl 을 누른 채 타원의 사분점과 자유곡선을 선택한 다음 구속조건 부가에 관통조건 을 부가합니다.

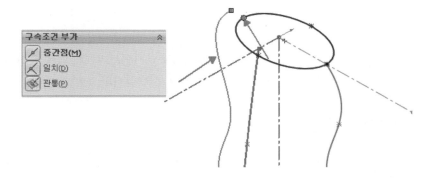

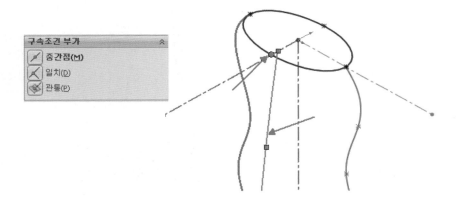

스케치 확인코너에서 를 클릭합니다.

08   평면◈ 1

참조형상 도구모음에서 기준면 ◈을 클릭하거나 삽입 → 참조형상 → 기준면을 클릭합니다.

1 제1참조란에 평면을 작성할 항목을 플라이아웃 FeatureManager 디자인트리에서 디폴트 평면인 윗면을 선택하고 제2참조란에 자유곡선의 끝점을 다음과 같이 선택합니다.

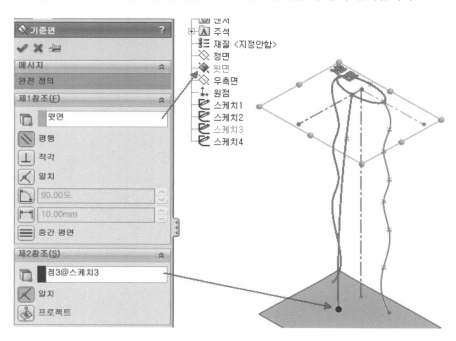

✔ 확인

09 　 2D평면 선택하고 스케치하기 5

FeatureManager 디자인트리에서 평면1을 선택하고, 스케치 도구모음에서 스케치 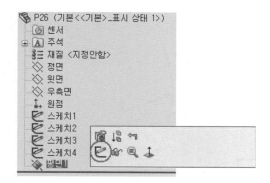를 클릭합니다.

1 스케치 도구모음의 타원 을 클릭하고 다음과 같이 스케치한 다음 Ctrl 을 누른 채 타원의 사분 점과 타원의 중심점을 선택한 다음 구속조건 부가에 수직조건을 부가합니다.

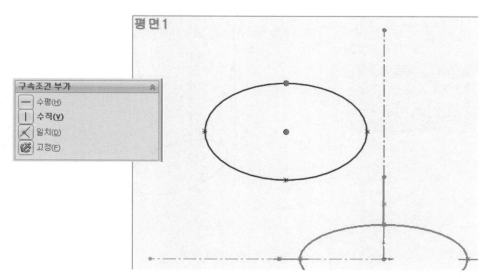

2 보기 방향을 등각보기 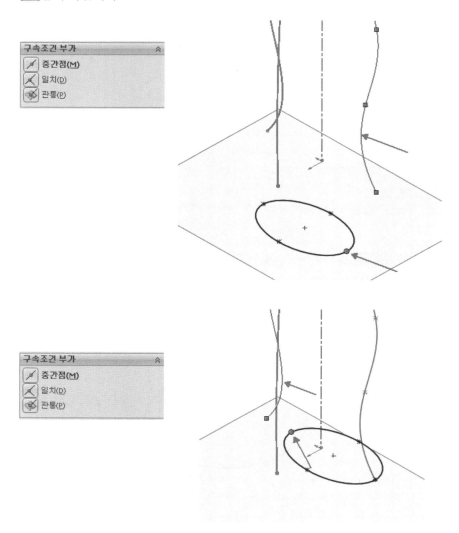 상태에서 타원의 사분점과 자유곡선 간에 구속조건 부가의 관통조건
을 부가합니다.

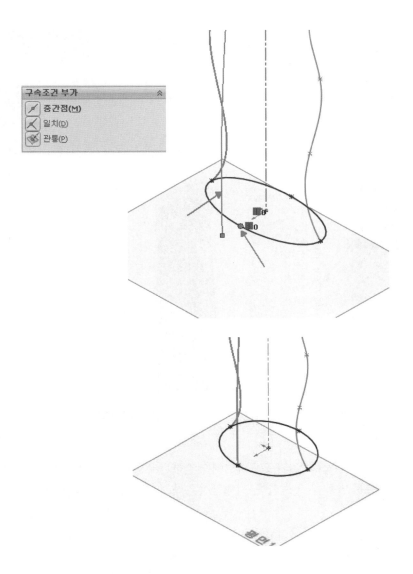

스케치 확인코너에서 를 클릭합니다.

10   로프트 🔔 1

피처 도구모음에서 로프트 🔔 를 클릭하거나 삽입 → 보스/베이스 → 로프트를 클릭합니다.

1 프로파일 ❖ 에 플라이아웃 FeatureManager 디자인트리에서 스케치4와 스케치5를 선택합니다.

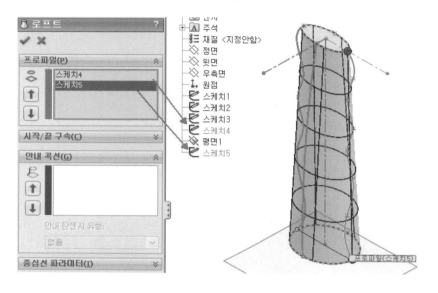

2 로프트 안내곡선 : 둘 이상의 프로파일과 프로파일에 연결하기 위한 하나 이상의 안내곡선을 사용하여 안내곡선 로프트를 만들 수 있습니다. 안내곡선은 생성되는 중간 프로파일의 조절에 사용됩니다.

❶ 안내곡선 🦶 : 로프트를 조절할 안내곡선을 선택합니다.

- 안내곡선을 선택할 때 오류 메시지가 표시되면, 그래픽 영역을 우클릭하고 윤곽선 선택 시작을 선택한 후 안내곡선을 선택합니다.

- 위로 이동 ⬆ 이나 아래로 이동 ⬇ 을 사용합니다. 안내곡선의 순서를 조절합니다.

- 안내곡선 🦶 을 선택하고 프로파일 순서를 조절합니다.

❷ 안내곡선의 영향

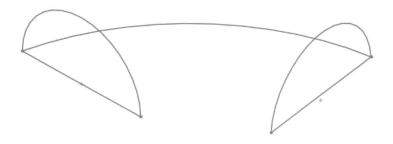

- 다음 모서리선 : 안내곡선이 다음 모서리선까지만 연장됩니다.
- 다음 코너까지 : 안내곡선이 다음 꼭짓점까지 연장됩니다. 여기서 꼭짓점이란 프로파일의 코너를 말합니다.(즉, 서로 닿거나 동등한 곡률로 구속되지 않은 두 개의 연속된 스케치 요소)

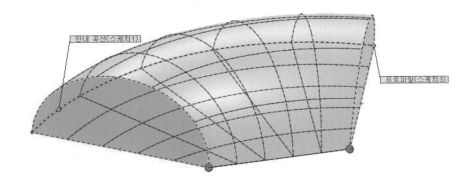

- 다음 안내곡선 : 안내곡선이 다음 안내곡선까지 연장됩니다.
- 전체 : 안내곡선이 전체 로프트까지 연장됩니다.

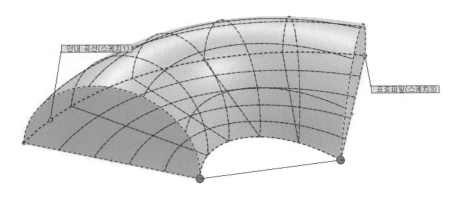

③ 로프트 PropertyManager 안내곡선 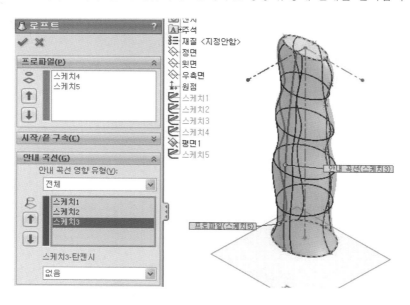에 플라이아웃 FeatureManager 디자인트리에서 스케치1, 스케치2, 스케치3을 선택합니다. 안내곡선 영향 유형에 전체를 선택합니다.

✔ 확인

---

11 돔🅰 PropertyManager

돔 PropertyManager에서 지정할 수 있는 변수

① 돔 면 🔲 : 2차원 또는 3차원 면을 선택합니다.

② 거리 : 돔의 거리값을 지정합니다.

　반대방향 🔁 : 반대 방향을 클릭하여 오목형 돔(디폴트는 볼록형)을 만듭니다.

③ 구속 점 👪 또는 스케치 : 스케치의 형상을 구속할 스케치를 선택하여 돔 피처를 제어합니다. 스케치를 구속으로 사용하면, 거리를 사용할 수 없습니다.

④ 방향 ↗ : 방향을 클릭하고, 돔을 돌출할 방향으로 그래픽 영역에서 방향 벡터를 선택합니다. 방향 벡터로는 직선 모서리나 두 스케치 점으로 작성된 벡터를 사용할 수 있습니다.

⑤ 타원형 돔 : 원통형이나 원추형 모델에 타원형 돔을 지정합니다. 이를 선택하면 높이가 타원 반경 중 하나와 같은 반쪽 타원형 모양의 돔이 만들어집니다.

12   돔  1

피처 도구모음에서 돔 을 클릭하거나 삽입 → 피처 → 돔을 클릭합니다.

1 돔 면 을 다음과 같이 선택한 다음 돔의 거리값으로 8을 기입하고 타원형 돔을 지정합니다.

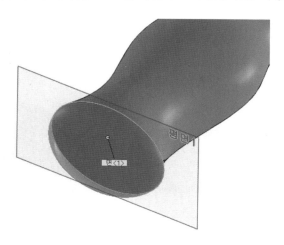

✔ 확인

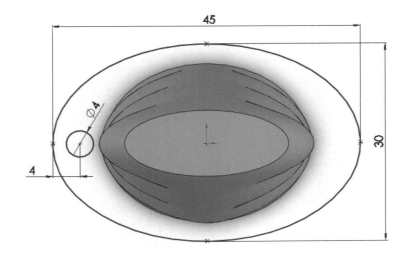

FeatureManager 디자인트리에서 윗면을 선택하고, 스케치 도구모음에서 스케치 를 클릭합니다. 스케치 도구모음의 타원 과 원 을 클릭하여 다음과 같이 스케치한 후 지능형 치수 를 클릭하여 치수를 부가합니다.

스케치 확인코너에서 를 클릭합니다.

14 돌출 1

피처 도구모음의 돌출을 클릭하고 마침조건은 블라인드 형태를 선택하며, 깊이 값은 2를 기입합니다.

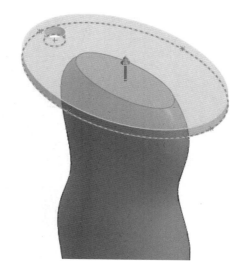

✔ 확인

피처 도구모음의 필렛 을 클릭합니다. 반경값 에 1을 기입하고, 다중 반경 필렛에 체크한 다음 모서리선 , 면, 피처 난에 다음과 같이 형상의 모서리를 선택합니다.

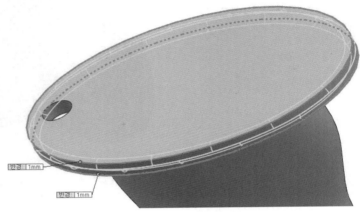

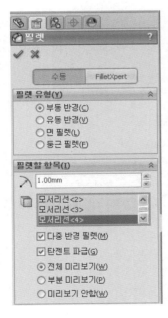

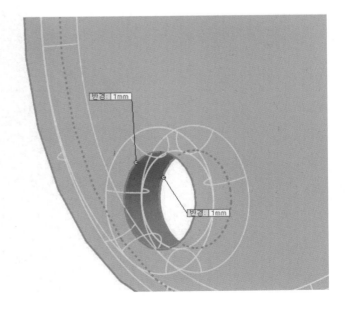

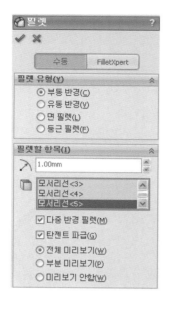

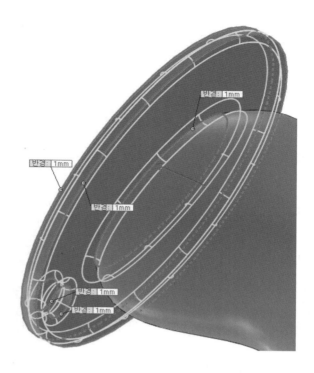

마지막 선택한 필렛 모서리의 반경 치수창을 더블클릭하여 반경 값을 1.5로 변경합니다.

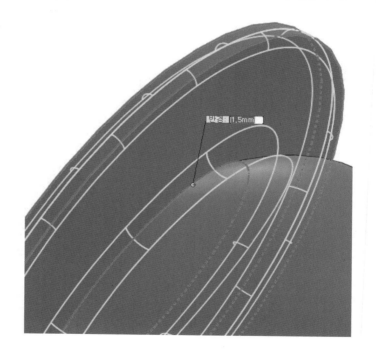

✔ 확인

FeatureManager 디자인트리에서 정면을 선택하고, 스케치 도구모음에서 스케치 █를 클릭합니다.

1 스케치 도구모음의 선 █과 접원호 █를 클릭하여 다음과 같이 스케치하고 Ctrl 을 누른 상태
에서 두 호를 선택한 다음 구속조건 부가에 동심조건을 부가합니다.

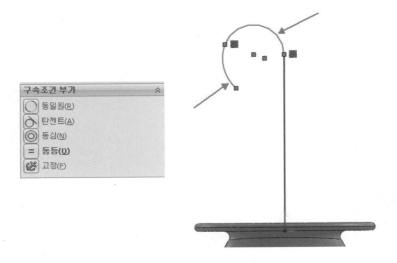

2 Ctrl 을 누른 상태에서 호의 두 끝점을 선택한 다음 구속조건 부가에 수평조건을 부가합니다.

③ 지능형 치수 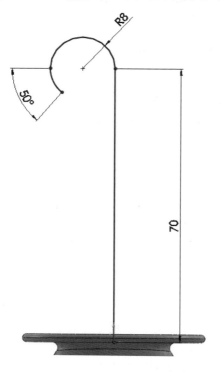를 클릭하여 다음과 같이 치수를 부가합니다.

스케치 확인코너에서 █를 클릭합니다.

17   2D평면 선택하고 스케치하기 8

FeatureManager 디자인트리에서 윗면을 선택하고, 스케치 도구모음에서 스케치 ✏️를 클릭합니다.

1 스케치 도구모음의 원 ⊕을 클릭하여 스케치한 다음 지능형 치수 ◇를 클릭하여 다음과 같이 치수를 부가합니다.

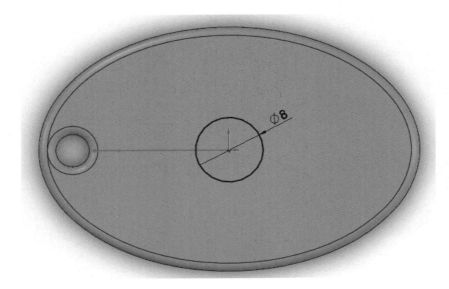

스케치 확인코너에서 🖉를 클릭합니다.

18　평면 ◈ 2

참조형상 도구모음에서 기준면 ◈을 클릭하거나 삽입 → 참조형상 → 기준면을 클릭합니다.
제1참조란에 그래픽영역에서 스케치한 호를 선택하고 제2참조란에는 호의 끝점을 다음과 같이
선택하여 호에 수직한 평면을 작성합니다.

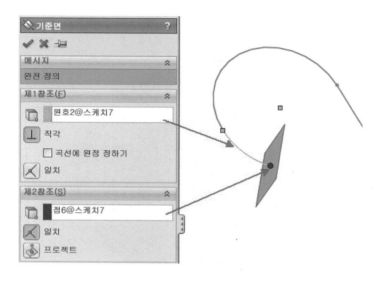

✔ 확인

FeatureManager 디자인트리에서 새로 작성한 평면2를 선택하고, 스케치 도구모음에서 스케치 를 클릭합니다.

1 스케치 도구모음의 원 을 클릭하여 스케치한 다음 지능형 치수 로 치수를 부가합니다.

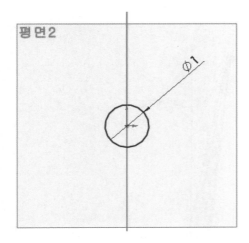

스케치 확인코너에서 를 클릭합니다.

20 로프트 🔔 2

피처 도구모음에서 로프트 🔔를 클릭하거나 삽입 → 보스/베이스 → 로프트를 클릭합니다.

1 프로파일 🗇 에 플라이아웃 FeatureManager 디자인트리에서 스케치8과 스케치9를 선택합니다.

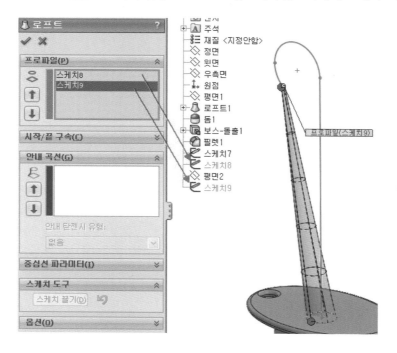

2 로프트 PropertyManager 옵션에서 중심선 파라미터의 중심선 🗘 을 플라이아웃 FatureManager 디자인트리에서 스케치7을 선택합니다.

3 중심선 🗘 : 로프트 형상을 안내하기 위해 중심선을 사용합니다. 중심선은 위치에 따라 안내곡선과 같을 수 있습니다.

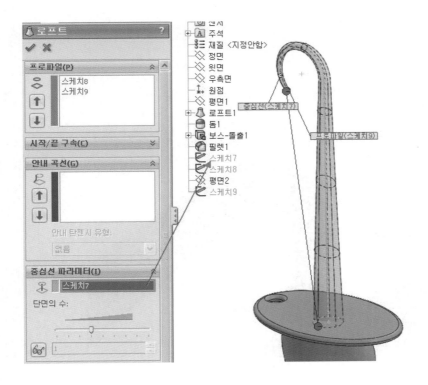

✔ 확인

21 돔  2

피처 도구모음에서 돔 을 클릭하거나 삽입 → 피처 → 돔을 클릭합니다.

1 돔 면 을 다음과 같이 선택한 다음 돔의 거리값 1을 기입하고 타원형 돔을 지정합니다.

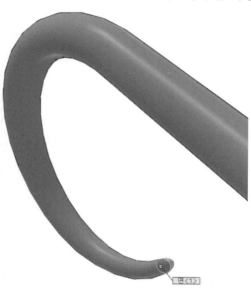

✔ 확인

FeatureManager 디자인트리에서 정면을 선택하고, 스케치 도구모음에서 스케치 ✎ 를 클릭합니다.

1 스케치 도구모음의 원 ⊕ 을 클릭하여 스케치한 다음 지능형 치수 ◇ 로 치수를 부가합니다.

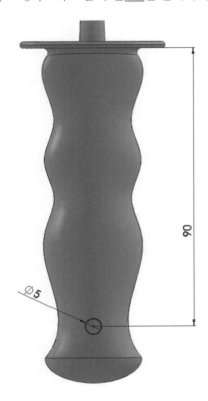

스케치 확인코너에서 ✎ 를 클릭합니다.

23 평면 3

참조형상 도구모음에서 기준면을 클릭하거나 삽입 → 참조형상 → 기준면을 클릭합니다.

1 제1참조요소란에 FeatureManager 디자인트리에서 정면을 선택하고 오프셋 거리로 13을 입력한 후 입력한 거리만큼 오프셋된 평면을 만듭니다.

✔ 확인

FeatureManager 디자인트리에서 새로 만든 평면3을 선택하고, 스케치 도구모음에서 스케치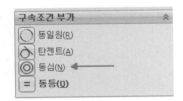를 클릭합니다.

1 스케치 도구모음의 원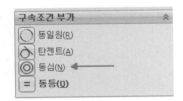을 클릭하여 스케치한 다음 지능형 치수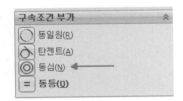로 치수를 부가합니다.

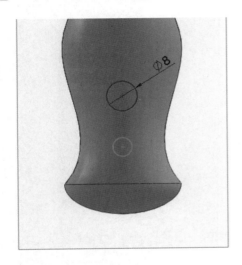

2 Ctrl 을 누른 상태에서 전에 스케치한 원과 지금 스케치한 원을 선택하고 구속조건 부가에 동심 조건을 부가합니다.

스케치 확인코너에서 를 클릭합니다.

25 로프트컷📖 1

피처 도구모음에서 로프트 컷을 클릭하거나 삽입 → 자르기 → 로프트를 클릭합니다.

1 프로파일 ❖에 플라이아웃 FeatureManager 디자인트리에서 스케치10과 스케치11을 선택합니다.

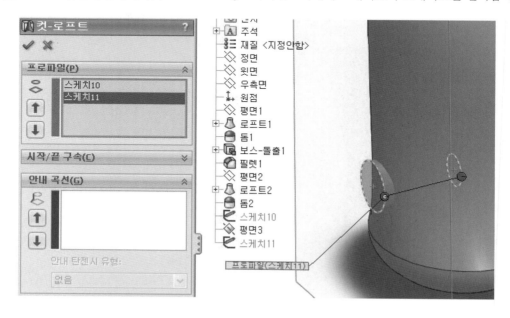

✔ 확인

26 대칭복사 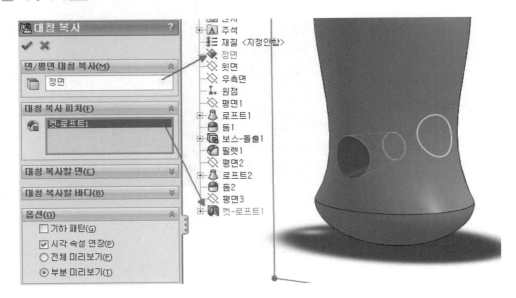 1

피처 도구모음에서 대칭복사 를 클릭하거나 삽입, 패턴/대칭 복사, 대칭 복사를 클릭합니다.

1 면/평면 대칭복사 란에 플라이아웃 FeatureManager 디자인트리에서 디폴트 평면인 정면을 선택합니다.

2 대칭복사 할 피처는 플라이아웃 FeatureManager 디자인트리에서 컷 로프트를 선택합니다.

✔ 확인

27 필렛 2

피처 도구모음의 필렛 을 클릭합니다. 반경 값으로 1을 기입하고 모서리선 , 면, 피처란에 다음과 같이 형상의 모서리를 선택합니다.

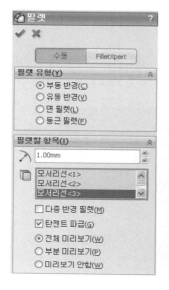

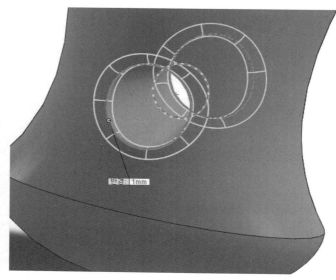

✔ 확인

PROJECT
27

로프트, 곡면포장, 인덴트
사용예제

▶▶ 스케치 도구모음 - 문자

▶▶ 곡선 도구모음 - 참조점을 지나는 곡선

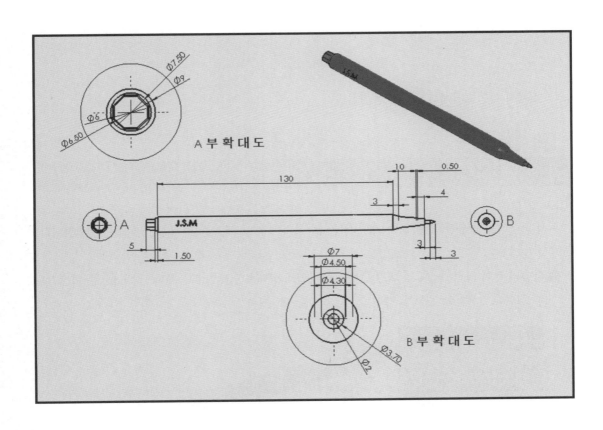

01   2D평면 선택하고 스케치하기 1

FeatureManager 디자인트리에서 정면을 선택하고, 스케치 도구모음에서 스케치 ✏️를 클릭합니다.

1️⃣ 스케치 도구모음의 중심선 ┇을 클릭하고 스케치 원점에 한 점이 일치하게 수평한 중심선을 스케치한 다음 선 ＼을 클릭하여 스케치를 완성하고 지능형 치수 ◈를 클릭하여 다음과 같이 치수를 부가합니다.

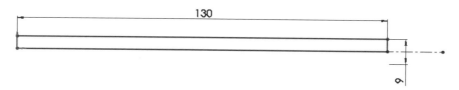

스케치 확인코너에서 ✐를 클릭합니다.

02   회전 ⊕ 1

피처 도구모음에서 회전 ⊕ 보스/베이스를 클릭하거나 삽입 → 보스/베이스 → 회전을 클릭합니다.

1️⃣ 다음과 같이 회전 축 ＼과 회전 유형을 블라인드 형태로 선택한 다음 방향1각도 📐는 회전각도의 기본값인 360°를 기입합니다.

✔️ 확인

03 · 2D평면 선택하고 스케치하기 2

FeatureManager 디자인트리에서 우측면을 선택하고, 스케치 도구모음에서 스케치 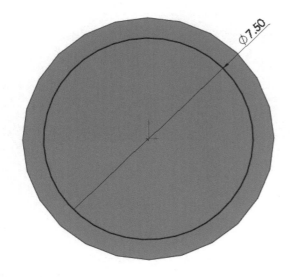를 클릭합니다.

1 스케치 도구모음의 원 ⊕을 클릭하여 스케치한 후 지능형 치수 ◇를 클릭하여 치수를 부가합니다.

Ø7.50

스케치 확인코너에서 ⟨⟩를 클릭합니다.

04 돌출 1

피처 도구모음의 돌출 을 클릭하고 마침조건은 블라인드 형태를 선택하며 깊이 1.5를 기입합니다.

✔ 확인

05 2D평면 선택하고 스케치하기 3

솔리드형상의 면을 선택하고 스케치 도구모음에서 스케치 를 클릭합니다.

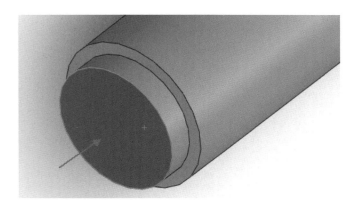

1 스케치 도구모음의 다각형 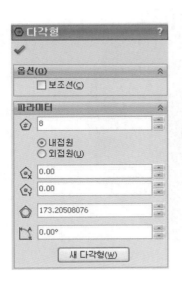을 클릭하고 다각형 PropertyManager에서 면 의 수는 8, 내 접원에 체크하여 팔각형을 스케치한 후 지능형 치수 를 클릭하여 다음과 같이 치수를 부가합니다.

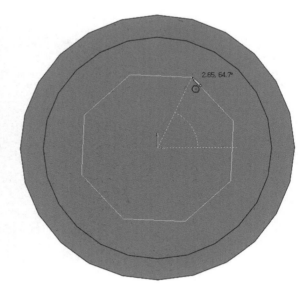

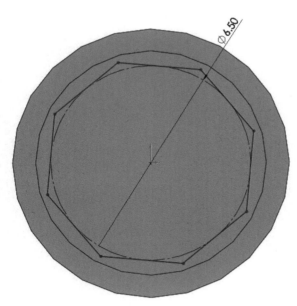

2 다음과 같이 팔각형의 선분을 선택하고 구속조건 부가에 수평조건을 부여합니다.

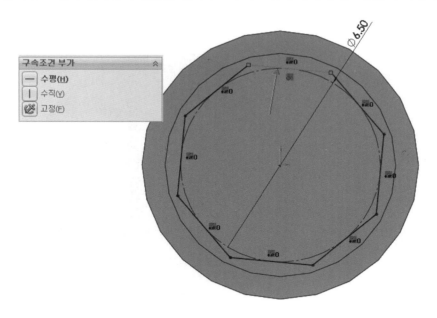

스케치 확인코너에서 를 클릭합니다.

06 평면  1

참조형상 도구모음에서 기준면 을 클릭하거나 삽입 → 참조형상 → 기준면을 클릭합니다.

1 제1참조요소란에 다음과 같이 형상의 면을 선택하고 오프셋 거리 ⊢⊣ 5를 입력하여 입력한 거리 만큼 오프셋된 평면1을 만듭니다.

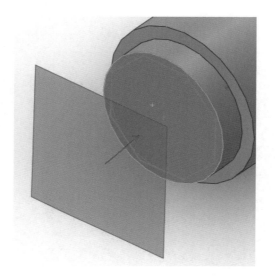

✔ 확인

07   **2D평면 선택하고 스케치하기 4**

FeatureManager 디자인트리에서 새로 작성한 평면1을 선택하고, 스케치 도구모음에서 스케치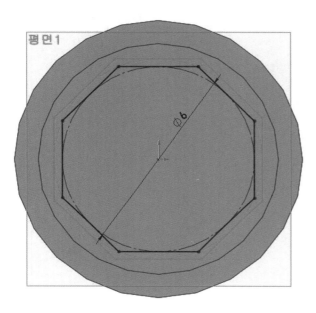
를 클릭합니다.

1 위의 다각형 스케치와 같은 방법으로 스케치한 후 지능형 치수 를 클릭하여 다음과 같이 치수
를 부가합니다.

스케치 확인코너에서 를 클릭합니다.

08 로프트 1

피처 도구모음에서 로프트 를 클릭하거나 삽입 → 보스/베이스 → 로프트를 클릭합니다.

프로파일 에 플라이아웃 FeatureManager 디자인트리에서 스케치3과 스케치4를 선택합니다.

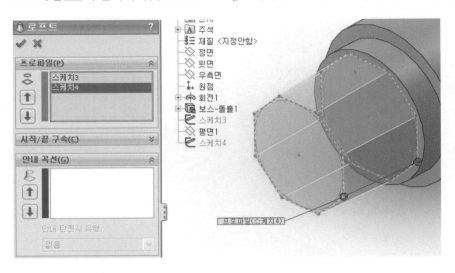

✔ 확인

09 2D평면 선택하고 스케치하기 5

솔리드형상의 면을 선택하고 스케치 도구모음에서 스케치 를 클릭합니다.

1 스케치 도구모음의 점 ⚹ 을 클릭하여 형상의 원주에 일치하도록 클릭한 다음 Ctrl 을 누른 상태
에서 점과 스케치 원점을 선택하고 구속조건 부가에 수평조건을 부가합니다.

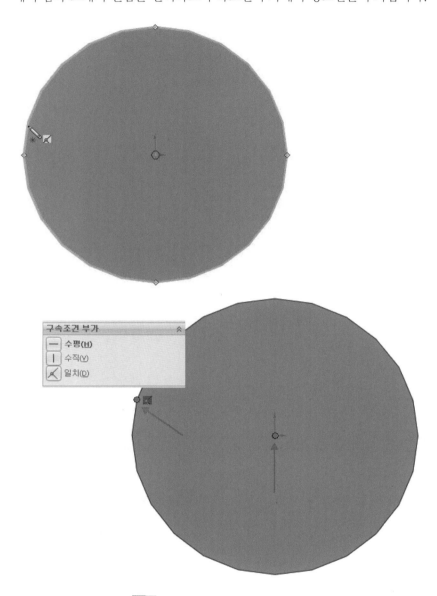

스케치 확인코너에서 ✏️를 클릭합니다.

10 평면  2

참조형상 도구모음에서 기준면 을 클릭하거나 삽입 → 참조형상 → 기준면을 클릭합니다.

1 제1참조요소란에 다음과 같이 형상의 면을 선택하고 오프셋 거리로 3을 입력하여 입력한 거리만큼 오프셋된 평면2를 만듭니다.

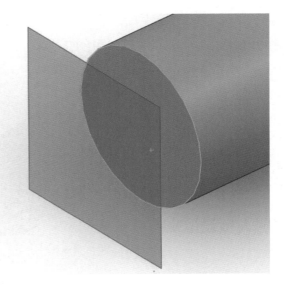

✔ 확인

11 평면 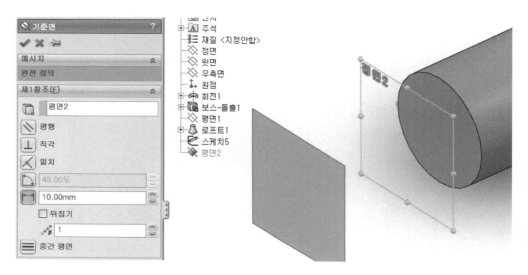 3

참조형상 도구모음에서 기준면 을 클릭하고, 제1참조요소란에 다음과 같이 플라이아웃

FeatureManager 디자인트리에서 평면2를 선택하고 오프셋 거리로 10을 입력하여 입력한 거리만큼 오프셋된 평면3을 만듭니다.

✔ 확인

12 평면◈ 4

참조형상 도구모음에서 기준면◈을 클릭하고, 제1참조요소란에 다음과 같이 플라이아웃

FeatureManager 디자인트리에서 평면3을 선택하고 오프셋 🖰 거리 0.5를 입력하여 입력한 거리

만큼 오프셋된 평면4를 만듭니다.

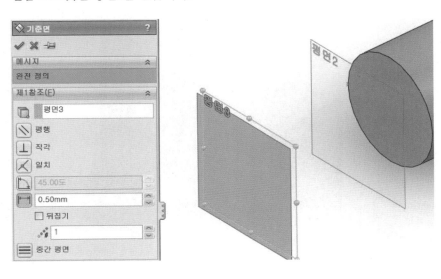

✔ 확인

13 평면 5

참조형상 도구모음에서 기준면 을 클릭하고, 제1참조요소란에 다음과 같이 플라이아웃 Feature Manager 디자인트리에서 평면4를 선택하고 오프셋 거리로 4를 입력하여 입력한 거리만큼 오프셋된 평면5를 만듭니다.

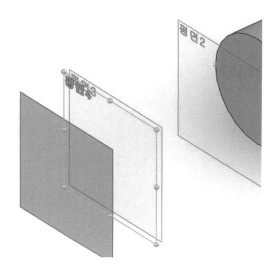

✔️확인

FeatureManager 디자인트리에서 평면2를 선택하고, 스케치 도구모음에서 스케치 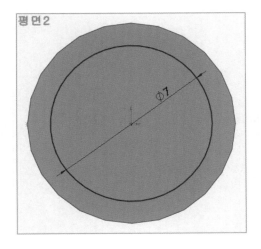를 클릭합니다.

1 스케치 도구모음의 원 을 클릭하고 스케치한 다음 지능형 치수 를 클릭하여 다음과 같이 치수를 부가합니다.

2 스케치 도구모음의 점 을 선택한 후 원주에 일치하고 스케치 원점의 수평한 위치에 점을 클릭하여 180도 사분점 위치에 점이 놓이도록 스케치합니다.

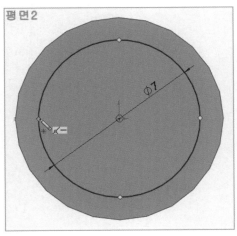
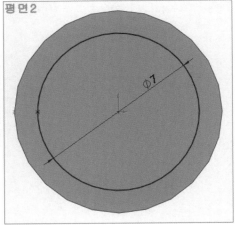

스케치 확인코너에서 를 클릭합니다.

15 2D평면 선택하고 스케치하기 7

위와 같은 방법으로 순차적으로 평면 3, 4, 5에 다음과 같이 스케치를 작성합니다.

FeatureManager 디자인트리에서 평면3을 선택하고, 스케치 도구모음에서 스케치 를 클릭합니다.

1 스케치 도구모음의 원 과 점 을 클릭하여 스케치하고, 지능형 치수 를 클릭하여 치수를 부가합니다.

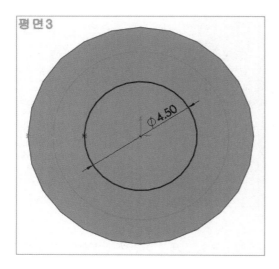

스케치 확인코너에서 를 클릭합니다.

16   2D평면 선택하고 스케치하기 8

FeatureManager 디자인트리에서 평면4를 선택하고, 스케치 도구모음에서 스케치 를 클릭합니다.

1 스케치 도구모음의 원 과 점 을 클릭하여 스케치하고, 지능형 치수 를 클릭하여 치수를 부가합니다.

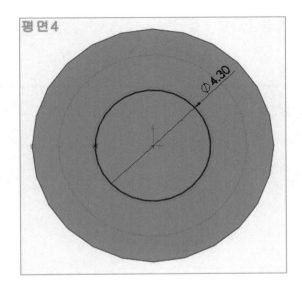

스케치 확인코너에서 를 클릭합니다.

17   2D평면 선택하고 스케치하기 9

FeatureManager 디자인트리에서 평면5를 선택하고, 스케치 도구모음에서 스케치 ✏️ 를 클릭합니다.

1 스케치 도구모음의 원 ⊕과 점 ✳ 을 클릭하여 스케치하고, 지능형 치수 ◇ 를 클릭하여 치수를 부가합니다.

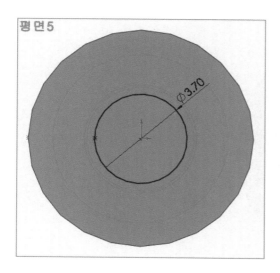

스케치 확인코너에서 ↪ 를 클릭합니다.

18 참조점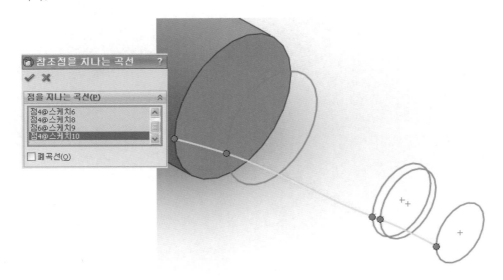을 지나는 곡선

곡선 도구모음에서 참조점을 지나는 곡선을 클릭하거나 삽입 → 곡선 → 참조점을 지나는 곡
선을 클릭합니다.

1 참조점을 지나는 곡선 : 하나 이상의 평면에 있는 점을 지나는 곡선을 만듭니다.
　　이 곡선은 스윕 피처에 대한 경로나 안내곡선으로, 로프트 피처에 대한 안내곡선으로, 구배 피처
　　에 대한 구획선으로 사용할 수 있습니다.

2 참조점을 지나는 곡선 PropertyManager가 나타납니다.
　　스케치 점이나 꼭짓점 또는 이 둘 모두를 곡선을 만들려는 순서대로 선택합니다.
　　경우에 따라 곡선을 닫으려면 폐곡선 확인란을 선택합니다.
　　위의 예제에서는 로프트의 안내곡선으로 사용할 것이기 때문에 폐곡선 확인란에 체크하지 않습
　　니다.

✔ 확인

19 로프트 2

피처 도구모음에서 로프트를 클릭하거나 삽입 → 보스/베이스 → 로프트를 클릭합니다.

1 프로파일에 그래픽영역에서 솔리드 형상의 모서리와 스케치를 차례로 선택하고 안내곡선란에 참조점을 지나는 곡선을 선택합니다.

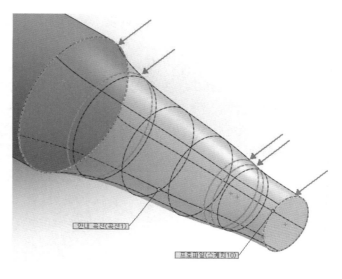

✔ 확인

20 2D평면 선택하고 스케치하기 10

솔리드 형상의 면을 선택하고 스케치 도구모음에서 스케치 🖉 를 클릭합니다.

1 스케치 도구모음의 원 ⊕ 을 클릭하여 스케치하고, 지능형 치수 ◇ 를 클릭하여 치수를 부가합니다.

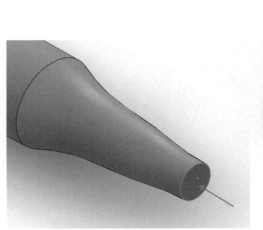
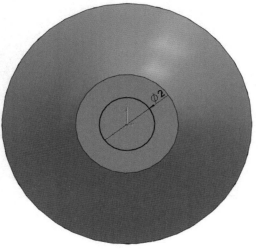

스케치 확인코너에서 🖙 를 클릭합니다.

21 돌출 2

피처 도구모음의 돌출을 클릭한 후 마침조건은 블라인드 형태를 선택하고 깊이 3을 기입합니다.

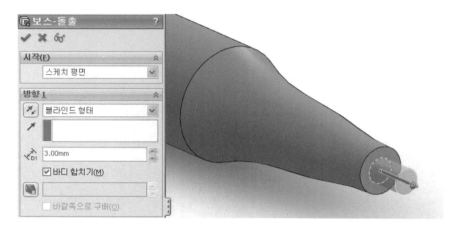

✔️ 확인

FeatureManager 디자인트리에서 정면을 선택하고, 스케치 도구모음에서 스케치 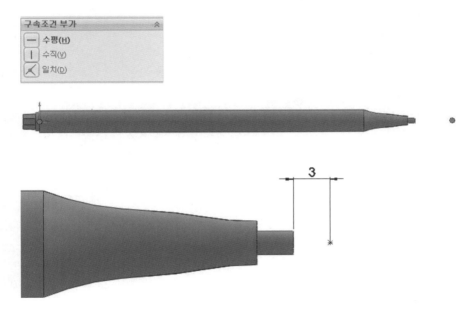를 클릭합니다.

1 스케치 도구모음의 점 을 클릭하여 스케치하고, Ctrl 을 누른 채 스케치한 점과 스케치 원점을 선택하여 구속조건 부가에 수평조건을 부가한 다음 지능형 치수 를 클릭하여 치수를 기입합니다.

스케치 확인코너에서 를 클릭합니다.

23 로프트 🔔 3

피처 도구모음에서 로프트 🔔를 클릭하거나 삽입 → 보스/베이스 → 로프트를 클릭합니다.

1 프로파일 ✦에 그래픽 영역에서 솔리드 형상의 모서리와 점을 스케치한 스케치 프로파일을 선택합니다.

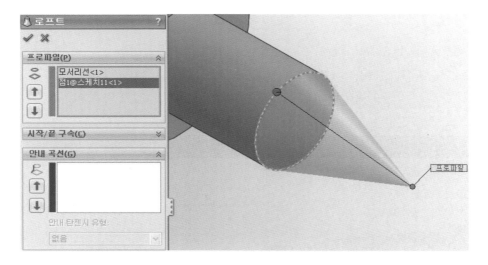

✔️확인

FeatureManager 디자인트리에서 정면을 선택하고, 스케치 도구모음에서 스케치 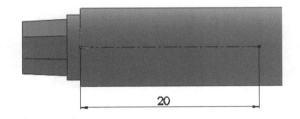를 클릭합니다.

① 스케치 도구모음의 중심선 을 클릭하여 스케치 원점에 수평한 중심선을 스케치하고 지능형 치수 를 클릭하여 다음과 같이 치수를 부가합니다.

② 스케치 도구모음의 문자 를 클릭하거나 도구 → 스케치 요소 → 문자를 클릭합니다.

③ 문자 스케치 PropertyManager

❶ 곡선 : 모서리선, 곡선, 스케치, 스케치 선분을 선택하고 선택한 요소의 이름이 상자에 표시되며 텍스트가 요소와 함께 표시할 수 있습니다.

❷ 텍스트 : 텍스트 상자에 텍스트를 입력합니다. 입력한 텍스트가 그래픽 영역에서 선택한 요소와 함께 표시됩니다. 선택한 요소가 없을 때는, 원점에서 가로로 텍스트가 표시됩니다.

❸ 유형 : 문자 또는 문자 그룹을 선택하여 글꼴을 굵게 **B** 또는 기울임꼴 *I* 로 변경하거나 회전 할 수 있습니다.

❹ 정렬 : 왼쪽 맞춤 , 가운데 맞춤 , 오른쪽 맞춤 , 양쪽 맞춤 중에서 선택합니다. 정렬은 곡선, 모서리선, 스케치 선분 둘레에 써지는 텍스트에만 사용할 수 있습니다.

❺ 뒤집기 : 문자를 원하는 대로 세로 뒤집기 , 거꾸로 뒤집기 , 가로 뒤집기 , 거꾸로 뒤집기 합니다. 세로 뒤집기는 곡선, 모서리선, 스케치 선분 둘레에 쓰는 텍스트에만 사용할 수 있습니다.

❻ 너비 : 모든 문자들의 장평을 지정합니다. 너비(장평 계수)는 문서 글꼴을 선택하면 표시되지 않습니다.

❼ 간격 : 글자와 글자 사이의 간격을 바꿉니다. 텍스트를 양쪽 맞춤으로 지정하거나 문서 글꼴 사용을 선택하면, 간격 옵션이 표시되지 않습니다.

❽ 문서 글꼴 사용 : 이 옵션을 선택하면, 원하는 다른 글꼴을 지정할 수 있습니다.

4 다음과 같이 곡선 ∿에 중심선을 선택하고, 텍스트 상자에 원하는 텍스트를 입력합니다. 정렬에 가운데 맞춤 를 선택하여 문자가 중심선의 가운데 배치되도록 합니다.

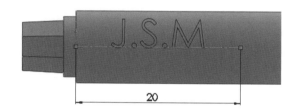

스케치 확인코너에서 를 클릭합니다.

---

25 곡면포장 PropertyManager

1 곡면포장 피처 : 스케치를 평평한 면이나 비평면 면에 포장하는 피처입니다. 원통형, 원추형, 돌출 모델에서 평면을 작성할 수 있습니다.

2 곡면포장 스케치에는 중첩 폐곡선만 사용할 수 있습니다. 개곡선이 있는 스케치에서는 곡면포장 피처를 작성할 수 없습니다.

3 곡면포장 PropertyManager

① 포장 변수 : 볼록 : 면 위로 볼록하게 올라오는 피처를 작성합니다.

　　　　　　오목 : 면에 움푹 파인 피처를 작성합니다.

　　　　　　스크라이브 : 스케치 윤곽선을 면에 볼록하게 찍듯이 작성합니다.

② 곡면포장 스케치 면으로 그래픽 영역에서 비평면인 면을 선택합니다.

③ 두께 $\searrow_{T1}$ 값을 지정합니다. 필요한 경우 '반대방향으로'를 클릭합니다.

④ 원본 스케치 ✎ : 곡면포장에 사용할 스케치

26 곡면포장 📦 1

FeatureManager 디자인트리에서 문자를 삽입한 스케치를 선택하고, 피처 도구모음에서 곡면포장 📦을 클릭하거나 삽입 → 피처 → 곡면포장을 클릭합니다.

■ 포장변수에 오목을 선택하고 곡면포장 📦 스케치 면으로 그래픽 영역에서 다음과 같이 면을 선택합니다. 두께 $\searrow_{T1}$ 값으로 0.5를 지정하고, 원본스케치 ✎에 문자를 삽입한 스케치를 선택합니다.

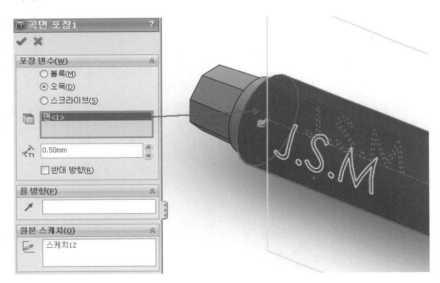

✔ 확인

27 2D평면 선택하고 스케치하기 13

FeatureManager 디자인트리에서 정면을 선택하고, 스케치 도구모음에서 스케치 🖉 를 클릭합니다.

1 스케치 도구모음의 사각형 🔲 과 중심선 📊 을 클릭하여 다음과 같이 스케치하고, 지능형 치수 🔷 를 클릭하여 다음과 같이 치수를 부가합니다.

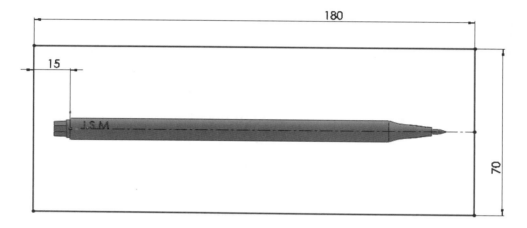

스케치 확인코너에서 🖳 를 클릭합니다.

28 평면곡면  1

곡면 도구모음에서 평면곡면█을 클릭하거나 삽입 → 곡면 → 평면 곡면을 클릭합니다.

1 PropertyManager에서, 경계 요소◇로 FeatureManager 디자인트리에서 위의 스케치를 선택합니다.

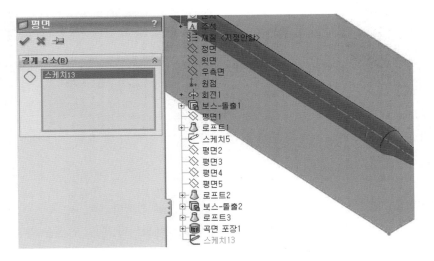

✔ 확인

1 인덴트 피처

- 대상 바디 안쪽에 선택한 도구 바디의 윤곽선과 거의 일치하는 포켓을 만듭니다.
- 대상 바디와 도구 바디 사이의 여유값과 인덴트 피처에 의해 변형되는 부분의 두께를 지정합니다.
- 인덴트 피처의 모양은 포켓을 만들 때 사용한 원래의 도구 바디의 모양이 바뀌면, 함께 업데이트됩니다.
- 인덴트는 특정 두께 및 여유값을 가지는 복잡한 오프셋이 필요한 여러 활용 분야에서 유용하게 사용할 수 있습니다.
- 몇 가지 예로는 포장, 스탬핑, 금형, 기계류의 프레스 끼워맞춤 등이 있습니다.

2 조건

- 대상 바디나 도구 바디 중 하나가 솔리드 바디여야 합니다.
- 재질을 변형하려면 대상 바디가 도구 바디와 접해 있어야 합니다.
- 재질을 잘라내려면 대상 바디와 도구 바디가 서로 접해 있지 않아도 됩니다.

3 인덴트 PropertyManager

① 대상 바디 🏠 : 그래픽 영역에서 인덴트할 솔리드나 곡면을 선택합니다.
② 선택 보존 또는 선택 제거를 선택하여 보존할 모델 쪽을 선택합니다. 이들 옵션은 인덴트할 대상 바디 부분을 바꿉니다.
③ 도구 바디 🏠 영역 : 그래픽 영역에서 하나 이상의 솔리드나 곡면을 선택합니다.
④ 두께 🖈 (솔리드에서만)를 설정하여 인덴트 피처의 두께를 결정합니다.
⑤ 여유값을 설정하여 대상 바디와 도구 바디 사이의 여유값을 결정합니다. 필요한 경우 반대 방향 🖈 을 클릭합니다.

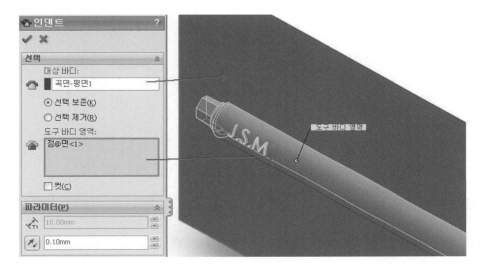
피처 도구모음에서 인덴트 를 클릭하거나 삽입 → 피처 → 인덴트를 클릭합니다.

1 대상 바디 에 곡면을 선택하고, 선택 보존을 선택하여 인덴트할 대상 바디 부분을 바꿉니다.
도구 바디 영역 솔리드 형상을 선택하고, 여유값 0.1을 기입합니다.

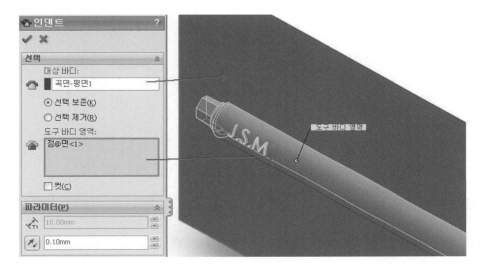

✔ 확인

31 솔리드 바디 숨기기

FeatureManager 디자인트리에서 솔리드 바디에 마우스를 가져간 후 마우스 오른쪽 버튼을 눌러
숨기기를 클릭하여 솔리드 바디를 숨겨봅니다.

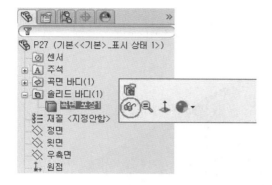

PROJECT

28 2D의 3D 변환 사용예제 1

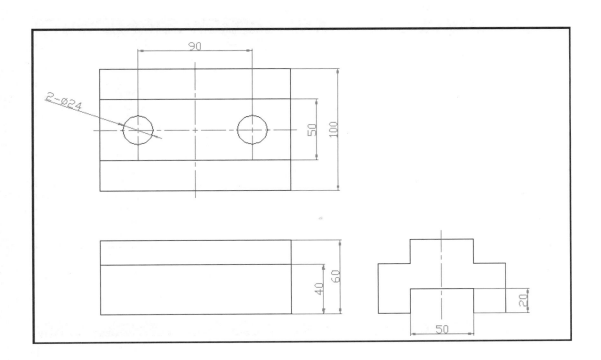

01 AutoCAD파일을 이용하여 3D모델링

1 AutoCAD 파일(.DWG)을 이용하여 3D모델링을 하기 위해서 AutoCAD 파일을 준비합니다.

2 표준도구모음의 파일  에 열기를 클릭하고 파일 형식에 DWG(.dwg)를 선택하여 AutoCAD 파일을 불러옵니다.

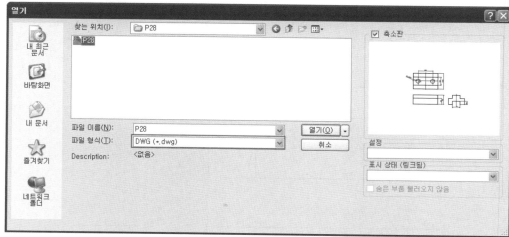

3 AutoCAD 파일의 도면을 새 파트의 스케치로 사용하기 위하여 다음으로 새 파트 불러오기와 2D 스케치를 선택한 후 다음을 클릭합니다.

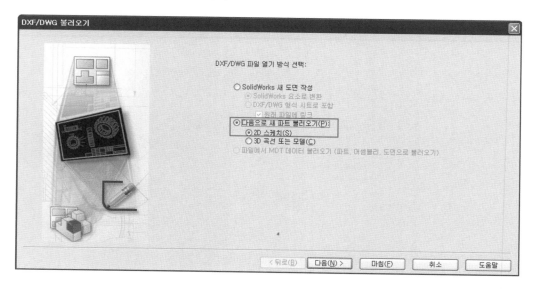

4 AutoCAD에서 사용하였던 레이어가 표시되는데 파트의 스케치로 불필요한 레이어는 체크하여 파트 작업시 필요한 레이어만 남겨두고 다음을 클릭합니다.

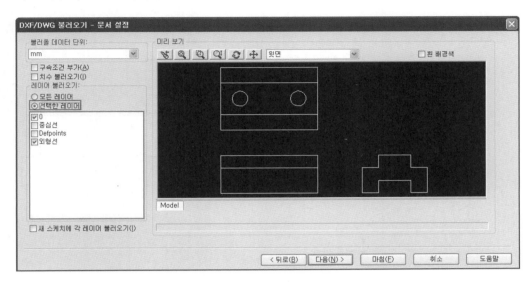

5 스케치를 불러올 단위를 mm를 선택하고, 점병합을 체크하여 입력한 거리값 안에 떨어져 있는 AutoCAD의 스케치 요소의 점들을 자동으로 일치하도록 하고 마침을 클릭합니다.

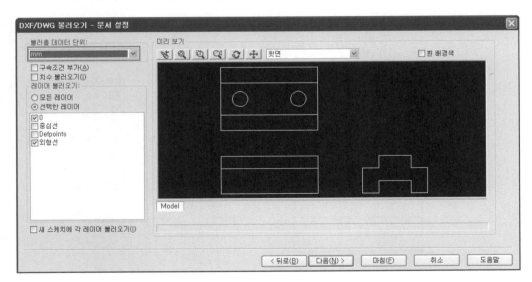

6 AutoCAD에서 작업한 스케치가 파트의 스케치 작업창으로 들어옵니다.

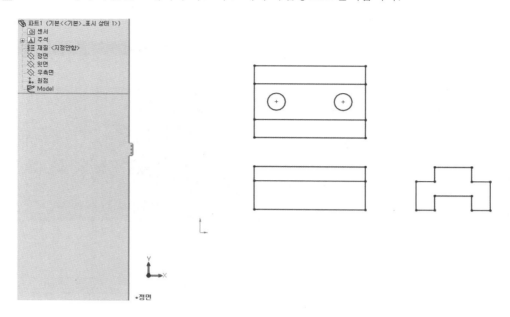

7 AutoCAD의 절대좌표에서 스케치 요소의 떨어진 거리값만큼 솔리드웍스 파트 스케치 작업창에 들어오기 때문에 솔리드웍스의 스케치 원점에 스케치 요소를 맞추기 위해서 마우스를 드래그하여 모든 스케치를 선택하고 마우스 오른쪽 버튼을 누른 후 요소 이동 🔲을 클릭하거나, 스케치 도구모음을 요소 이동 🔲 또는 도구 → 스케치 도구 → 이동을 클릭합니다.

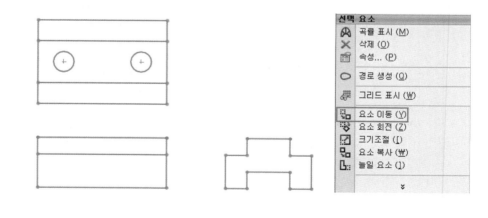

8 PropertyManager의 이동할 요소에서 변수 아래에서 시작/끝을 선택하고, 시작점을 다음과 같이 클릭해서 베이스 점을 지정하고 끌어서 끝점을 스케치 원점을 클릭하여 스케치 요소를 배치합니다.

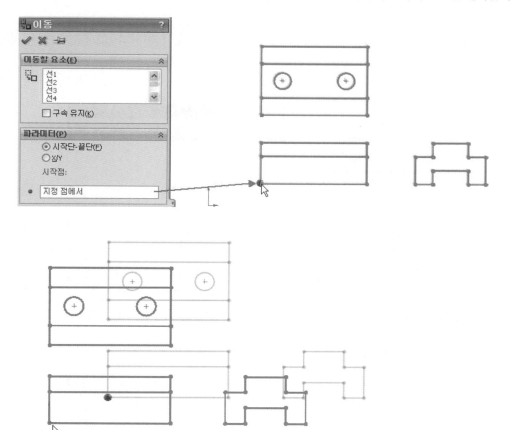

9 2D를 3D로 도구모음을 꺼낸 후 투상법상 정면에 해당하는 스케치 요소를 선택하고, 2D를 3D로 도구모음에서 정면 을 클릭합니다.

TIP

다른 뷰를 지정하기 이전에 반드시 정면도를 먼저 지정해야 합니다. 상자를 이용한 선택, 체인 선택, 또는 Ctrl 을 누른 채 개별 요소를 계속해서 선택하는 방법을 사용합니다.

정면 을 선택하면 선택한 스케치 요소들이 3D파트로 변환되며 정면도를 생성하며, FeatureManager 디자인트리에 정면에 해당하는 새 스케치가 나타납니다.

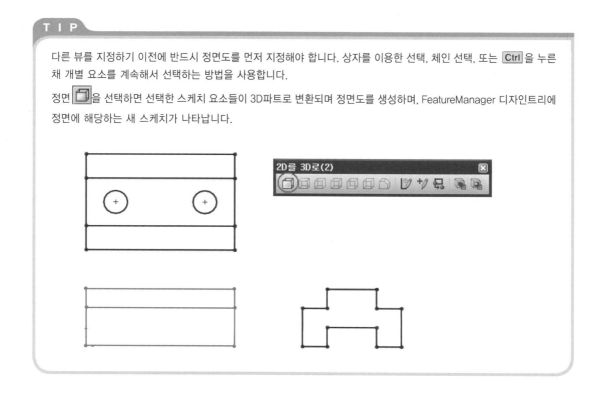

10 위와 같은 방법으로 투상법상 윗면(평면)에 해당하는 스케치 요소를 선택하고, 2D를 3D로 도구 모음에서 윗면(평면) 을 클릭합니다. FeatureManager 디자인트리에 윗면에 해당하는 새 스케치가 나타나며, 스케치가 정면도를 기준으로 각기 선택한 방향으로 접힙니다.

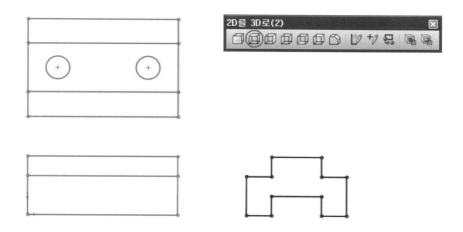

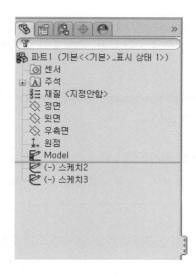

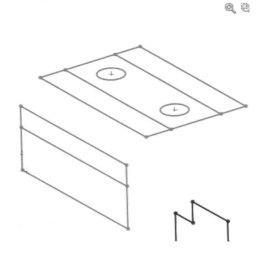

11 우측면의 스케치를 추출하기 위해 해당하는 스케치 요소를 선택하고, 2D를 3D로 도구모음에서 우측면 ⬚을 클릭합니다.

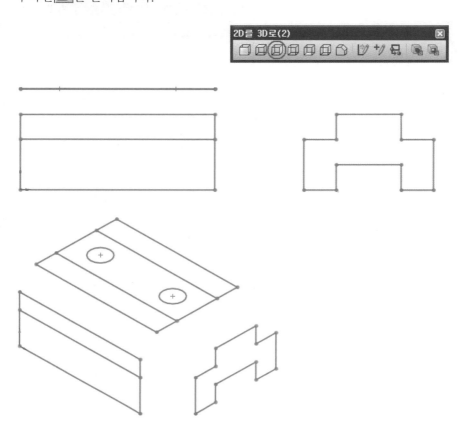

⑫ 투상법상의 정면도의 가로길이 값과 평면도의 가로길이 값을 맞추기 위해 그리고 정면도의 높이 값과 우측면도의 높이 값을 맞추기 위해 2D를 3D로의 도구모음 중 스케치 정렬 🔲을 클릭합니다.

TIP

스케치 정렬 : 먼저 선택한 스케치가 나중에 선택한 스케치에 맞추어 정렬됩니다.
- 다른 스케치에 맞추어 정렬할 스케치에서 선 또는 점을 선택합니다.
- Ctrl 을 누른 채 선택한 스케치를 정렬할 두 번째 스케치의 선이나 점을 선택합니다.
- 2D를 3D로 도구모음에서 스케치 정렬 🔲을 클릭하거나 도구 → 스케치 도구 → 맞춤 → 스케치를 클릭합니다.

---

⑬ 다음과 같이 평면도를 정면도 기준으로 맞추기 위해 먼저 정면도에 정렬을 할 평면도의 선분을 선택한 다음 Ctrl 을 누른 채 평면도가 맞추어질 정면도의 선분을 선택하고, 2D를 3D로 도구모음에서 스케치 정렬 🔲을 클릭합니다.

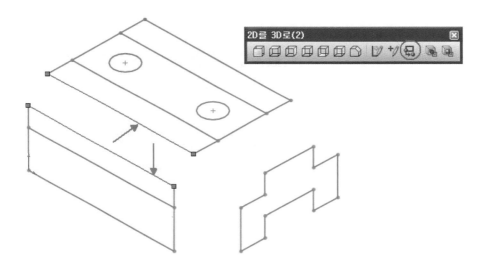

⑭ 우측면도 정면도와의 폭의 값을 맞추기 위해 다음과 같이 우측면의 한 선분을 먼저 선택한 다음 Ctrl 을 누른 채 우측면이 맞추어질 정면도의 선분을 선택하고, 2D를 3D로 도구모음에서 스케치 정렬 ⬚을 클릭합니다.

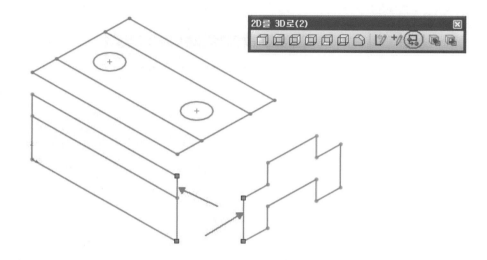

스케치 확인코너에서 ✎를 클릭합니다.

02 2D를 3D로의 돌출 📷 1

스케치를 이용하여 물체의 형상을 나타내는 데는 여러 가지 방법이 있지만 여기서는 다음과 같이 필요한 스케치를 선택하여 피처를 생성한 후 물체의 형상을 완성하도록 하겠습니다.

❶ 우선 우측면도의 스케치 중 돌출을 위한 필요한 스케치 부분을 선택하고, 2D를 3D로 도구모음에 서 돌출 📷을 클릭합니다.

TIP

2D를 3D로 도구모음에서 돌출

- 스케치 일부(완전한 스케치를 선택할 필요는 없습니다.)를 가지고 베이스 피처와 다른 피처를 돌출시킬 수 있습니다.
- 피처 도구모음에 있는 돌출 보스/베이스 도구를 사용할 때는 완전한 스케치만을 사용하는 점과 다릅니다.

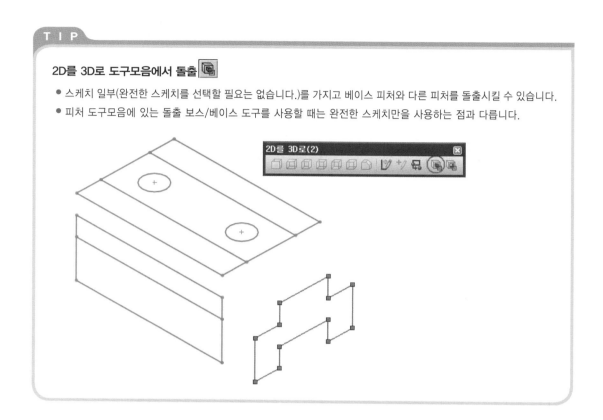

2 돌출할 스케치의 거리 값을 모르기 때문에 시작조건에 꼭짓점을 선택하고 방향1의 마침조건도 '꼭짓점까지'로 선택한 후 돌출이 시작되고 마칠 꼭짓점으로는 평면도의 스케치 꼭짓점을 선택합니다.

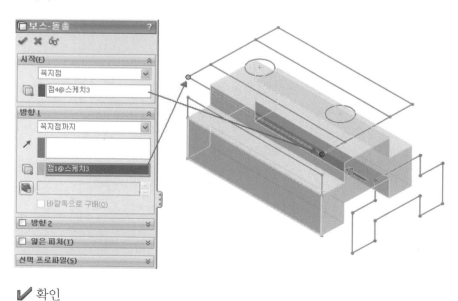

✔ 확인

03   2D를 3D로의 돌출컷 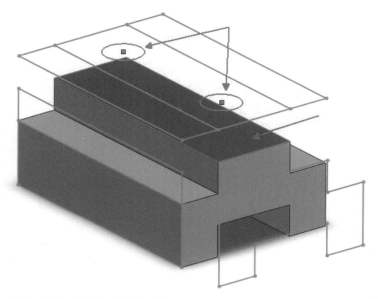 1

☐ 투상에 의한 관통된 원을 표현하기 위해 평면도의 두 원을 선택하고, Ctrl 을 누른 채 돌출컷이 시
작될 면을 선택한 후 2D를 3D로 도구모음에서 돌출컷 🔲 을 클릭합니다.

☑ 마침조건은 관통을 선택합니다.

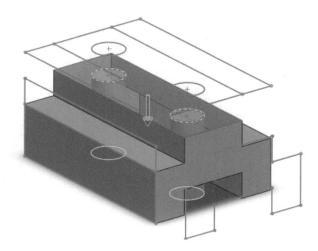

✔ 확인

04 스케치 숨기기

FeatureManager 디자인트리에서 모든 스케치를 선택하고 마우스 오른쪽 버튼을 누른 후 숨기기를 클릭하여 보이는 스케치를 숨겨 둡니다.

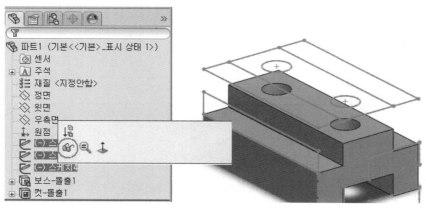

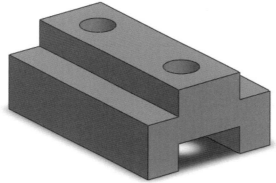

PROJECT

29 2D의 3D 변환 사용예제 2

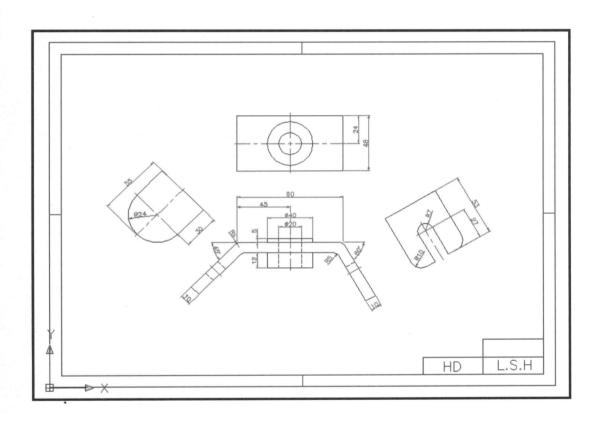

1 AutoCAD 창에서 필요한 레이어만 켜두고 나머지 레이어는 꺼둡니다.

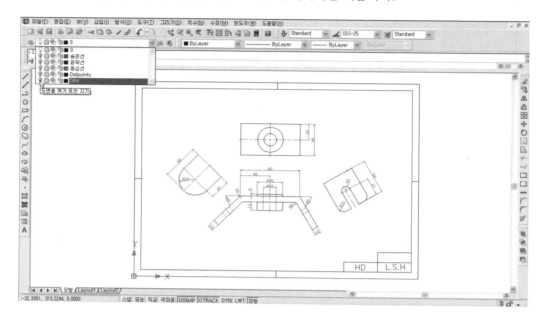

2 3D 형상을 만들기 위해 필요한 2D스케치만 보이도록 되었으면 해당 스케치를 드래그하여 선택한 다음 Ctrl + C 를 눌러 복사합니다.

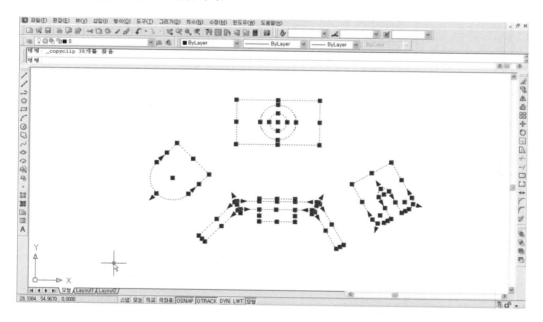

3 솔리드웍스의 파일 → 새파일 → 문서 → 파트를 클릭합니다. 새파트 창이 열리면 Ctrl + V 를 이용하여 붙입니다.

4 FeatureManager 디자인트리에서 정면에 불러온 스케치를 선택하고 마우스 오른쪽 버튼을 눌러 스케치 편집을 클릭합니다.

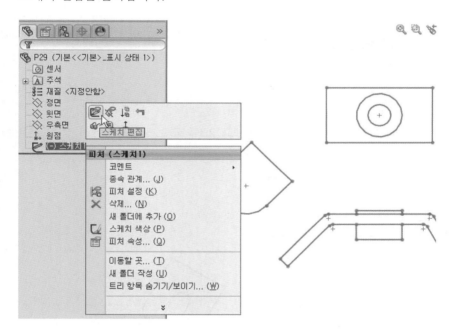

⑤ 불러온 스케치의 정면도에 해당하는 스케치요소의 한 점과 스케치 원점을 Ctrl 을 눌러 선택한
다음 2D를 3D로 도구모음의 스케치 정렬 📧 을 클릭하여 스케치 원점에 선택한 요소가 일치하
도록 합니다.

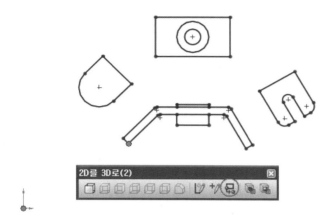

⑥ 투상법상 정면에 해당하는 스케치 요소를 선택하고, 2D를 3D로 도구모음에서 정면 🗗 을 클릭
합니다.

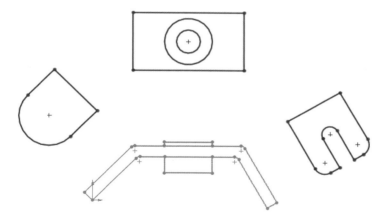

7 투상법상 윗면(평면)에 해당하는 스케치 요소를 선택하고, 2D를 3D로 도구모음에서 ▣ 윗면(평면)을 클릭합니다.

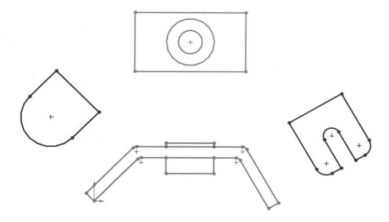

8 형상에서 경사면의 실형을 표현하기 위해 경사면과 맞서는 위치에 보조투상도를 표현한 부분을 나타내기 위해 경사진 면에 해당하는 모서리 선을 선택합니다. Ctrl 을 누른 채 그 면에 그려진 보조 투상도를 선택한 다음 2D를 3D로 도구모음의 보조 투상도 ⬠ 를 클릭합니다.

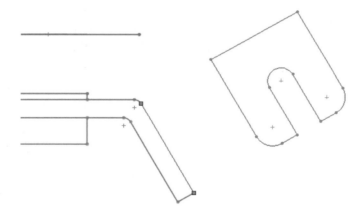

⑨ 마찬가지로 좌측에 있는 보조투상도도 경사진 면에 해당하는 모서리 선을 선택하고 Ctrl 을 누른 채 그 면에 그려진 보조 투상도를 선택한 다음 2D를 3D로 도구모음의 보조 투상도 를 클릭하여 투상도의 위치를 지정하여 줍니다.

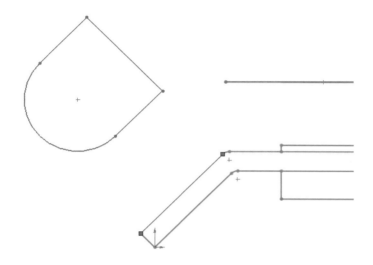

⑩ Ctrl + 8 을 눌러 보기방향을 등각보기 상태로 맞춘 다음 정면을 기준으로 윗면의 스케치를 정렬하기 위해 움직일 윗면의 스케치 요소와 기준이 될 정면의 스케치 요소를 순서대로 Ctrl 을 누른 채 선택한 다음 2D를 3D로 도구모음의 스케치 정렬 을 클릭하여 정렬합니다.

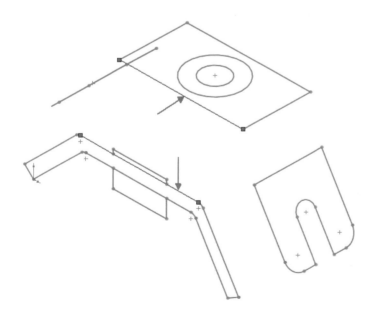

11 보조 투상도도 위와 같은 방법으로 정렬합니다.

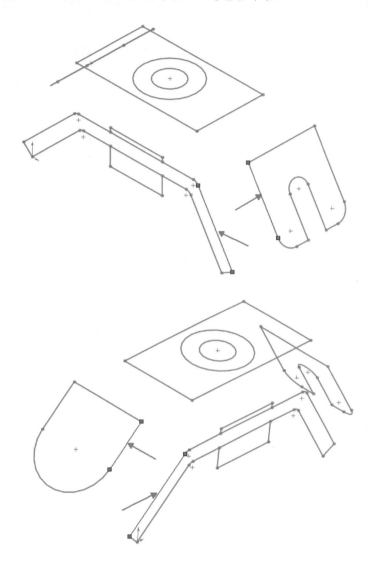

스케치 확인코너에서 ![icon]를 클릭합니다.

02   2D를 3D로의 돌출 🔲 1

1 다음과 같이 정면도에서 한 선분을 선택한 다음 마우스 오른쪽 버튼을 눌러 체인 선택을 클릭합니다.

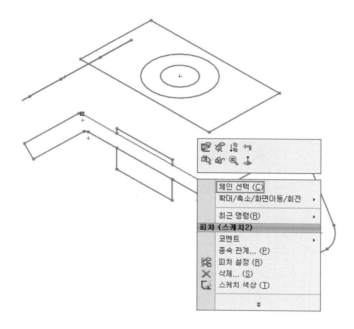

2 Ctrl 을 누른 채 선택한 스케치가 돌출할 시작점을 선택합니다.

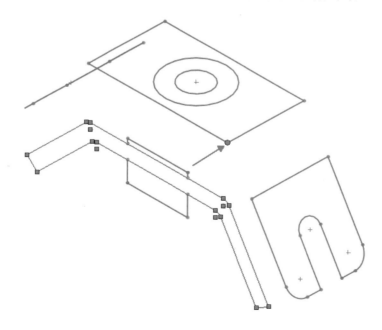

3 2D를 3D로 도구모음의 돌출 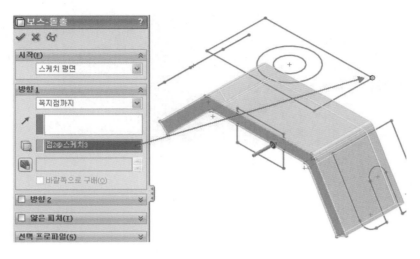을 클릭하고 마침조건을 꼭짓점까지를 선택한 후 돌출을 마칠 꼭
짓점을 선택합니다.

✔️ 확인

03　　2D를 3D로의 돌출 2

1 평면도의 두 원과 두 원이 돌출이 시작될 점을 선택한 다음 2D를 3D로 도구모음의 돌출 을 클
릭하고 마침조건은 꼭짓점까지를 선택한 후 돌출을 마칠 꼭짓점을 선택합니다.

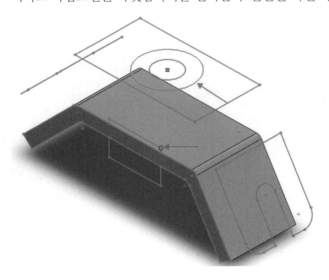

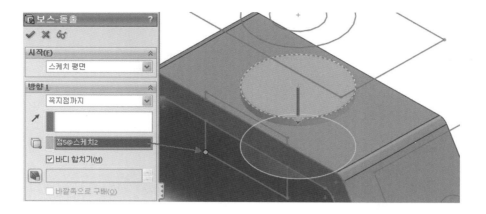

✔ 확인

04 2D를 3D로의 돌출컷 1

평면도의 관통될 스케치 원을 선택한 후 2D를 3D로 도구모음의 돌출컷을 클릭합니다.

1 마침조건을 관통조건을 선택합니다.

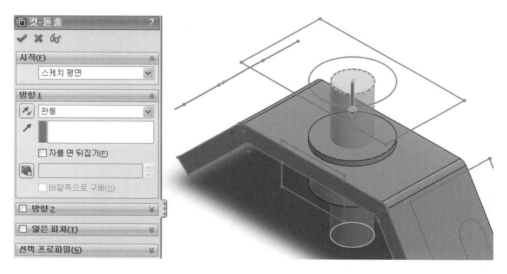

✔ 확인

05 2D를 3D로의 돌출컷 2

1 보조투상도의 스케치 중 돌출컷에 필요한 스케치 요소를 다음과 같이 선택합니다. 2D를 3D에서 돌출이나 돌출컷의 스케치 프로파일은 완전한 폐곡선이 아니더라도 상관없습니다.

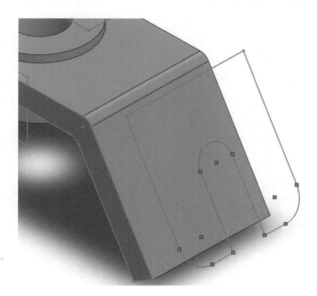

2 2D를 3D로 도구모음의 돌출컷 을 클릭합니다. 자를 면 뒤집기를 체크하여 스케치의 바깥쪽 형상이 잘라지도록 합니다.

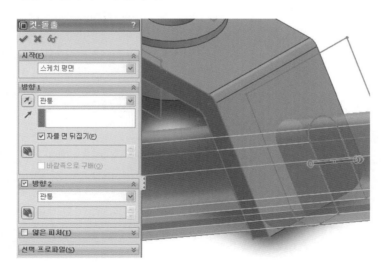

✔ 확인

06 2D를 3D로의 돌출컷 🔲 3

1 반대편 보조투상도 부분도 위와 같은 방법으로 실행하여 원하는 3D형상을 구현합니다.

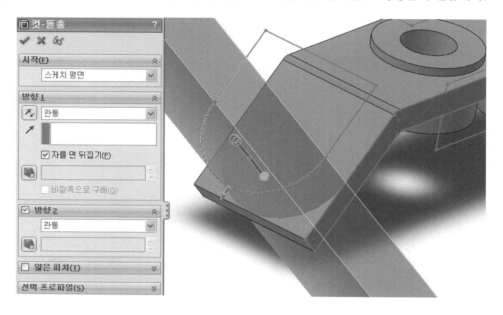

✔ 확인

07 스케치 숨기기

FeatureManager 디자인트리에서 보이는 스케치는 숨깁니다.

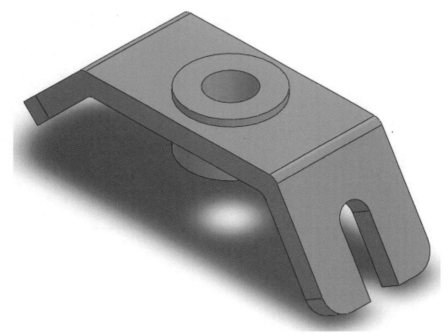

PROJECT

30 곡면으로 솔리드 자르기
사용예제

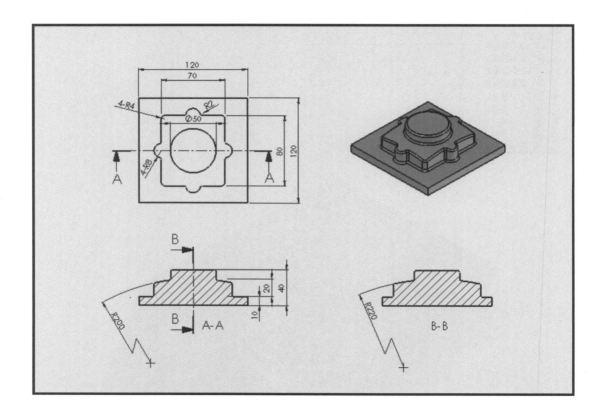

01 　 스케치1 완성 후 돌출 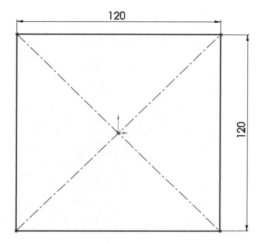 1

FeatureManager 디자인트리에서 윗면을 선택하고, 스케치 도구모음에서 스케치 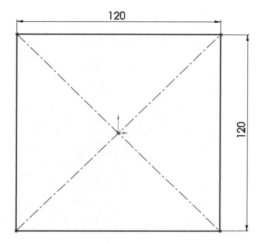를 클릭하여
스케치를 완성한 다음 피처 도구모음에서 돌출 보스/베이스 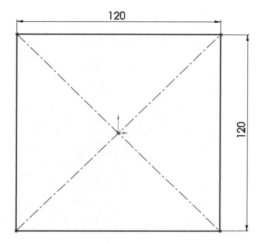를 클릭합니다. 마침조건을 블라
인드 형태를 선택하고 돌출깊이는 10을 기입하여 다음과 같이 베이스 피처를 만듭니다.

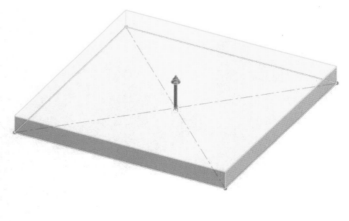

✔ 확인

02   스케치2 완성 후 돌출 2

솔리드 형상의 윗면을 선택하고 스케치를 한 후 피처 도구모음에서 돌출 보스/베이스를 클릭합니다. 마침조건은 블라인드 형태를 선택하고 돌출깊이로는 20을 기입하여 다음과 같이 돌출 피처를 만듭니다.

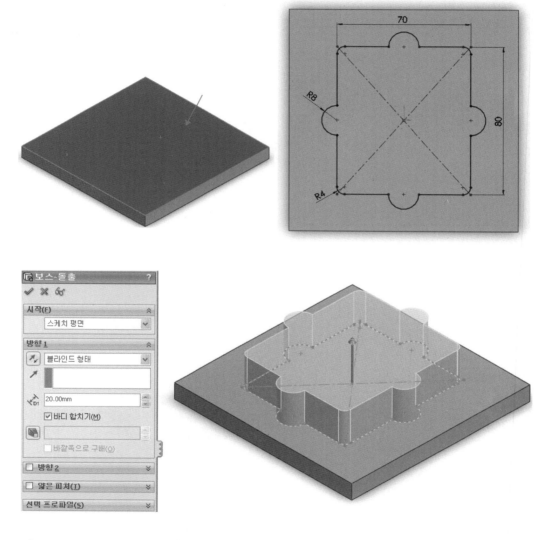

✔️ 확인

FeatureManager 디자인트리에서 정면을 선택하고, 스케치 도구모음에서 스케치 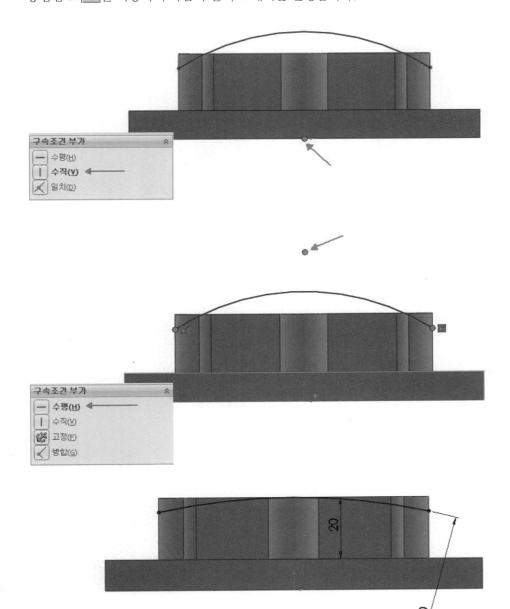를 클릭하고, 중심점 호 를 사용하여 다음과 같이 스케치를 완성합니다.

참조형상 도구모음에서 기준면을 클릭하거나 삽입 → 참조형상 → 기준면을 클릭합니다.
제1참조란에 곡선을 제2참조란에 곡선의 끝점을 선택하고 확인✔을 클릭하여 새로운 스케치 평면을 작성합니다.

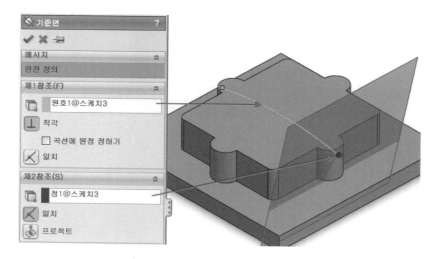

05 2D평면 선택하고 스케치하기 4

FeatureManager 디자인트리에서 새로 작성된 평면1을 선택하고, 스케치 도구모음에서 스케치
를 클릭한 다음 스케치 도구모음의 중심점 호 ⏣ 를 선택하여 호를 그린 후 스케치한 호의 중간점
과 전 스케치의 호를 선택한 다음 구속조건 부가에 관통조건 ⏣, 호의 중심점과 스케치원점과 수
직조건, 형상모서리와 호의 끝점 사이에 일치 조건을 부여합니다.

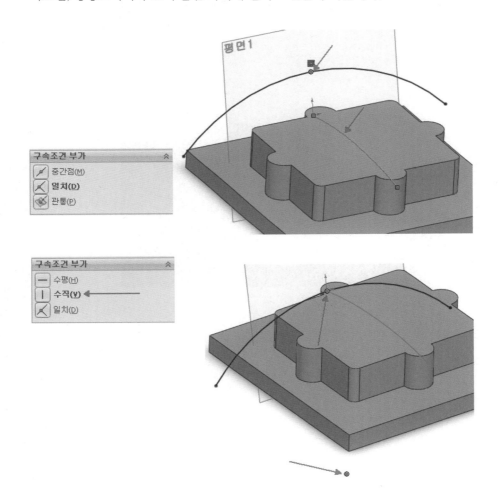

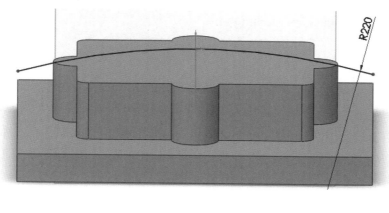

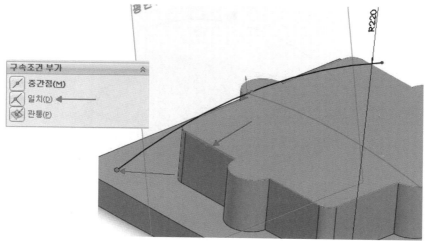

스케치 확인코너에서 를 클릭합니다.

06   스윕 곡면 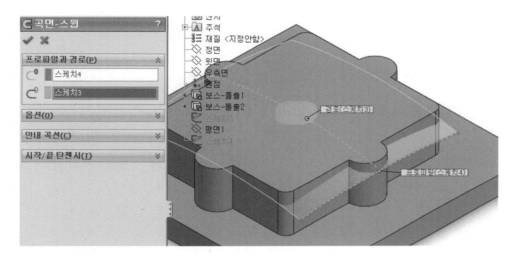 1

곡면 도구모음에서 스윕 곡면을 클릭하거나 삽입 → 곡면 → 스윕을 클릭합니다.

1 다음과 같이 프로파일의 평면1에 스케치한 스케치4와 경로 정면에 스케치한 스케치3을
선택하고 확인을 클릭합니다.

07   곡면 늘리기 1

곡면 도구모음에서 곡면 늘리기를 클릭하거나 삽입 → 곡면 → 늘리기를 클릭합니다.

> **TIP**
>
> 차후 스윕으로 생성한 곡면을 가지고 솔리드 바디를 잘라내어 도면의 단면도와 같이 곡선부를 표현하는데, 이때 스윕
> 곡면이 자를 칼날이 되고 칼날은 솔리드 바디보다 커야 하므로 곡면의 크기를 바디의 크기보다 크게 늘리기 위해 곡면
> 늘리기를 사용합니다.

1 곡면 늘리기 : 하나의 모서리선, 여러 모서리선, 또는 면을 선택하여 곡면을 연장할 수 있습니다.

2 PropertyManager에서 연장할 모서리선/면 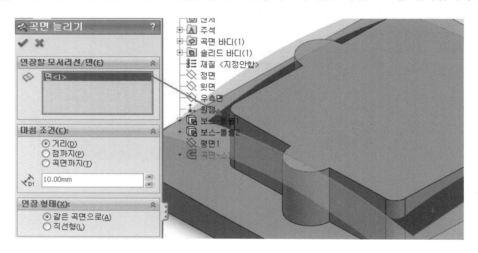 아래에서, 선택 면/모서리선으로 그래픽 영역에서 모서리선이나 면을 선택합니다. 여기서는 곡면스윕한 면을 선택합니다.
모서리선의 경우, 곡면이 모서리선 평면을 따라 연장됩니다. 면의 경우, 곡면이 다른 면에 연결된 면을 제외한 모든 면의 모서리선을 따라 연장됩니다.

3 마침조건 유형에 거리(D)를 선택하고 값으로 10을 기입합니다.

4 연장형태(X)는 곡면이 가지고 있는 형태로 연장되도록 '같은 곡면으로'를 선택합니다.

✔ 확인

08   곡면으로 자르기 1

피처 도구모음에서 곡면으로 자르기를 클릭하거나 삽입 → 컷 → 곡면으로 자르기를 클릭합
니다.

1 곡면으로 자르기 : 곡면이나 평면으로 재질을 제거하여 솔리드 모델을 자릅니다.

2 PropertyManager의 곡면 컷 변수 항목에서 솔리드 바디를 자를 때 사용할 곡면을 다음과 같이 선
택합니다.

곡면 윗 부분의 솔리드 바디를 자르기 위하여 컷 뒤집기를 클릭하여 컷 방향을 변경합니다.

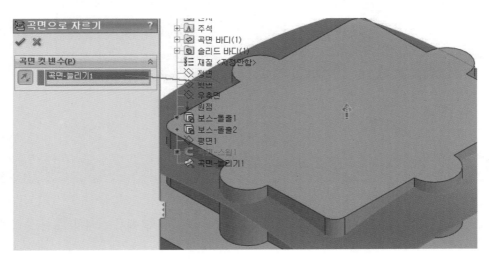

✔ 확인

09 곡면 숨기기

FeatureManager 디자인트리에서 곡면 늘리기를 선택한 다음 마우스 오른쪽 버튼을 누르고 숨기기를 선택하거나 그래픽영역에서 곡면을 선택한 후 마우스 오른쪽 버튼을 눌러 곡면을 숨겨 둡니다.

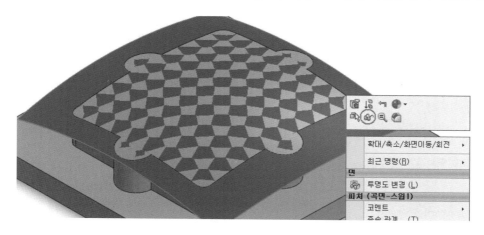

10 2D평면 선택하고 스케치하기 5

FeatureManager 디자인트리에서 윗면을 선택하고, 스케치 도구모음에서 스케치 ✍를 클릭하고, 다음과 같이 스케치를 완성합니다.

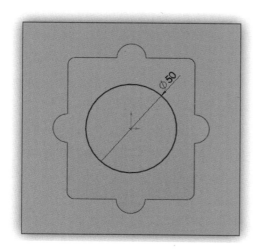

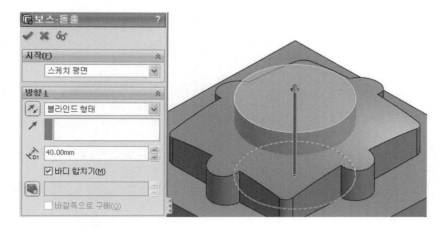
피처 도구모음의 돌출 을 클릭한 후 마침조건으로는 블라인드 형태를 선택하고 깊이에는 40을 기입합니다.

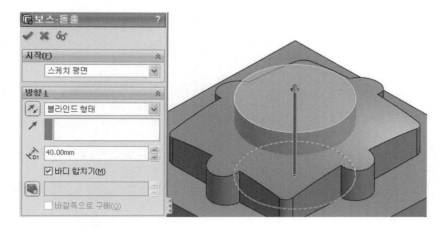

12 필렛 1

피처 도구모음에서 필렛 을 클릭하고, 반경 값 2를 기입하여 해당 모서리에 필렛을 줍니다.

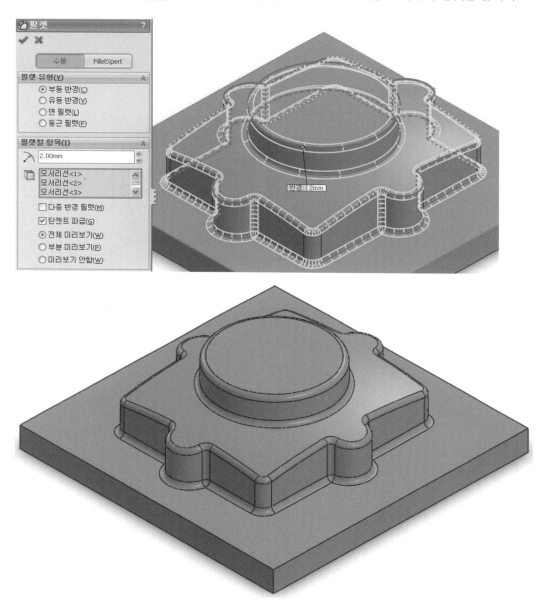

PROJECT
31 곡면 도구모음 사용예제 1

▶▶ 곡선 도구모음 - 투영곡선

▶▶ 피처 도구모음 - 두꺼운 피처

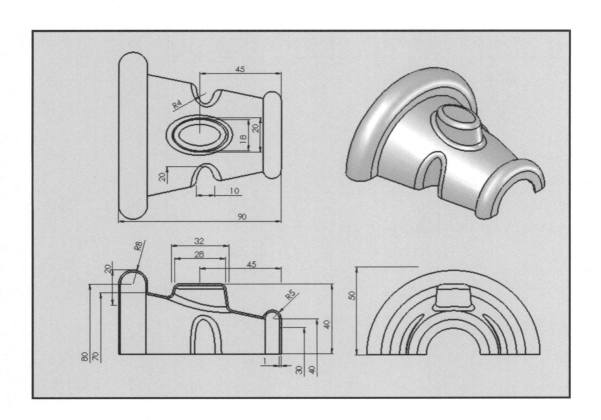

FeatureManager 디자인트리에서 정면을 선택하고, 스케치 도구모음에서 스케치 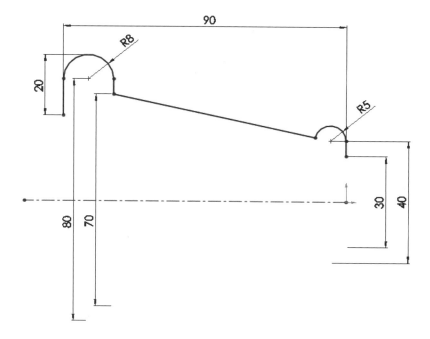를 클릭한 후 다음과 같이 스케치를 작성합니다.

스케치 확인코너에서 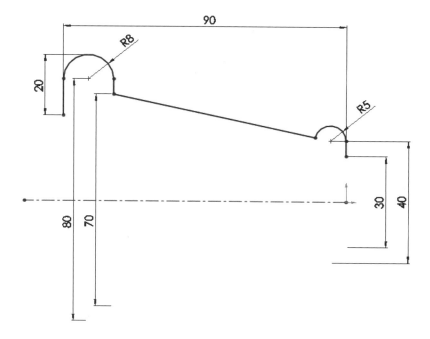를 클릭합니다.

02   회전곡면  1

곡면 도구모음에서 회전 곡면 을 클릭하거나 삽입 → 곡면 → 회전을 클릭합니다.

1 회전곡면 PropertyManager에서 다음과 같이 설정합니다.

회전축 으로는 스케치의 중심선을 선택하고, 방향1의 회전유형은 중간평면을 선택한 다음 각
도 는 180°를 기입합니다.

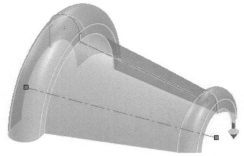

✔ 확인

03 2D평면 선택하고 스케치하기 2

FeatureManager 디자인트리에서 윗면을 선택하고, 스케치 도구모음에서 스케치 ✎를 클릭합니다.

1 스케치 도구모음의 중심선 ┇을 이용하여 수평한 중심선을 긋고 타원 ⊘을 클릭한 다음 형상의 모서리선의 중간점에 타원의 중심이 일치하도록 타원을 스케치합니다.

2 중심선과 타원을 선택하고 요소 대칭복사 ▲를 클릭하여 중심선을 기준으로 상하 대칭인 스케치를 완성합니다.

3 타원의 중심점과 90°, 180° 사분점을 선택한 다음 구속조건 부가에 수직조건을 부가합니다.

4 지능형 치수 ◈를 클릭하여 치수를 부가하여 완전정의를 내립니다.

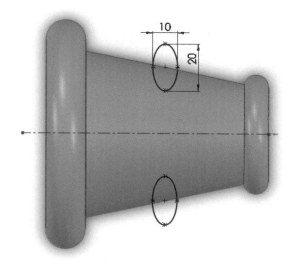

스케치 확인코너에서 ✐를 클릭합니다.

04 돌출 곡면 📎 1

곡면 도구모음에서 돌출 곡면 📎 을 클릭하거나 삽입 → 곡면 → 돌출을 클릭합니다.

마침조건은 블라인드를 선택하고 돌출 깊이 ⬧D1 는 30을 기입합니다.

✔ 확인

05 곡면 잘라내기 PropertyManager

(1) 곡면 잘라내기

곡면, 평면, 스케치를 잘라내기 도구로 사용하여 다른 곡면을 교차하는 위치에서 잘라낼 수 있습니다.

(2) 곡면 잘라내기 PropertyManager

1 잘라내기 유형(T)의 표준

  ❶ 잘라내기 도구 📎 : 잘라내기 유형으로 표준을 선택했을 때 사용 가능합니다. 다른 곡면을 잘라낼 도구로 그래픽 영역에서 곡면, 스케치 요소, 곡선, 평면을 선택합니다.

  ❷ 선택 보존 : 잘라내기 도구에 의해 잘릴 곡면에서 보존할 부분을 선택할 경우 보존할 부분 아래 나열된 곡면들이 보존되고, 보존할 부분에 나열되지 않은 교차곡면은 제거됩니다.

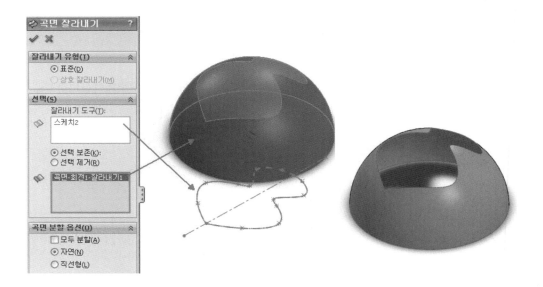

❸ 선택 제거 : 제거할 부분 아래 나열된 곡면들이 제거됩니다. 제거할 부분에 나열되지 않은 교차 곡면은 보존됩니다.

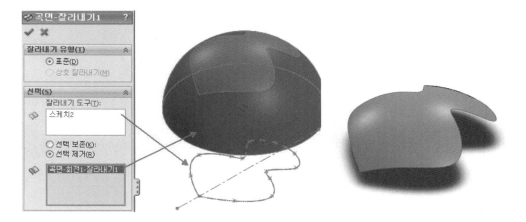

② 잘라내기 유형(T)의 상호 잘라내기

곡면 자체를 사용하여 여러 개의 곡면을 잘라냅니다.

❶ 곡면 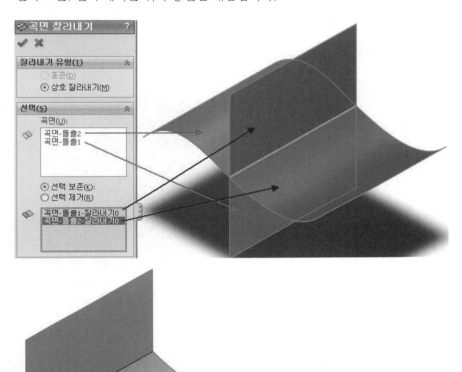 : 잘라내기 유형으로 상호 잘라내기를 선택했을 때 사용 가능합니다. 곡면을 잘라
   낼 때 사용할 잘라내기 곡면으로 그래픽 영역에서 여러 개의 곡면을 선택합니다.
   선택 보존, 선택 제거는 위와 동일한 개념입니다.

06 곡면 잘라내기 ✎ 1

곡면 도구모음에서 곡면 잘라내기 ✎ 를 클릭하거나 삽입 → 곡면 → 잘라내기를 클릭합니다.

1 잘라내기 유형에 표준을 선택하고, 잘라내기 도구 ✎ 는 플라이아웃 FeatureManager 디자인트리에서 곡면 돌출의 스케치를 선택합니다. 선택 보존란 ✎ 에 곡면 회전으로 생성한 곡면을 다음과 같이 선택하고, 확인 ✔을 클릭합니다.

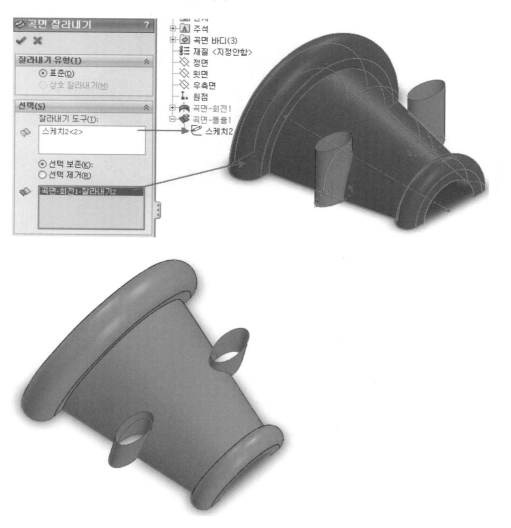

07 곡면 잘라내기 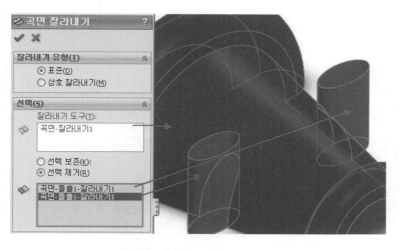 2

곡면 도구모음에서 곡면 잘라내기 ◈를 클릭하고, 잘라내기 유형에 표준을 선택하고, 잘라내기
◈ 도구는 곡면 회전을 생성한 곡면을 선택하고, 선택 제거 ◈란에 곡면 돌출로 생성한 곡면을
다음과 같이 선택하고, 확인✔을 클릭합니다.

08 필렛 1

피처 도구모음에서 필렛을 클릭합니다.

1 필렛 유형에서 면 필렛을 선택하고, 필렛할 항목에서 반경 값은 4를 기입합니다. 면쌍1, 면쌍2에 그래픽 영역에서, 돌출 곡면으로 만들어진 면과 회전 곡면으로 만들어진 면을 면쌍1, 면쌍2란에 차례로 선택합니다.

2 필요한 경우 수직 면으로 바꾸기를 클릭하여 선택한 두 면이 완만하게 연결되도록 만듭니다. 여기서는 면쌍1과 면쌍2의 수직 면으로 바꾸기를 클릭합니다.

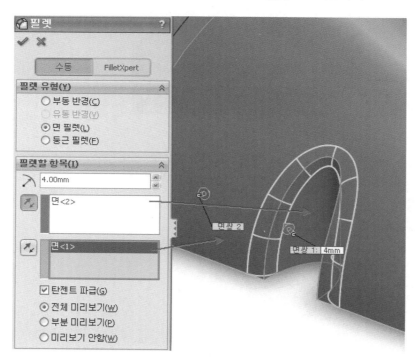

✔ 확인

09 필렛 2

피처 도구모음에서 필렛 을 클릭하고 위와 같은 방법으로 반대편도 필렛합니다.

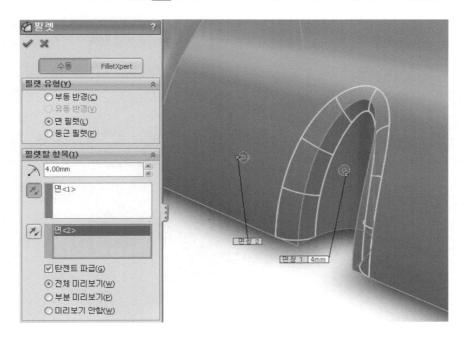

10 평면 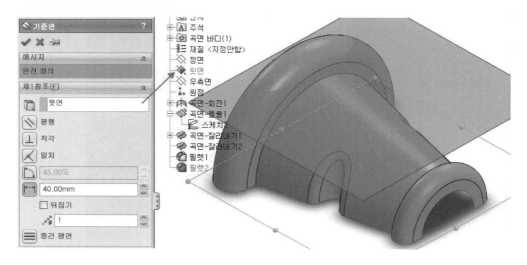...

10 평면 1

참조형상 도구모음에서 기준면을 클릭하거나 삽입 → 참조형상 → 기준면을 클릭합니다.

1 제1참조요소란에 FeatureManager 디자인트리에서 윗면을 선택하고 오프셋 거리를 40으로 기입하여 평면을 작성합니다.

11   2D평면 선택하고 스케치하기 3

FeatureManager 디자인트리에서 평면1을 선택하고, 스케치 도구모음에서 스케치 를 클릭하여
다음과 같이 스케치를 완성합니다.

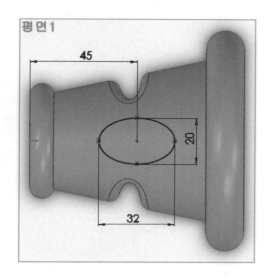

12   투영곡선 PropertyManager

(1) 투영곡선

스케치한 곡선을 모델 면에 투영하여 3D 곡선을 만들 수 있습니다. 교차하는 두 평면에서 스케치
가 교차하도록 곡선을 그리려고 할 때도 사용할 수 있습니다.

(2) 투영 곡선 PropertyManager

1 면에 스케치 투영유형

　❶ 투영할 스케치 ✏ : 그래픽 영역이나 FeatureManager 디자인트리로부터 스케치를 선택합니다.

　❷ 투영 면 ▢ : 스케치를 투영하고자 하는 모델의 평면이나 원통면을 선택합니다.

2 스케치에 스케치 투영 유형

❶ 두 평면에 각각 스케치를 완성하고 닫습니다.

❷ 각 스케치를 선택하면 그려진 두 평면 사이의 공간에 스케치가 투영되는데 스케치 선택 순서에 따라 원하는 스케치를 투영할 수 있습니다.

❸ 투영할 스케치  : 그래픽 영역이나 FeatureManager 디자인트리로부터 두 개의 스케치를 선택합니다.

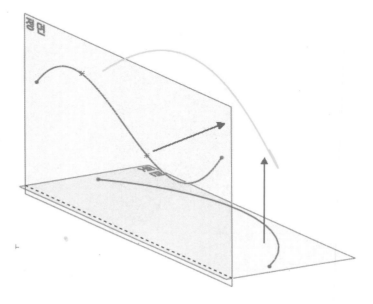

13 투영 곡선 1

곡선 도구모음 [곡선(C)] 에서 투영 곡선을 클릭하거나 삽입 → 곡선 → 투영 곡선을 클릭합니다.

1 투영 유형에서 '면에 스케치'를 선택하고, 투영할 스케치에 위에서 작성한 스케치를 선택하고, 투영 면 스케치를 투영하고자 곡면의 윗부분을 선택합니다. 반대방향 확인란을 선택하거나, 그래픽 영역에서 핸들을 클릭하여 투영 방향을 조절합니다.

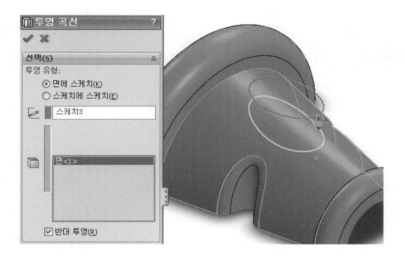

✔ 확인

14 2D평면 선택하고 스케치하기 4

FeatureManager 디자인트리에서 평면1을 선택하고, 스케치 도구모음에서 스케치 ✐ 를 클릭하여 다음과 같이 스케치를 완성합니다.

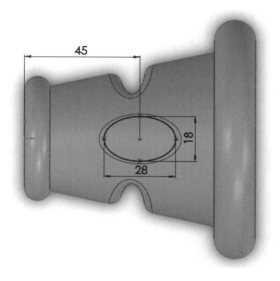

15 로프트 곡면 ⎈ 1

곡면 도구모음에서 로프트 곡면 ⎈ 을 클릭하거나 삽입 → 곡면 → 로프트를 클릭합니다.

1 프로파일 ❖ 에 스케치를 면에 투영한 곡선과 위의 스케치를 선택합니다.

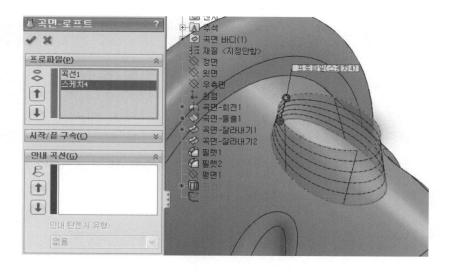

16 평면 곡면

1 평면 곡면 : 스케치 또는 평면에 있는 폐쇄 모서리선을 세트로 하여 평평한 곡면을 삽입합니다.

2 곡면 도구모음에서 평면 곡면▢을 클릭하거나 삽입 → 곡면 → 평면 곡면을 클릭합니다.
PropertyManager에서 경계 요소◇로 파트에서 닫힌 모서리선 세트를 선택합니다.

✔ 확인

17 곡면 잘라내기 3

곡면 도구모음에서 곡면 잘라내기 를 클릭하거나 삽입 → 곡면 → 잘라내기를 클릭합니다.

1 잘라내기 유형에 표준을 선택하고, 잘라내기 도구 는 곡면 로프트로 작성된 곡면을 선택하고
보존 란에 곡면 회전으로 생성한 곡면을 다음과 같이 선택한 후 확인 을 클릭합니다.

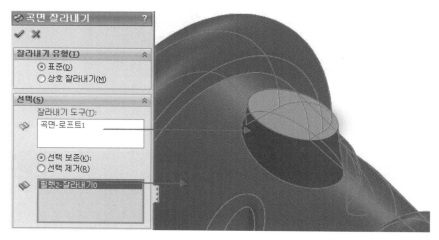

18 곡면 붙이기 🏆 사용방법

① 곡면 붙이기 🏆 : 여러 개의 면이나 곡면을 한 개로 붙입니다.

② 곡면 붙이기의 주의사항
 ❶ 곡면의 테두리는 겹치지 않고 접해야 합니다.
 ❷ 곡면이 같은 평면에 있지 않아도 됩니다.
 ❸ 전체 곡면 바디를 선택하거나, 여러 개의 인접 곡면 바디를 선택합니다.
 ❹ 붙여진 곡면은 이를 만들기 위해 사용된 곡면에 더 이상 흡수되지 않습니다.
 ❺ 폐쇄 볼륨을 만드는 곡면 붙이기를 할 때, 솔리드 바디를 작성하거나 곡면 바디로 남겨 둡니다.

19 곡면 붙이기 🏆

곡면 도구모음에서 곡면 붙이기 🏆 를 클릭하거나 삽입 → 곡면 → 붙이기를 클릭합니다.

① 곡면 붙이기 PropertyManager에서 붙일 곡면과 면으로 면 ◈ 과 곡면을 플라이아웃 Feature Manager 디자인트리에서 나누어진 곡면을 선택하거나 그래픽영역에서 선택합니다.

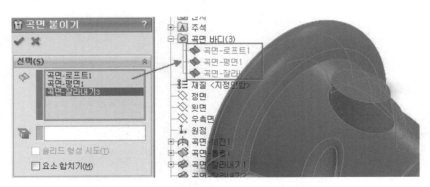

✔ 확인

② 붙이기 결과가 FeatureManager 디자인트리에서 하나의 곡면바디로, 곡면 - 표면붙이기〈n〉로 나열됩니다.

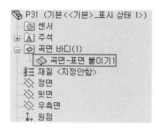

20   필렛 2

피처 도구모음에서 필렛 을 클릭합니다.

① 필렛 유형을 부동 반경을 선택한 후 필렛할 항목에서 반경 은 3을 기입하고, 다음 모서리를 선택하여 필렛을 합니다.

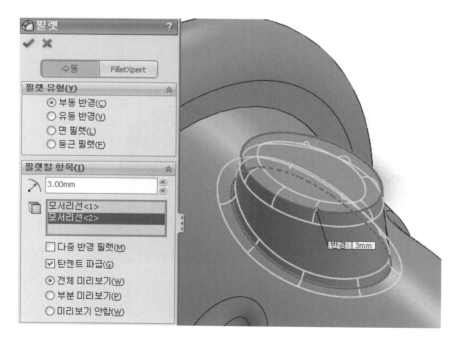

✔ 확인

21 　두꺼운 피처🗐

두꺼운 피처🗐 : 하나 이상의 인접 곡면을 두껍게 하여 솔리드 피처를 작성합니다.

두껍게 하려는 곡면에 여러 개의 인접 곡면이 있으면, 곡면을 두껍게 만들기 이전에 이웃해있는 곡면들을 붙여주어야 합니다.

1 피처 도구모음에서 두꺼운 피처🗐를 클릭하거나 삽입 → 보스/베이스 → 두껍게를 클릭합니다.

두꺼운 피처 PropertyManager에서 두껍게 할 곡면 ◈란에 그래픽영역에서 합친 곡면을 선택합니다. 두께 유형에 1면 두껍게 ▤를 선택하고, 두께 ☈ 1을 기입합니다.

✔️ 확인

SOLIDWORKS

예제 중심의 쉽게 따라할 수 있는 **3D 모델링**

3 두께가 없는 곡면이 두께 값이 부여되어 솔리드로 변화하며 FeatureManager 디자인트리에서도 하나의 솔리드 바디로 바뀝니다.

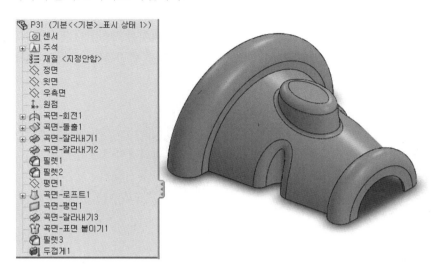

32 곡면 도구모음 사용예제 2

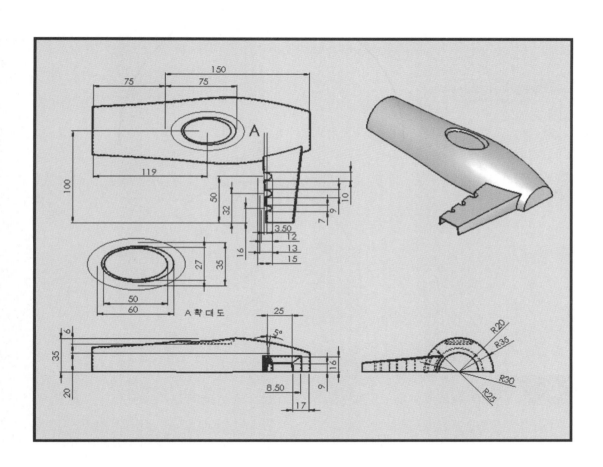

01   2D평면 선택하고 스케치하기 1

FeatureManager 디자인트리에서 우측면을 선택하고, 스케치 도구모음에서 스케치 를 클릭합니다. 스케치 도구모음의 중심점 호 를 클릭하여 호의 중심은 스케치 원점에 일치하도록 호를 스케치한 다음 Ctrl 을 누른 채 호의 시작점과 호의 끝점 그리고 스케치 원점을 선택한 후 구속조건 부가에 수평조건을 부가합니다.

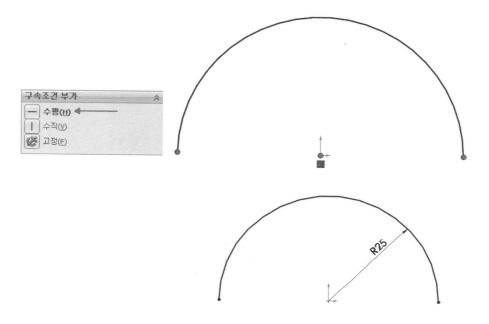

02   평면 1

참조형상 도구모음에서 기준면 을 클릭하거나 삽입 → 참조형상 → 기준면을 클릭합니다.

제1참조요소란에 FeatureManager 디자인트리에서 우측면을 선택하고 오프셋 거리로 75를 기입하여 기입한 거리만큼 오프셋된 평면을 만듭니다.

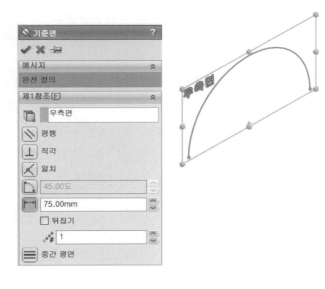

03   2D평면 선택하고 스케치하기 2

FeatureManager 디자인트리에서 평면1을 선택하고, 스케치 도구모음에서 스케치 를 클릭하여
위와 같은 방법으로 스케치를 완성합니다.

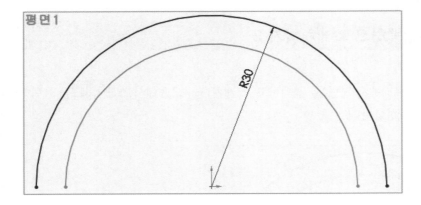

S O L I D W O R K S

04　평면 2

참조형상 도구모음에서 기준면을 클릭하거나 삽입 → 참조형상 → 기준면을 클릭합니다.

① 제1참조요소란에 FeatureManager 디자인트리에서 평면1을 선택하고 오프셋 거리를 75를 기입하여 기입한 거리만큼 오프셋된 평면2를 만듭니다.

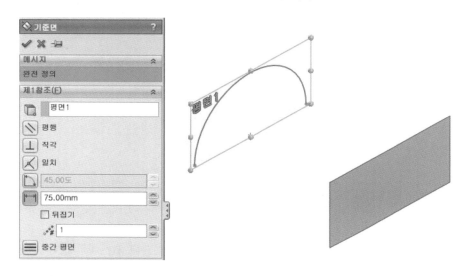

05　2D평면 선택하고 스케치하기 3

FeatureManager 디자인트리에서 평면2를 선택하고, 스케치 도구모음에서 스케치를 클릭하여 다음과 같이 스케치를 완성합니다.

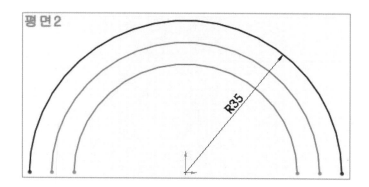

06　평면 3

참조형상 도구모음에서 기준면을 클릭하거나 삽입 → 참조형상 → 기준면을 클릭합니다.

제1참조요소란에　FeatureManager 디자인트리에서 평면1을 선택하고 오프셋 거리를 150을
기입하여 기입한 거리만큼 오프셋된 평면3을 만듭니다.

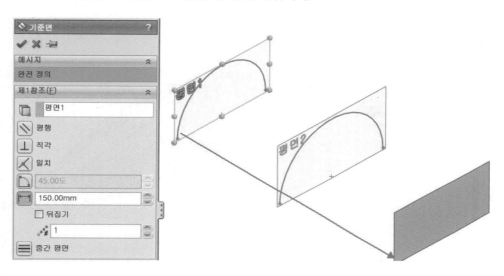

07　2D평면 선택하고 스케치하기 4

FeatureManager 디자인트리에서 평면3을 선택하고, 스케치 도구모음에서 스케치를 클릭하여
다음과 같이 스케치를 완성합니다.

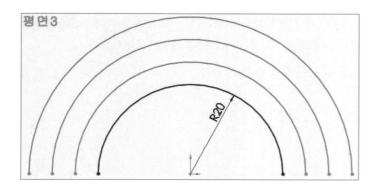

08   로프트 곡면 1

곡면 도구모음에서 로프트 곡면 을 클릭하거나 삽입 → 곡면 → 로프트를 클릭합니다.

1 프로파일 에 위의 평면에 작성한 스케치1, 스케치2, 스케치3, 스케치4를 순차적으로 선택합니다.

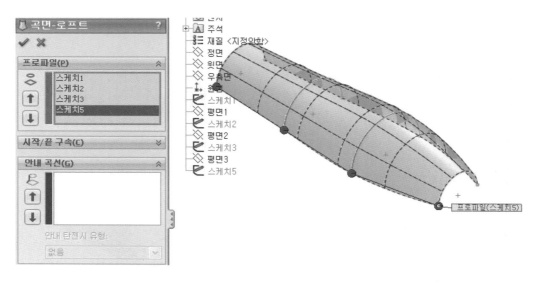

✔ 확인

09   2D평면 선택하고 스케치하기 5

FeatureManager 디자인트리에서 우측면을 선택하고, 스케치 도구모음에서 스케치 를 클릭하고 곡면의 원호 모서리를 선택한 후 스케치 도구모음의 요소변환 을 선택합니다.
선 을 이용하여 호의 끝점을 잇는 수평선을 스케치합니다.

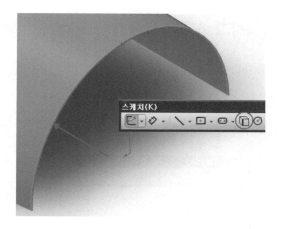

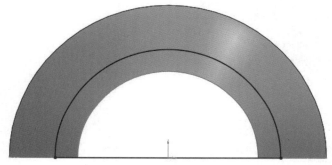

10 평면곡면 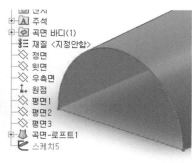 1

곡면 도구모음에서 평면 곡면을 클릭하거나 삽입 → 곡면 → 평면 곡면을 클릭합니다.

PropertyManager에서, 경계 요소◇로 그래픽 영역이나 FeatureManager 디자인트리에서 스케치 5를 선택하여 평면 곡면을 만듭니다.

11   2D평면 선택하고 스케치하기 6

FeatureManager 디자인트리에서 평면3을 선택하고, 스케치 도구모음에서 스케치 ✎를 클릭하여
위와 같이 스케치를 완성합니다.

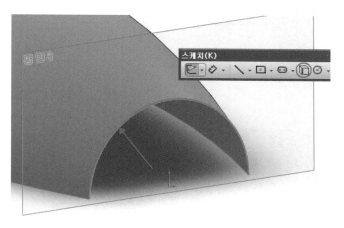

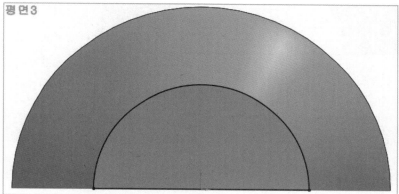

12 평면 곡면 🔲 2

곡면 도구모음에서 평면 곡면🔲을 클릭하거나 삽입 → 곡면 → 평면 곡면을 클릭합니다.

PropertyManager에서, 경계 요소◇로 그래픽 영역이나 FeatureManager 디자인트리에서 스케치
6을 선택하여 평면 곡면을 만듭니다.

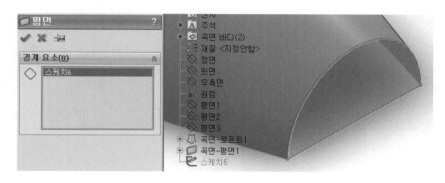

13 평면 🔷 4

참조형상 도구모음에서 기준면🔷을 클릭하거나 삽입 → 참조형상 → 기준면을 클릭합니다.

제1참조요소란에 FeatureManager 디자인트리에서 정면을 선택하고 오프셋🔲 거리에100을 입
력하여 입력한 거리만큼 오프셋된 평면4를 만듭니다.

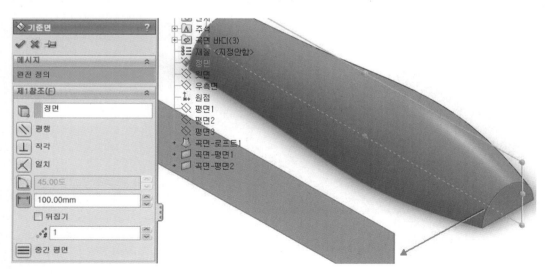

14 | 2D평면 선택하고 스케치하기 7

FeatureManager 디자인트리에서 평면4를 선택하고, 스케치 도구모음에서 스케치 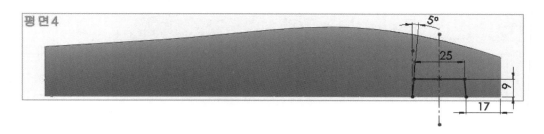를 클릭하고, 스케치 도구모음의 중심선 을 이용하여 수직한 중심선을 긋고, 동적 대칭복사 를 클릭하여 수직한 중심선을 기준으로 선 의 스케치요소가 동적 대칭이 되도록 그린 후 지능형 치수 를 이용하여 다음과 같이 치수를 부가하여 스케치를 구속합니다.

15 | 2D평면 선택하고 스케치하기 8

FeatureManager 디자인트리에서 정면을 선택하고, 스케치 도구모음에서 스케치 를 클릭하여 다음과 같이 스케치를 완성합니다.
만약 치수기입 시 이전의 스케치가 보이지 않을 경우 FeatureManager 디자인트리에서 해당스케치를 선택하고 마우스 오른쪽 버튼을 누른 후 보이기를 선택하여 이전의 스케치 요소를 이용하여 치수를 기입합니다.

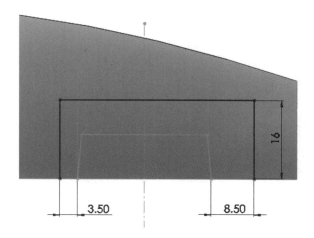

16 투영 곡선 1

곡선 도구모음에서 투영 곡선 을 클릭하거나 삽입 → 곡선 → 투영 곡선을 클릭합니다.

1 투영 곡선 PropertyManager에서 선택 아래에 투영 유형은 면에 스케치를 선택하고, 투영할 스케치 아래에는 그래픽 영역이나 플라이아웃 FeatureManager 디자인트리로부터 위의 스케치한 스케치8을 선택합니다. 투영 면 아래에는 스케치를 투영하고자 하는 면을 다음과 같이 선택하여 해당 스케치가 면에 투영되게 3D곡선을 만듭니다.

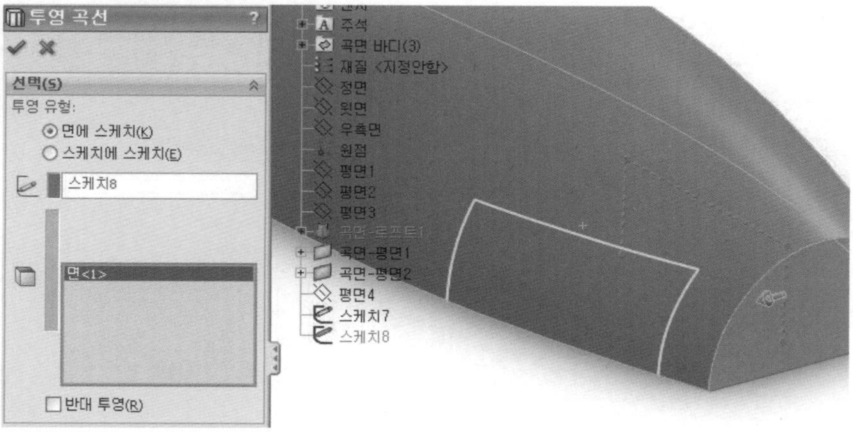

17 로프트 곡면 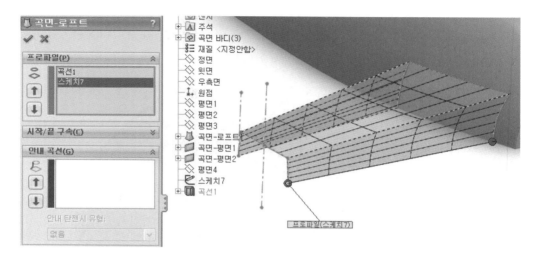 2

곡면 도구모음에서 로프트 곡면 ⬛을 클릭하거나 삽입 → 곡면 → 로프트를 클릭합니다.

1 프로파일 ❖에 투영곡선과 평면4에 스케치한 스케치7을 순차적으로 선택하여 로프트합니다.

1 곡면 도구모음에서 곡면 잘라내기 를 클릭하고, 잘라내기 유형에 표준을 선택합니다.
잘라내기 도구 는 위의 생성한 곡면 로프트2를 선택하고, 선택 제거 란에 그래픽영역에서
다음과 같이 면을 선택합니다.

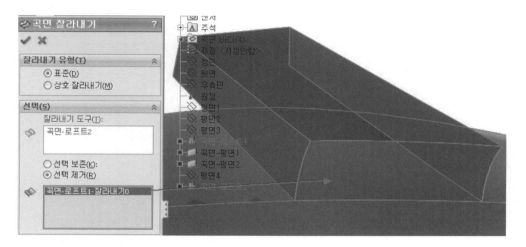

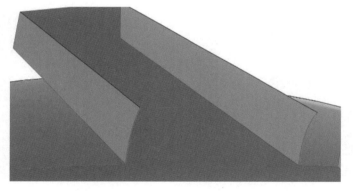

19   2D평면 선택하고 스케치하기 9

FeatureManager 디자인트리에서 윗면을 선택하고, 스케치 도구모음에서 스케치 █를 클릭합니다. 스케치 도구모음의 타원 █을 클릭하여 타원의 중심점이 모서리에 일치하게 타원을 스케치하고 타원의 장축의 두 사분점 사이에 구속조건 부가에 수평조건을 부가한 후 지능형 치수 █를 클릭하여 치수를 부가합니다.

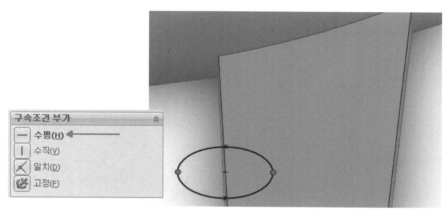

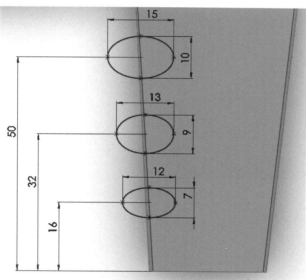

20 돌출 곡면 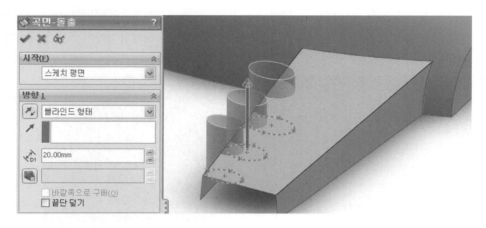 1

1 곡면 도구모음에서 돌출 곡면 ⬧을 클릭하거나 삽입 → 곡면 → 돌출을 클릭합니다. 마침조건은 블라인드 형태를 선택하고 깊이 ⬧에는 20을 기입합니다.

21 곡면 잘라내기 2

곡면 도구모음에서 곡면 잘라내기 를 클릭하거나 삽입 → 곡면 → 잘라내기를 클릭합니다.

1 잘라내기 유형에 표준을 선택하고, 잘라내기 도구 는 플라이아웃 FeatureManager 디자인트리에서 곡면 돌출의 스케치를 선택합니다. 선택 보존 란에 그래픽영역에서 곡면을 다음과 같이 선택합니다.

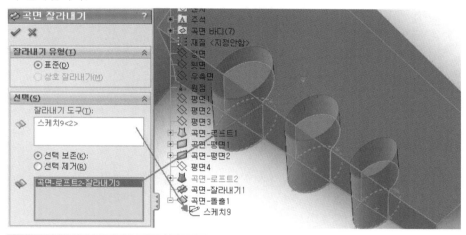

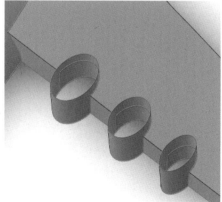

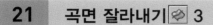

21 곡면 잘라내기 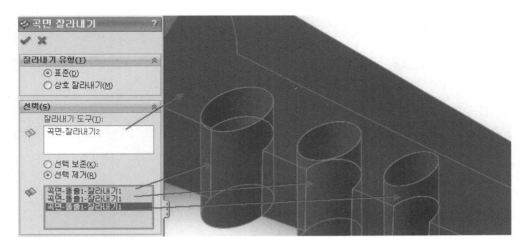 3

곡면 도구모음에서 곡면 잘라내기 를 클릭하고, 잘라내기 유형에 표준을 선택하고, 잘라내기
도구 는 그래픽영역에서 곡면 로프트로 작성한 면을 선택하고, 선택 제거란 에 그래픽영역
에서 곡면 돌출한 면을 선택합니다.

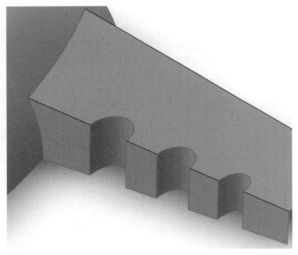

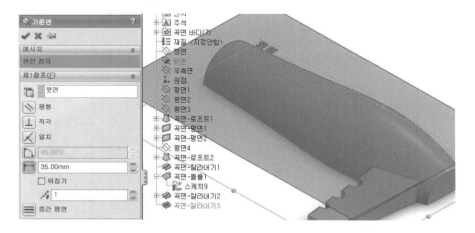

23 평면 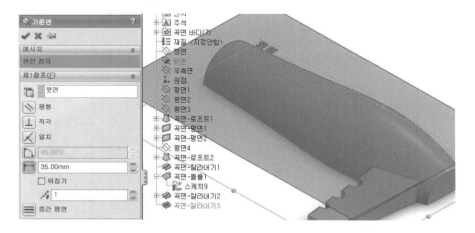 5

1 참조형상 도구모음에서 기준면 을 클릭합니다.

2 제1참조요소란에 FeatureManager 디자인트리에서 윗면을 선택하고 오프셋 거리는 35를 입력하여 입력한 거리만큼 오프셋된 평면5를 만듭니다.

24 2D평면 선택하고 스케치하기 10

FeatureManager 디자인트리에서 평면5를 선택하고, 스케치 도구모음에서 스케치 를 클릭하여 다음과 같이 스케치를 완성합니다.

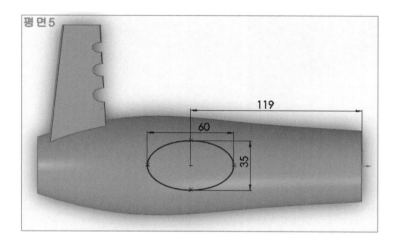

25 평면 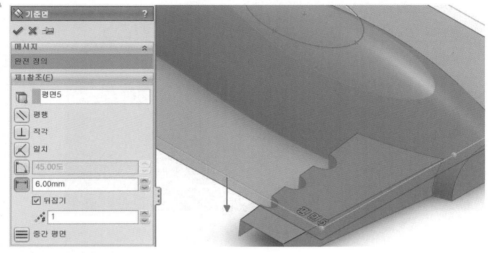 6

참조형상 도구모음에서 기준면 을 클릭합니다.

1 제1참조요소란에 FeatureManager 디자인트리에서 평면5를 선택하고 오프셋 거리로는 6을
입력하여 입력한 거리만큼 오프셋된 평면6을 만듭니다.

3 새로 작성한 평면6에 다음과 같이 스케치를 완성합니다.

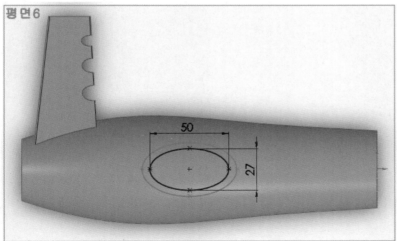

26 로프트 곡면 3

곡면 도구모음에서 로프트 곡면 을 클릭합니다.

1 프로파일 에 평면5와 평면6의 스케치 프로파일을 순차적으로 선택하여 로프트합니다.

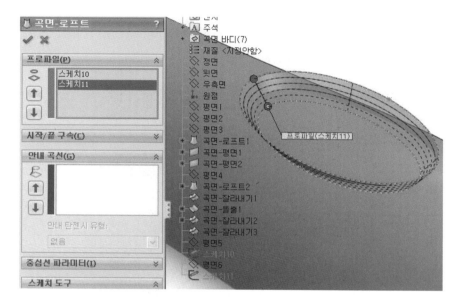

27 곡면늘리기 1

곡면 도구모음에서 곡면 늘리기 를 클릭하거나 삽입, 곡면, 늘리기를 클릭합니다.

■ 곡면 늘리기 PropertyManager에서

① 연장할 모서리선/면 아래에서, 선택 면/모서리선 으로 그래픽 영역에서 곡면 로프트로 생성한 위의 모서리선을 선택합니다.

② 마침 조건 유형에서 거리를 선택하고, 거리 에 5를 기입하여 지정한 값만큼 곡면을 늘립니다.

③ 연장형태는 '같은 곡면으로'를 선택합니다.
같은 곡면으로는 곡면의 지오메트리를 따라 곡면이 연장이 되고, 직선형은 곡면 탄젠트를 모서리선을 따라 원래 곡면으로 연장합니다.

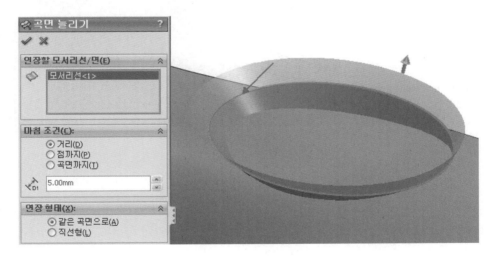

> **TIP**
>
> 곡면 잘라내기를 사용시 잘라내기 도구가 잘릴 형상보다 커야 하기 때문에 위와 같이 곡면 늘리기를 통해 잘라내기 도구로 사용될 곡면을 늘려줍니다.

28 　곡면 잘라내기 4

곡면 도구모음에서 곡면 잘라내기 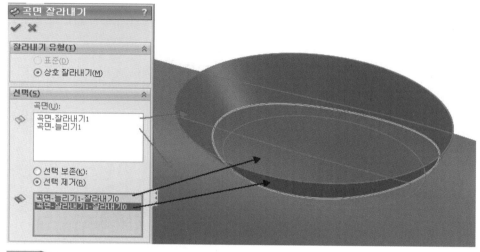를 클릭하고, 잘라내기 유형에 상호 잘라내기를 선택합니다.

1 잘라내기 도구 는 그래픽영역에서 곡면 늘리기로 작성한 면과 로프트 면을 선택하고, 선택 제거 란에 그래픽영역에서 제거할 면을 선택합니다.

29 평면곡면 ▭ 3

곡면 도구모음에서 평면 곡면 ▭을 클릭합니다.

1 경계 요소 ◇로 그래픽 영역에서 모서리선을 선택하여 평면 곡면을 만듭니다.

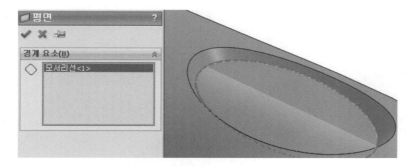

30 곡면 붙이기 ♨ 1

두께 값을 갖는 솔리드 형상으로 만들기 위해 우선 모든 곡면 바디를 붙입니다.
곡면 도구모음에서 곡면 붙이기 ♨를 클릭합니다.

1 곡면 붙이기 PropertyManager에서 붙일 곡면 ◈과 면으로 플라이아웃 FeatureManager 디자인
트리에서 나누어진 모든 곡면을 선택하거나 그래픽영역에서 선택합니다.

31 두꺼운 피처  1

두께 값이 없는 하나로 합쳐진 곡면에 두께 값을 부여하기 위해 피처 도구모음에서 두꺼운 피처 를 클릭하여 다음과 같이 값을 부여하여 솔리드 형상을 완성합니다.

1 두꺼운 피처 PropertyManager에서 두껍게 할 곡면 그래픽영역 에서 합친 곡면을 선택합니다. 두께 유형에 1면 두껍게  를 선택하고, 두께  값으로 1을 기입합니다.

✔ 확인

PROJECT

33 판금 도구모음 사용예제 1

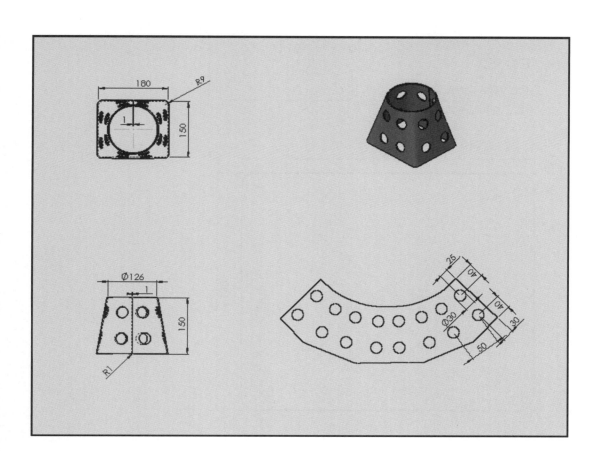

01 2D평면 선택하고 스케치하기 1

FeatureManager 디자인트리에서 윗면을 선택하고, 스케치 도구모음에서 스케치 를 클릭합니다.

1 스케치 도구모음의 사각형 □과 지능형 치수 ◇, 스케치 필렛 ◠을 이용하여 다음과 같이 스케치를 완성합니다.

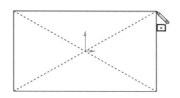

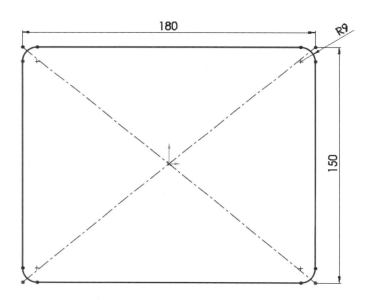

2 중심선 ┋ 을 선택하여 수직한 중심선을 작성하고 선 ╲ 을 선택하여 다음과 같이 두 사선을 그립니다.

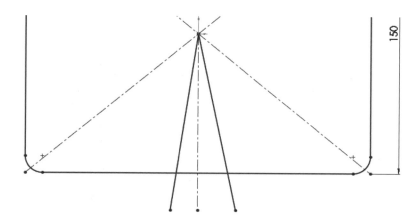

3 스케치 잘라내기 ✄ 를 이용하여 필요 없는 스케치 요소를 잘라냅니다.

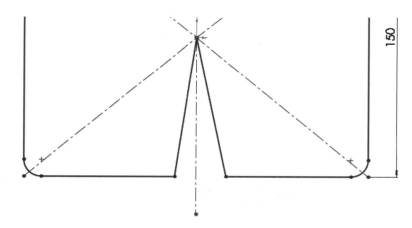

4 두 사선과 중심선을 선택하고 구속조건 부가에 대칭조건 ☑ 을 부여합니다.

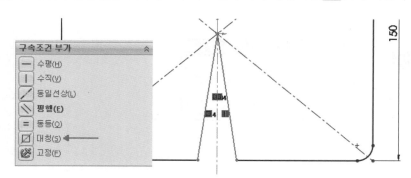

5 두 사선을 선택하고 보조선으로 변환합니다.

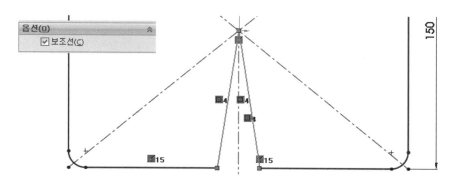

6 지능형 치수 🖉 를 클릭하여 두 점을 선택한 다음 두 점 사이의 거리값으로 1을 기입하고 수정 대화상자에서 ▼를 누른 후 치수 링크를 선택합니다. 공유된 치수창이 뜨면 이름란에 A1을 작성하고 확인을 클릭합니다.

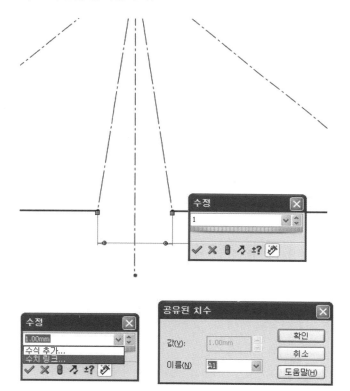

그래픽 영역에서 ◌◌가 치수에 표시됩니다.

치수링크

여러 수식이나 관계를 사용하지 않고도 몇 개의 치수 수치를 같게 설정할 수 있습니다.

치수가 이 방법으로 링크되면 치수 그룹의 어떤 요소도 유도하는 치수로 사용될 수 있습니다. 링크된 수치 중 하나를 변경하면 다른 수치도 모두 변경됩니다.

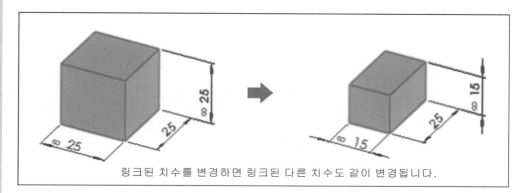

링크된 치수를 변경하면 링크된 다른 치수도 같이 변경됩니다.

치수 수치를 링크 해제하는 방법은 치수를 더블클릭하고, 수정 대화상자에서 ⌄를 누른 후 치수 링크 해제를 선택합니다. 또는 치수를 우클릭한 후 수치 링크 해제를 선택합니다. 여기서는 링크를 해제하지 않겠습니다.

스케치 확인코너에서 를 클릭합니다.

02 평면 1

참조형상 도구모음에서 기준면 을 클릭합니다.

제1참조요소란에 FeatureManager 디자인트리에서 윗면을 선택하고 오프셋 거리에 150을 입력하여 평면1을 만듭니다.

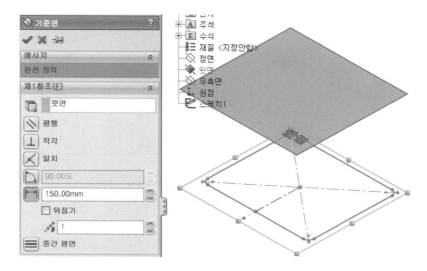

작성한 평면1을 선택하고 스케치 도구모음에서 스케치 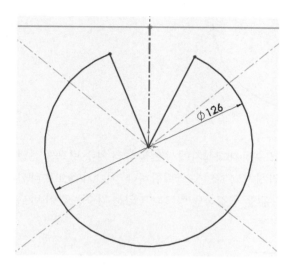를 클릭하고 다음과 같이 스케치를 완성합니다.

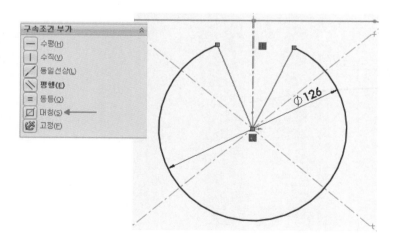

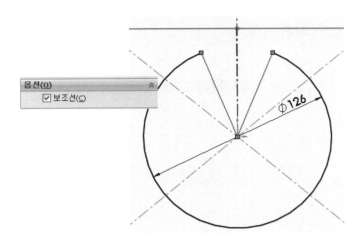

1 지능형 치수 ◈ 를 클릭하여 두 점을 선택하고 수정 대화상자에서 ✔ 를 눌러 치수 링크를 선택합
니다. 공유된 치수창이 뜨면 이름란에 A1을 작성하고 확인을 클릭합니다. 치수가 ⊕1로 바뀝니
다. 이전에 링크한 치수와 링크되어 치수 수치 값을 변경하면 링크되어 있는 치수는 같이 바뀌게
됩니다.

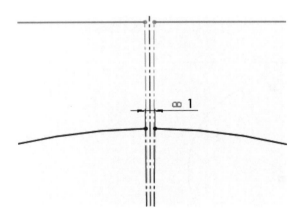

1 판금 파트에 있는 로프트 굽힘은 로프트로 연결된 두 개의 개곡선을 사용하기 때문에 로프트의 프로파일로 사용될 위의 두 스케치는 개곡선으로 작성하였습니다. 또한 베이스 - 플랜지 피처는 로프트 굽힘 피처와 함께 사용되지 않습니다.

2 판금도구모음의 로프트 굽힘  을 클릭하거나 삽입 → 판금 → 로프트 굽힘을 클릭합니다.

3 PropertyManager의 프로파일  아래에 두 개의 스케치를 선택하고 두께 값으로 3을 기입합니다.

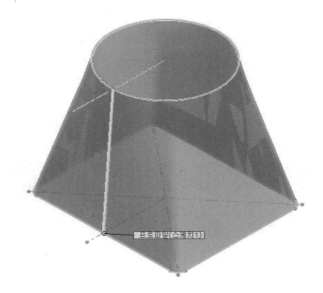

4 베이스 플랜지 피처로 두 개의 새 피처가 FeatureManager 디자인트리에 만들어집니다.

05 판금/전개도, 펴기/접기

1 판금1 🖫 : 여기에는 기본 밴드(굽힘) 변수가 포함됩니다. 디폴트 굽힘 반경, 굽힘 허용 또는 굽힘 차감, 디폴트 릴리프 유형을 편집하려면 판금1을 우클릭하고 피처 편집을 선택합니다.

2 전개도 🖫 : 판금 파트를 전개한 것입니다. 이 피처는 기본으로 파트가 굽힘 상태일 때 기능 억제됩니다. 피처의 기능 억제를 해제하여 판금 파트를 평평하게 만듭니다.

❶ 전개도 상태

- 기능 억제 상태이면 모든 새로운 피처가 FeatureManager 디자인트리에서 위에 삽입됩니다.
- 기능 억제 해제 상태이면, 모든 새로운 피처가 FeatureManager 디자인트리에서 아래에 삽입되며 접혀진 파트에서는 표시되지 않습니다.

3 펴기/접기 : 펴기 및 접기 피처를 사용하여 판금 파트의 하나, 하나 이상, 또는 모든 굽힘을 펴거나 굽힐 수 있습니다.

이 피처 조합은 굽힘을 가로지르는 컷을 추가할 때 유용합니다. 먼저 펴기 피처를 추가하여 굽힘을 편 다음 컷을 추가합니다. 마지막으로 접기 피처를 추가하여 굽힘을 접힌 상태로 되돌립니다.

06 펴기 🖳 1

판금 도구모음의 펴기 🖳 를 클릭하거나 삽입 → 판금 → 펴기를 클릭합니다.

1 고정 면 🖑 에 펴기를 위한 굽힘을 할 때 고정면을 선택합니다. 여기서는 다음과 같이 모서리를 선택합니다.

2 펴기 🖚 할 굽힘으로 하나 또는 그 이상의 굽힘부분을 선택하거나 모든 굽힘 보기를 클릭하여 파트에서 모든 굽힘을 선택합니다. 여기서는 모든 굽힘보기를 클릭합니다.

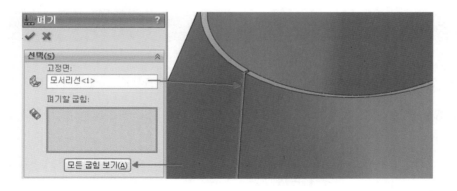

07   2D평면 선택하고 스케치하기 3

펼쳐진 판금형상의 면을 선택하고, 스케치 도구모음에서 스케치 를 클릭하여 다음과 같이 스케치합니다.

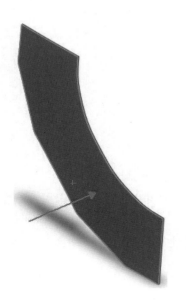

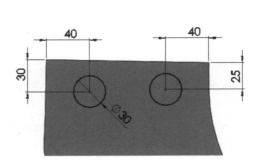

08 돌출컷 1

피처 도구모음의 돌출컷을 클릭하고 마침조건은 관통조건을 선택합니다.

09 곡선 이용 패턴 1

피처 도구모음에서 곡선 이용 패턴을 클릭합니다.

1 방향1의 패턴 방향으로 모서리선을 선택합니다.

2 인스턴스 수 : 패턴에 삽입할 씨드 인스턴스의 수는 8을 기입합니다.

3 간격 (동등 간격을 선택하지 않았을 때 사용 가능) : 50을 기입합니다.

4 곡선방법으로는 선택한 곡선의 원점에서 씨드 피처 사이의 수직 거리가 유지되도록 곡선 오프셋을 선택합니다.

5 정렬방법으로는 각 패턴 인스턴스를 패턴 방향으로 선택한 곡선에 탄젠트를 이루어 정렬되도록 곡선에 접함을 선택합니다.

6 패턴할 피처 는 그래픽 영역에서 컷 돌출한 부분을 선택합니다.

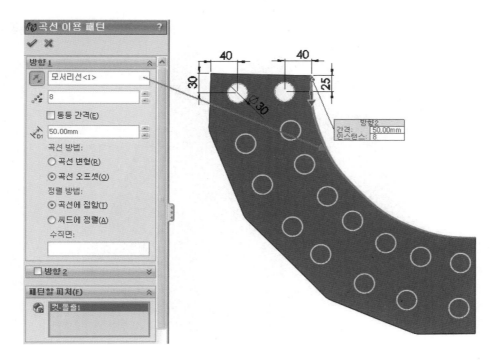

10 접기 🕮 1

판금 도구모음의 접기 🕮를 클릭하거나 삽입 → 판금 → 접기를 클릭합니다.

1️⃣ 고정 면 🔩에 모서리 선을 선택합니다.

2️⃣ 접기할 굽힘 🔩으로 모든 굽힘 보기를 클릭합니다.

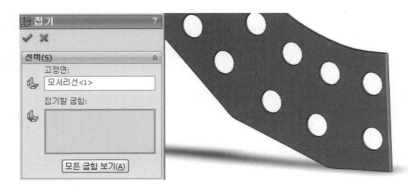

PROJECT 34

폼 도구 만들기, 판금 도구모음 사용예제 2

▶▶ 곡선도구모음 - 분할선

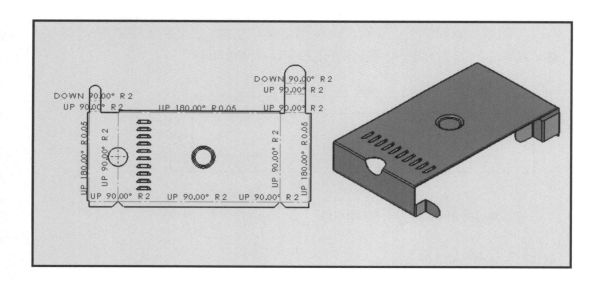

01 베이스 플랜지

FeatureManager 디자인트리에서 정면을 선택하고, 판금 도구모음에서 베이스 플랜지/탭을 클릭하거나 삽입 → 판금 → 베이스 플랜지를 클릭합니다.

TIP

베이스 플랜지

베이스 플랜지는 새 판금 파트의 첫 번째 피처입니다. 베이스 플랜지가 SolidWorks 파트에 추가되면 파트가 판금 파트로 표시됩니다. 적절할 경우 굽힘이 추가되며 판금 관련 피처가 FeatureManager 디자인트리에 추가됩니다.

베이스 플랜지는 SolidWorks 파트에는 베이스 플랜지 피처가 하나만 허용됩니다. 또한 베이스 플랜지 피처의 두께와 굽힘 반경은 지정하지 않는 한 다른 판금 피처의 디폴트 값이 됩니다.

---

1 스케치 도구모음을 이용하여 다음과 같이 스케치를 작성합니다.

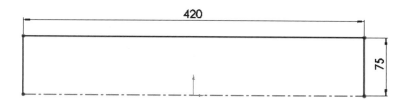

스케치 확인코너에서 를 클릭합니다.

2 베이스 플랜지 PropertyManager

❶ 방향1의 마침조건을 블라인드로 지정하고 깊이를 240을 입력합니다.

❷ 판금변수에서 판재의 두께 값을 두께 1을 입력하고 굽힘 반경은 2를 입력합니다. 두께를 반대로 부여하고자 하면 반대방향을 선택합니다.

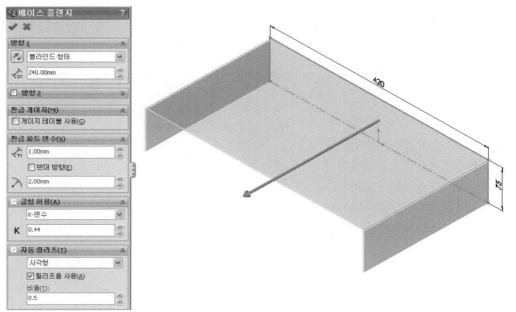

02   2D평면 선택하고 스케치하기 2

FeatureManager 디자인트리에서 윗면을 선택하고, 스케치 도구모음에서 스케치 ☑를 클릭하여
스케치를 완성합니다.

03   마이터 플랜지 사용방법

1 마이터 플랜지 : 마이터 플랜지 피처는 하나 이상의 판금 파트 모서리에 일련의 플랜지를 추가합니다.

2 마이터 플랜지의 권장사항
   1 마이터 플랜지 스케치의 조건 : 스케치는 단지 선 또는 원호만 있어야 합니다.
   2 마이터 플랜지 프로파일 : 한 개 이상의 연속선을 포함할 수 있습니다. 예를 들어, L자 모양의 프로파일일 수 있습니다.
   3 스케치 평면 : 마이터 플랜지가 생성되는 첫 번째 모서리선에 수직이어야 합니다.

04   마이터 플랜지 1

판금 도구모음에서 마이터 플랜지 를 클릭하거나 삽입 → 판금 → 마이터 플랜지를 클릭합니다.

1 테두리 따라 그래픽영역 에서 플랜지를 만들 모서리를 선택하거나 모서리선에 접한 모든 모서리선에 선택을 파급 하려면, 선택한 모서리선의 중간 부분에 나타나는 핸들을 클릭합니다. 여기서도 파급을 클릭하여 접한 모든 모서리가 선택되도록 합니다.

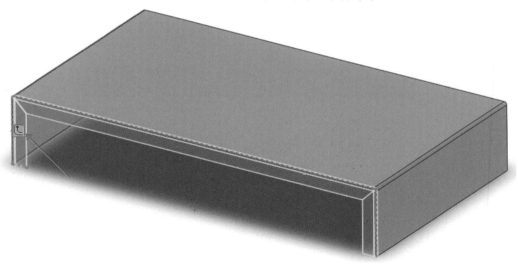

2 플랜지 위치는 재질 안쪽 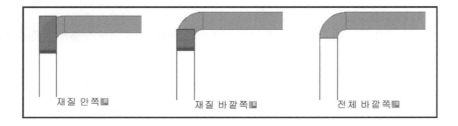을 선택합니다.

재질 안쪽 ▣   재질 바깥쪽 ▣   전체 바깥쪽 ▣

3 디폴트 값이 아닌 다른 틈 크기를 사용하려면, 틈 간격을 지정하는데 여기서는 디폴트 값을 쓰겠습니다.

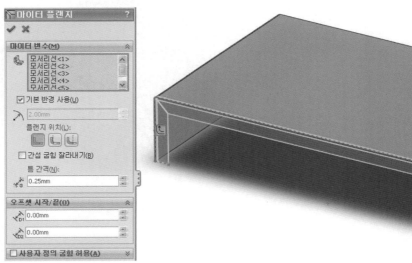

05　모서리 플랜지 1

■ 모서리 플랜지 : 한 개 또는 여러 개의 모서리선을 선택하여 선택한 모서리에 돌출하는 플랜지를 추가할 수 있습니다.

■ 판금 도구모음의 모서리 플랜지 를 클릭하거나 삽입 → 판금 → 모서리 플랜지를 클릭합니다.

■ 모서리 플랜지 PropertyManager에서 다음과 같이 필요한 값을 입력합니다.

❶ 모서리 란에 그래픽 영역에서 모서리선을 선택하여 필요한 부분을 돌출합니다.

❷ 기본반경을 선택하여 굽힘 반경 , 틈 거리 를 기본값으로 유지합니다.

❸ 플랜지 각도값 은 90°를 입력하고 플랜지 길이의 마침조건은 블라인드 형태를 길이값 은 70을 기입합니다.

❹ 가상 꼭짓점은 두 요소의 가상 교차점을 나타내는데 내부 가상꼭짓점 을 선택합니다.

❺ 플랜지의 위치는 재질 바깥쪽 을 선택합니다.

❻ 릴리프 자동을 선택한 경우 굽힘을 삽입할 때 필요한 곳마다 릴리프 컷이 자동으로 추가됩니다.

릴리프 비율값은 0.05와 2.0 사이의 숫자이어야 합니다. 값이 높을수록 더 큰 크기의 릴리프 컷이 굽힘 삽입 도중 추가됩니다.

여기서는 릴리프를 지정하지 않겠습니다.

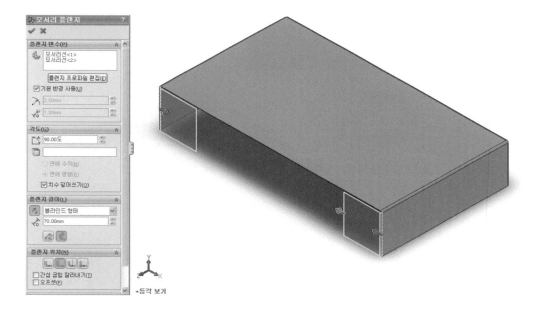

FeatureManager 디자인트리에서 모서리 플랜지 아래에 생성된 스케치를 선택하고 스케치편집을 눌러 다음과 같이 생성된 스케치 요소를 드래그하여 원하는 형상을 만들고 스케치도구모음을 이용하여 수정합니다.

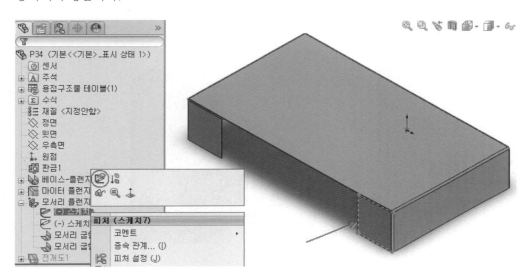

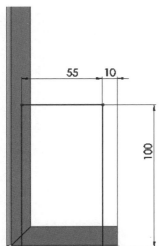

07 모서리 플랜지 스케치 수정 2

FeatureManager 디자인트리에서 모서리 플랜지 아래에 생성된 또 다른 스케치 프로파일도 위와
같은 방법으로 수정합니다.

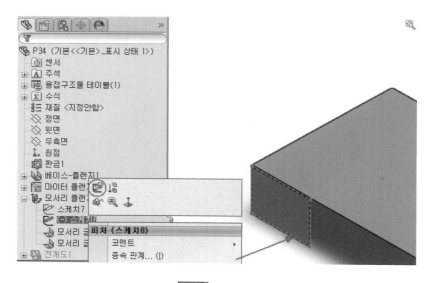

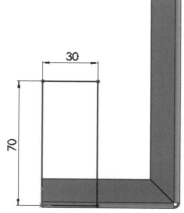

08 필렛 1

1 피처도구모음의 필렛을 클릭합니다. 필렛 유형에 둥근 필렛을 선택하고, 필렛할 항목에 그래 픽 영역에서 두 측면 쌍과 하나의 중간 면 쌍을 선택합니다.

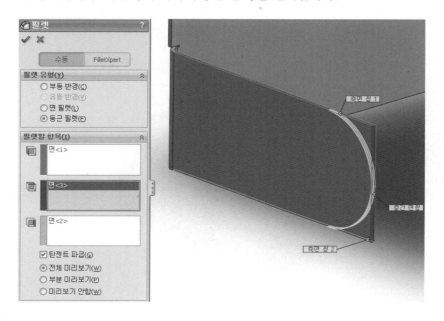

2 모서리 플랜지로 생성한 다른 쪽 플랜지도 마찬가지로 둥근 필렛을 합니다.

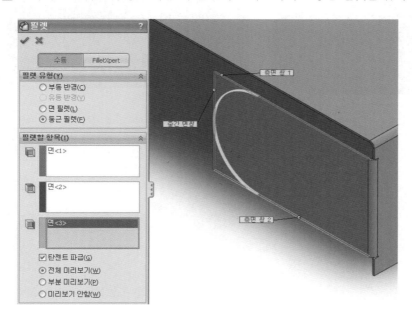

09 2D평면 선택하고 스케치하기 3

그래픽영역에서 형상의 면을 선택하고, 스케치 도구모음에서 스케치 를 클릭하여 다음과 같이
스케치를 완성합니다.

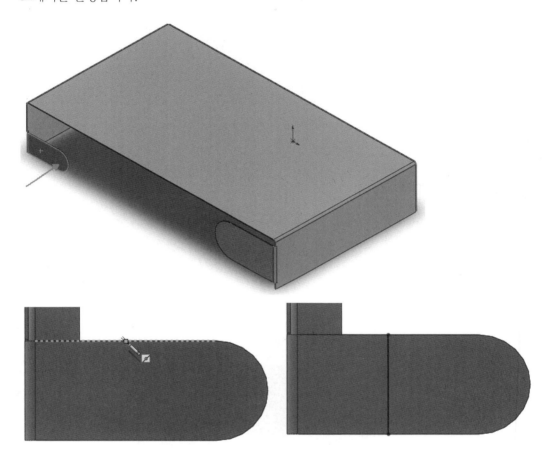

10 스케치 굽힘 🖧 1

1 스케치 굽힘 🖧 : 스케치된 선을 기준으로 굽힙니다.

스케치 굽힘에서 스케치에는 선만 사용할 수 있고, 굽힘선은 굽히는 면의 길이와 정확히 같지 않아도 됩니다.

2 판금 도구모음에서 스케치 굽힘 🖧을 클릭하거나 삽입 → 판금 → 스케치된 굽힘을 클릭합니다.

1 고정 면 🗾에 굽힘으로 인해 이동하지 않을 면을 그래픽 영역에서 선택합니다.

2 굽힘 위치는 굽힘선이 평평한 파트의 굽힘 부분을 균등하게 분할하도록 배치되도록 굽힘 중심선 굽힘 🏛을 선택합니다.

3 굽힘 각도는 90° 기입하고 굽힘 반경 🗡은 기본값으로 합니다.

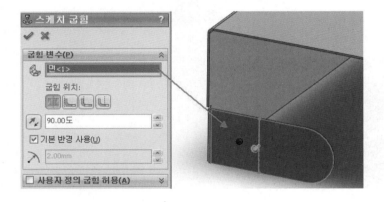

S O L I D W O R K S

11   2D평면 선택하고 스케치하기 4

그래픽영역에서 스케치할 형상의 면을 선택하고, 스케치 도구모음에서 스케치 ✎를 클릭하여 다음과 같이 스케치를 완성합니다.

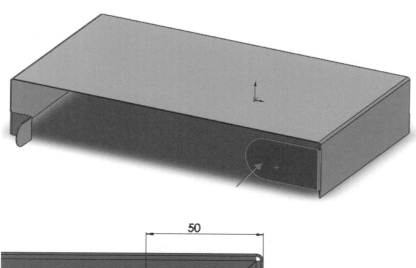

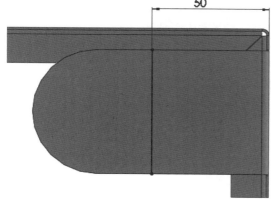

12 조그

1 조그 : 스케치 선으로 두 개의 굽힘을 생성하면서 판금 파트에 재질을 추가합니다. 조그에 사용 하는 스케치 요소는 하나의 선만 포함할 수 있고, 선은 수평 또는 수직이 아니어도 됩니다. 굽힘 선은 굽히는 면의 길이와 정확히 같지 않아도 됩니다.

▶ 판금 도구모음에서 조그 를 클릭하거나 삽입, 판금, 조그를 클릭합니다.

❶ 고정면 에 그래픽 영역에서 고정할 면을 선택합니다.

❷ 기본 반경을 선택합니다.(만약 선택굽힘 반경을 편집하려면 선택 아래에서 기본 반경 사용 선택을 해제하고 굽힘 반경 에 새 값을 입력합니다.)

❸ 조그 오프셋에서 마침조건은 블라인드를 선택하고 오프셋 거리는 30을 기입합니다. 반대방향 을 클릭하여 조그의 방향을 바꾸어줍니다. 치수의 위치는 바깥쪽 으로 오프 셋을 선택합니다.

❹ 조그 위치는 중심선 굽힘 을, 조그 각도 는 90°를 기입합니다.

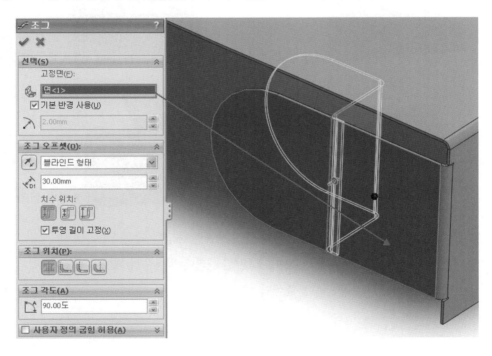

13 햄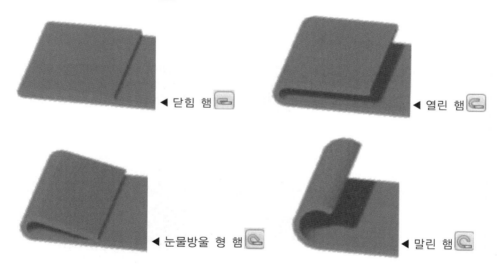 1

1 햄 : 판금 파트 모서리를 햄 도구를 이용하여 말아줍니다.

햄을 추가할 때 선택하는 모서리는 직선이어야 하고, 여러 개 선택할 경우에는 모서리가 같은 면에 있어야 합니다.

2 판금 도구모음의 햄을 클릭하거나 삽입 → 판금 → 햄을 클릭합니다.

① 모서리선 : 햄을 추가하려는 모서리를 그래픽 영역에서 선택합니다. 반대방향을 클릭하여 반대방향에 햄을 만듭니다.

재질 안쪽에 햄이 생성되도록 재질 안쪽을 선택합니다.

② 유형과 크기에서 닫힘 햄을 선택합니다.

◀ 닫힘 햄

◀ 열린 햄

◀ 눈물방울 형 햄

◀ 말린 햄

③ 길이에 5를 기입합니다.(닫힌 햄과 열린 햄에만 해당)

틈 거리 (열린 햄에만 해당), 각도 (말린 햄과 눈물방울형 햄에만 해당)

반경 (말린 햄과 눈물방울형 햄에만 해당)

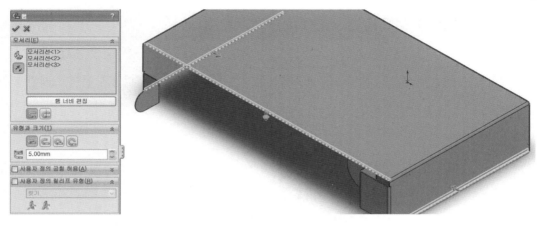

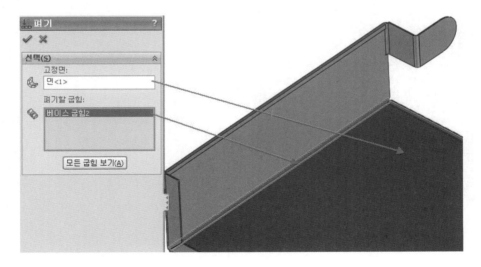

14   펴기 1

□ 판금 도구모음의 펴기 를 클릭합니다.

  ❶ 고정 면 에 펴기 위한 굽힘을 할 때 고정될 면을 선택합니다.

  ❷ 펴기 할 굽힘으로 다음과 같이 굽힘부분을 선택합니다.

15   2D평면 선택하고 스케치하기 5

스케치할 면을 선택하고, 스케치 도구모음에서 스케치 ✎ 를 클릭하여 다음과 같이 스케치를 완성합니다.

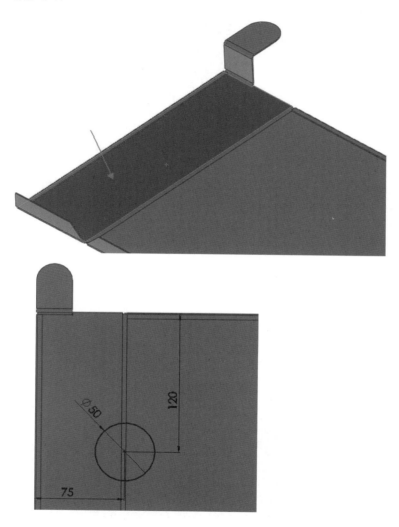

16 　 돌출컷 1

피처 도구모음의 돌출컷 ▣을 클릭하고, 마침조건으로 관통을 선택합니다.

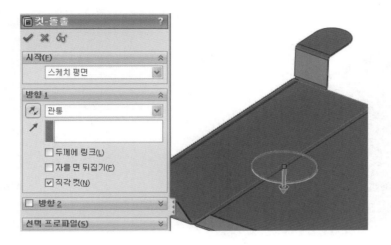

17 　 접기 1

① 판금 도구모음의 접기 를 클릭하거나 삽입, 판금, 접기를 클릭합니다.

❶ 고정 면에 접기 위한 굽힘 을 할 때 고정될 면을 선택합니다.

❷ 접기 할 굽힘으로 접기할 굽힘부분을 클릭합니다.

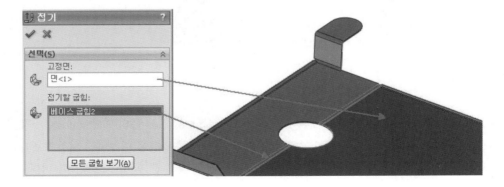

18 폼 도구 적용하기

판금 파트에 폼 도구 적용하기 : 설계 라이브러리에서 폼 도구는 판금 파트에서만 함께 사용됩니다.

1 판금 파트 면 위에, 폼 도구의 위치를 정할 도움선을 스케치합니다.

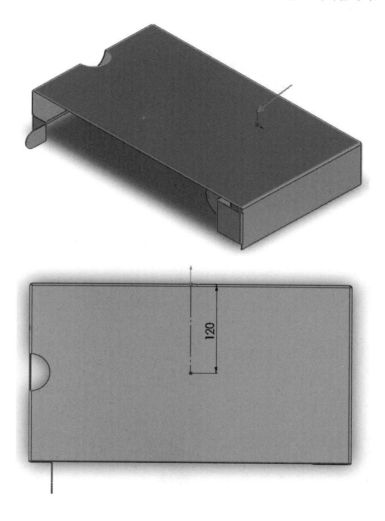

2 작업 창에서, 설계 라이브러리 탭 📑을 선택하고, forming tools 폴더 안에 embosses 폴더 안에 circular emboss를 선택한 채 드래그하여(Tab 을 눌러 변형 방향을 변경하고 재질의 반대쪽을 변형할 수 있습니다.) 그래픽영역의 판금 파트 면 위에 가지고 간 후 마우스를 놓습니다.

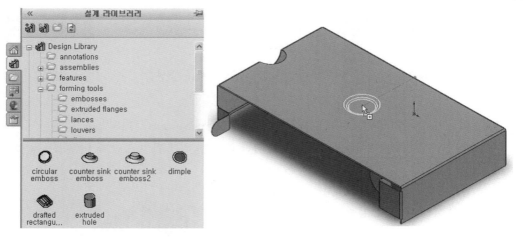

3 다음과 같은 창이 뜨면 마침을 클릭합니다.

위의 메시지에서처럼 폼 피처 위치를 정하기 위해 FeatureManager 디자인트리에서 폼 피처를 선택하고 마우스 오른쪽 버튼을 누른 후 스케치 편집을 클릭한 다음 스케치 도구모음을 사용하여 폼 피처의 스케치 위치를 정합니다.

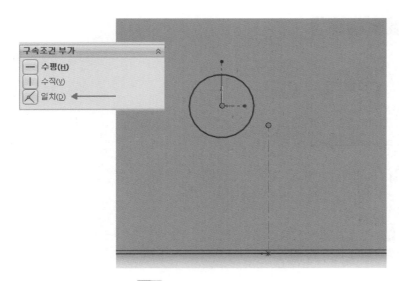

스케치 확인코너에서 를 클릭합니다.

19 폼 도구 적용하기 2

위와 같은 방법으로 다음과 같이 판금 피처 위에 폼 피처를 생성합니다.

1 작업창에서, 설계 라이브러리 탭 📑 을 선택하고, forming tools 폴더의 louvers 폴더 안에 louver 를 선택한 채 드래그하여 그래픽 영역의 판금 파트 면 위에 가지고 간 후 마우스를 놓습니다.

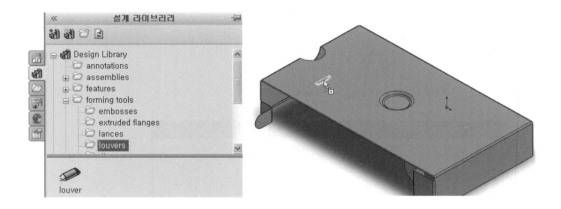

2 FeatureManager 디자인트리에서 폼 피처를 선택하고 마우스 오른쪽 버튼을 누른 후 스케치 편집 을 클릭합니다. 주 메뉴에 도구 → 스케치 도구 → 수정 📑 을 클릭하고 회전값에 −90°를 기입하 여 스케치를 회전시킵니다.

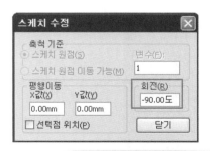

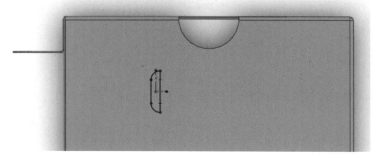

③ 스케치 도구모음의 지능형 치수 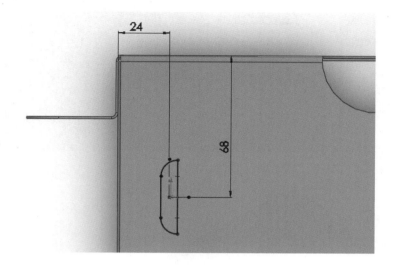를 사용하여 폼 피처의 스케치의 위치를 정합니다.

스케치 확인코너에서 ⬕를 클릭합니다.

---

20 선형패턴 ▦ 1

피처 도구모음에서 선형 패턴 ▦을 클릭합니다.

① 패턴 방향1은 직선 모서리를 선택합니다.
② 패턴 인스턴스 간격 ⬙에는 20을 기입합니다.
③ 패턴 인스턴스 수 ⬙에는 10을 기입합니다.
④ 패턴 ◔할 피처에 폼 피처인 louver를 선택합니다.

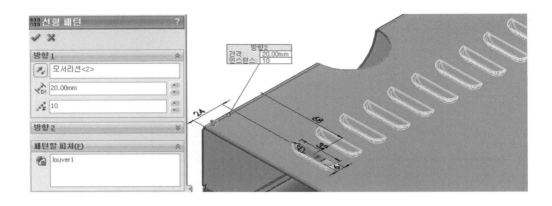

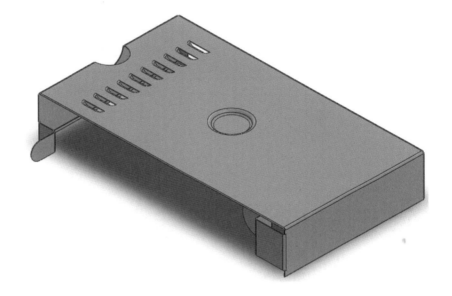

21 폼 도구 만들기

[1] 폼 도구 만들기 : 솔리드웍스에서 기본적으로 제공하는 폼 도구 이외에 필요에 의해서 폼도구를 만들 수 있습니다.

[2] 파일, 새문서, 파트를 클릭하여 새로운 파트창을 열고 폼 피처를 다음과 같이 작성해 보도록 하겠습니다.

[3] FeatureManager 디자인트리에서 정면을 선택하고, 스케치 도구모음에서 스케치 ✎를 클릭하여 스케치를 작성합니다.

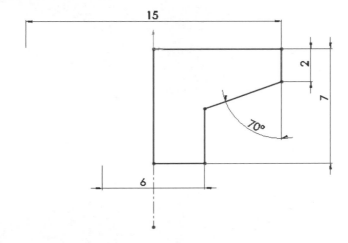

[4] 피처 도구모음의 회전 ⊕을 클릭하여 회전피처를 작성합니다.

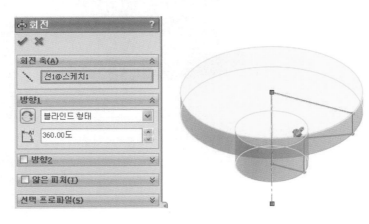

5 피처 도구모음의 필렛 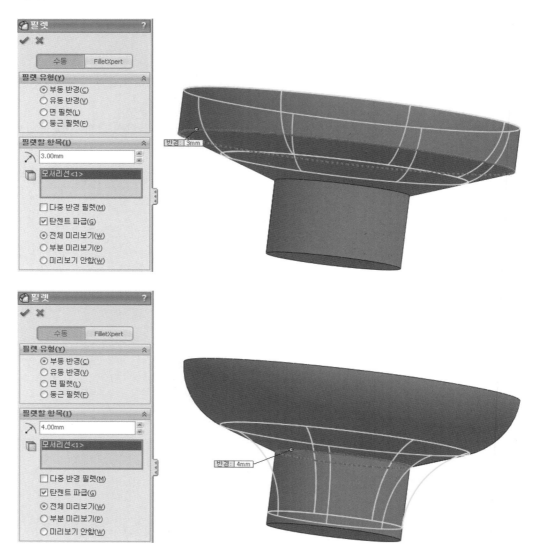을 이용하여 다음 모서리에 순차적으로 필렛 반경 3, 4, 1을 적용합니다.

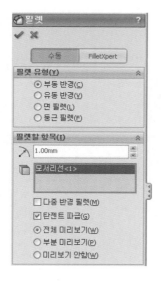

6 형상의 면을 선택하고, 스케치 도구모음에서 스케치 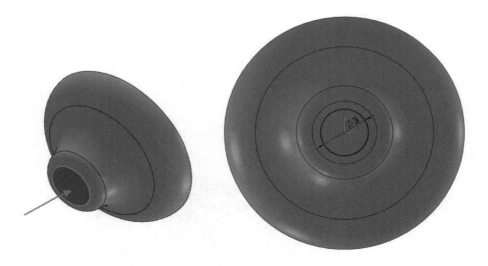를 클릭하여 스케치를 작성합니다.

7 곡선도구모음에서 분할선 ⬚을 클릭합니다.

❶ 분할 유형 아래 항목에서 투영식을 선택하고, 투영할 스케치 ✎를 클릭하고 플라이아웃 Feature Manager 디자인트리나 그래픽 영역에서 위의 스케치를 선택합니다.

분할할 면 상자 ☐를 클릭하고 분할선이 통과할 형상의 면을 그래픽 영역에서 선택합니다.

8 분할된 면의 안쪽을 선택하고, 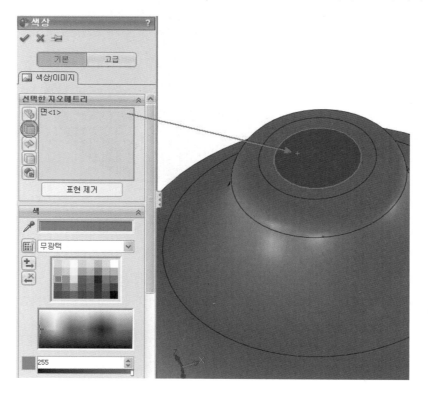 빠른 보기 도구모음의
표현편집을 클릭합니다.

RGB 색의 빨강, 녹색, 파랑 값으로 각각 255, 0, 0을 지정하여 색상을 빨간색으로 바꿉니다. 이 폼
도구를 이용해 판금피처에 적용 시 빨간색은 관통될 부분(제거될 면)입니다.

9 솔리드의 윗면을 선택하고, 스케치 도구모음에서 스케치 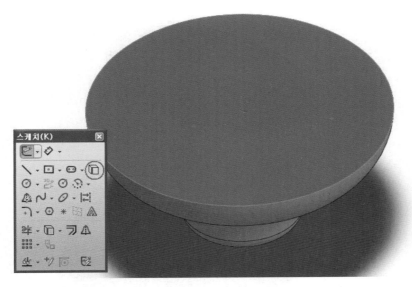를 클릭한 다음 스케치 요소변환할 면을 선택하고 스케치 도구모음의 스케치 요소변환 ⬜을 클릭하여 스케치로 변환합니다. 스케치 요소변환을 한 스케치는 폼 도구를 이용해 판금피처에 적용할 때 폼도구가 정지될 면입니다.

10 위의 **8** **9** 과정을 판금피처 도구모음의 폼 도구 📞 를 이용하여 제거할 면과 정지면을 설정할 수도 있습니다.

판금피처 도구모음의 폼 도구 📞 를 이용하는 방법은 다음과 같습니다.

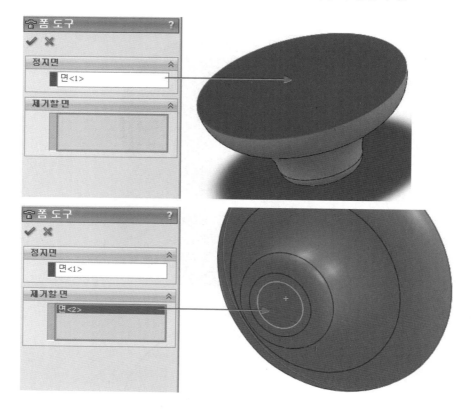

11 폼 도구피처를 저장하는데 기존 작업창의 폼 도구폴더에 지정하기 위해서 SolidWorks 설치 폴더 안에 /data/design library/forming tools 안의 원하는 폴더에 저장합니다.

저장한 후 작성한 폼 도구 창을 닫고, 작업창에서, 설계 라이브러리 탭 📑 을 선택하고, forming tools 폴더 안에 저장한 폴더를 찾아서 드래그하여 판금 피처에서 실행해 봅니다.

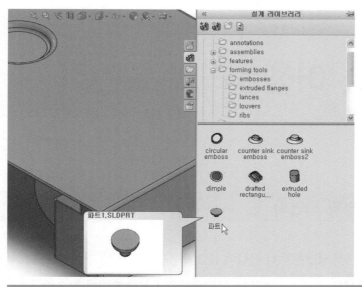

PROJECT

35 파트, 어셈블리의 도면화

01 파트, 어셈블리의 도면화

1 도면은 파트나 어셈블리에서 생성한 하나 이상의 뷰로 구성됩니다. 도면과 연관된 파트나 어셈블리는 도면을 작성하기 전에 저장해야 합니다. 파트 또는 어셈블리 문서에서 새 도면을 작성할 수 있습니다.

2 작성한 파트 또는 어셈블리의 열린 문서에서 도면 작성하려면, 표준 도구모음에서 파트/어셈블리에서 도면 작성을 클릭합니다. 또는 새 도면을 열고 파트를 불러와 도면을 작성하려면 표준도구모음에서 새문서를 클릭하거나 파일, 새문서를 클릭하고 SolidWorks 새문서 대화상자에서, 도면을 선택하고 확인을 클릭하여 도면창으로 넘어갑니다.

02 시트형식/크기

새 도면을 열 때, 시트 형식을 선택합니다.

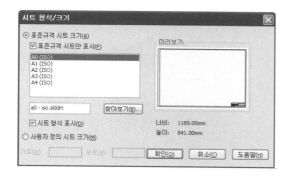

도면작업을 할 시트의 크기를 지정하거나 사용자가 원하는 크기를 조절하고 필요하면 시트형식을 표시하여 사용합니다.

시트 형식/크기 수정

시트 형식/크기를 선택하고 확인 버튼을 누른 뒤 수정하고자 할 때에는 도면시트에 마우스를 가져다 놓고 마우스 오른쪽 버튼을 클릭하고 속성을 선택하여 시트 형식/크기창이 뜨면 수정을 합니다.

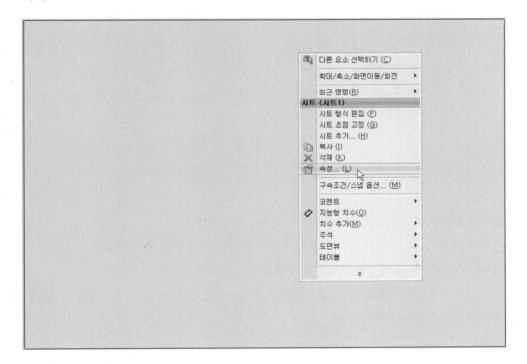

04 해당 뷰 가져오기

1 뷰 팔렛창에서 원하는 투상도를 선택하고 드래그하여 도면시트 위에 가져다 놓습니다.

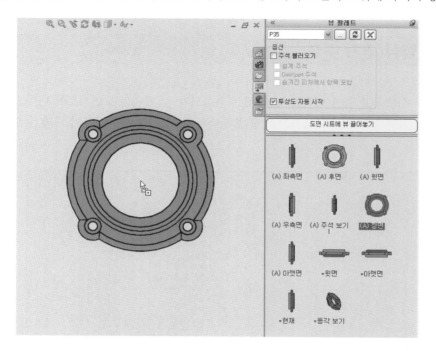

2 도면에 투상도를 삽입하면, 투상도 PropertyManager가 열립니다.

  ① 화살표 : 투상도의 방향을 표시해 주는 화살표를 표시하기 위해 선택합니다.

  ② 라벨 A→ : 투상도에 표시될 텍스트를 입력합니다.

  ③ 도면표시 : 실선 표시 , 은선 표시 , 은선 제거 , 모서리 표시 음영 , 음영 중 필요한 표시유형을 선택합니다.

  ④ 배율

    • 모체배율 사용 : 모체(관련 투상도를 만들어낼 투상도)에서 사용된 배율과 동일한 배율을 사용합니다. 모체 뷰의 배율을 변경하면, 그 뷰를 사용하는 모든 자손 뷰의 배율이 함께 변하게 됩니다.

    • 시트 배율 사용 : 도면시트에서 사용된 배율값과 동일한 배율이 적용됩니다.

    • 사용자 정의 배율 사용 : 사용자가 지정한 배율을 사용하거나 표기할 수 있습니다.

  ⑤ 치수유형

  실제치수는 실제모델의 치수이고 투영 치수는 투상법에 의한 투상배열을 하였을 때 쓰고 실제치수는 실치수가 나오지 않는 입체도 투상도 즉 등각투상도나 디메트릭, 트리메트릭 뷰에 사용합니다.

⑥ 나사산 표시

투상도에 구멍가공마법사로 가공한 암나사 부분이 있으면 그 나사산을 나사제도법에 의하여 표시합니다.

05 모델 뷰

① 도면시트에 파트나 어셈블리를 불러올 때 모델 뷰를 이용하여 불러올 수도 있습니다. 도면 도구모음에서 모델 뷰를 클릭하거나 삽입 → 도면뷰 → 모델 뷰를 클릭합니다.

② 모델 뷰 PropertyManager

❶ 삽입할 파트/어셈블리 : 문서 열기에서 열려진 문서를 선택하거나 찾아보기를 클릭하고 파트나 어셈블리 파일을 지정합니다.

❷ 옵션(새 도면 작성 시 시작명령) : 모델을 새 도면에 삽입할 때 사용합니다. 파트/어셈블리에서 도면 작성을 클릭하는 경우를 제외하고 새 도면을 작성할 때마다 나타납니다.

❸ 뷰의 수

• 다중뷰 작성 체크 해제 시 : 도면에 하나의 뷰만을 지정합니다.

• 다중뷰 작성 체크 시 : 도면에 하나 이상의 뷰를 지정합니다. 도면 뷰가 시트에 표시되지 않더라도, 필요로 하는 도면 뷰를 선택하면 선택한 뷰가 자리를 잡습니다.

❹ 투상도 자동 작성 : 모델 뷰를 삽입한 후 삽입한 모체 뷰를 기준으로 마우스의 움직임에 따라 투상도가 배열되고 시트에 마우스를 클릭하여 원하는 투상도를 배치할 수가 있습니다.

❺ 방향

뷰 방향 : 모델의 기본 뷰 방향

정면, 아랫면, 우측면, 좌측면, 윗면, 아랫면, 등각보기

미리보기는 다중뷰 작성 체크 해제 시에만 사용 가능하고, 뷰 삽입 시 모델을 보여줍니다.

06 투상도 배치

모델 뷰에서 필요한 투상도를 배치합니다.

모체를 정면도로 하여 관련 투상도를 배열할 수 있는 방법으로 도면 도구모음에서 투상도를 사용할 수도 있습니다.

투상도를 사용하기 위해서 그래픽 영역에서, 기준이(선택한 뷰가 정면도) 되는 뷰를 선택하고, 그래픽 영역에 마우스를 클릭하여 나타내고자 하는 투상도를 배치합니다.

07 단면도 사용하기

1 도면 도구모음에서 단면도를 클릭하거나 삽입 → 도면뷰 → 단면도를 클릭합니다.

2 단면도 PropertyManager가 표시되면서, 선 도구가 활성되면 절단할 위치에 절단선을 그립니다.

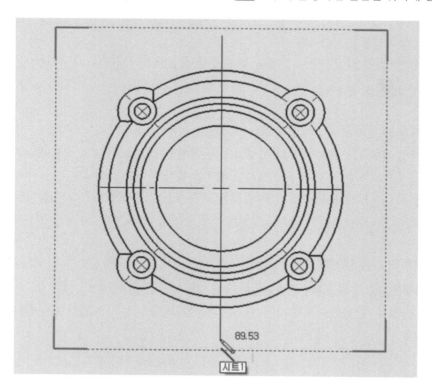

TIP

스케치 도구모음의 선 을 이용하여 절단선을 그린 후 선을 선택한 후 단면도 를 클릭하여도 됩니다.

▣ 단면도 PropertyManager

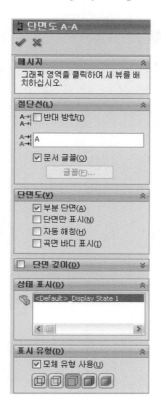

❶ 절단선 - 방향 뒤집기 : 절단면을 투상하는 데 있어서 투상의 시점이 바뀝니다.

❷ 라벨 : 문자는 A부터 시작되는데 필요에 의해서 단면도와 절단선 관련 문자를 수정할 수 있습니다.

❸ 단면도 - 부분 절단 : 절단선이 뷰를 완전히 가로지르지 않을 경우, 절단선이 뷰 도형보다 작다는 설명과 함께 부분 절단을 원하느냐는 메시지가 표시됩니다. 예를 선택하면 단면도 가 부분 단면도가 되며 확인란이 선택됩니다.

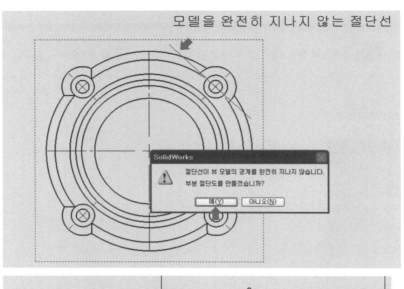

모델을 완전히 지나지 않는 절단선

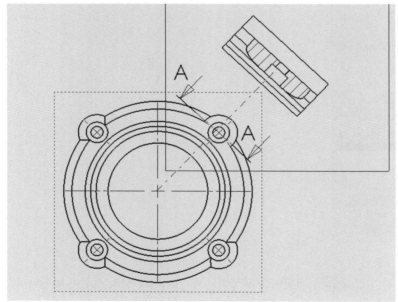

❹ 단면만 표시 : 절단선으로 절단된 단면만 단면도에 표시됩니다.

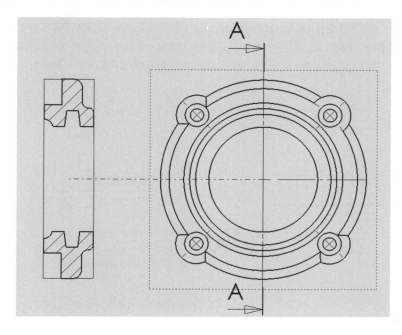

④ 도면 시트 위에 단면도가 위치할 자리를 클릭하고 단면도를 작성합니다.

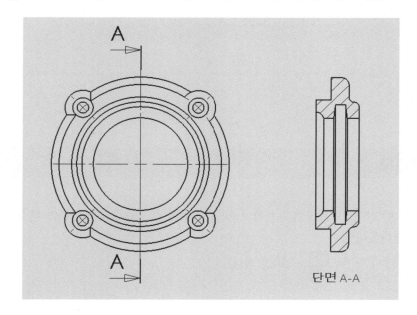

단면 A-A

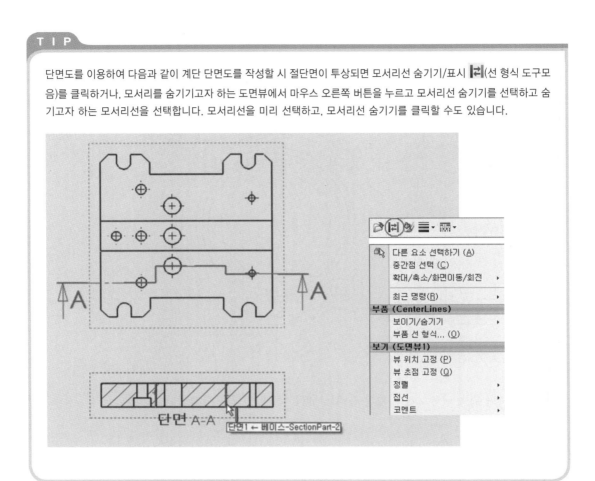

> TIP
>
> 단면도를 이용하여 다음과 같이 계단 단면도를 작성할 시 절단면이 투상되면 모서리선 숨기기/표시 ⟳(선 형식 도구모음)를 클릭하거나, 모서리를 숨기기고자 하는 도면뷰에서 마우스 오른쪽 버튼을 누르고 모서리선 숨기기를 선택하고 숨기고자 하는 모서리선을 선택합니다. 모서리선을 미리 선택하고, 모서리선 숨기기를 클릭할 수도 있습니다.

08 경사 단면도

1. 경사 단면도 : 경사 단면도는 단면도와 유사하나 두 개 이상의 절단선이 각을 이루며 연결되어 있는 것이 단면도와 다릅니다.

   도면 도구모음에서 경사 단면도를 클릭합니다.

2. 선 도구가 활성되면 절단할 위치에 절단선을 그립니다.

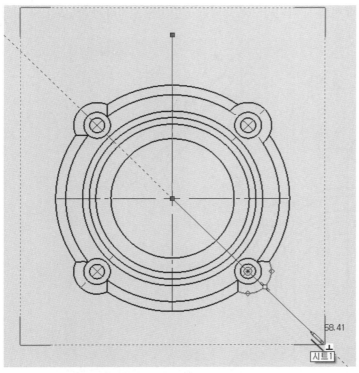

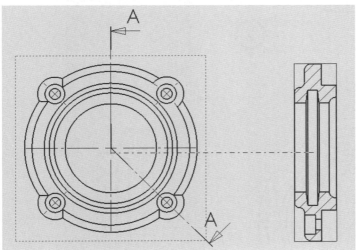

TIP

절단선은 서로 각을 이루는 최소 두 개의 연결된 선으로 구성되어야 합니다. 필요에 의해 여러 개의 절단선으로 경사 단면도를 작성하려면, 경사 단면도를 클릭하기 전에 스케치 도구모음의 선 ◣ 을 이용하여 절단선을 그린 후 절단선을 선택하고, 경사 단면도 ᵗ⏹ 를 클릭해야 합니다. 절단선으로 사용할 선은 각을 이루고 연결돼 있어야 하며 중첩 윤곽선을 가질 수 있습니다.

3 절단선을 Ctrl 을 누른 채 선택 시 마지막으로 선택한 절단선에 수직하게 단면도가 작성됩니다.

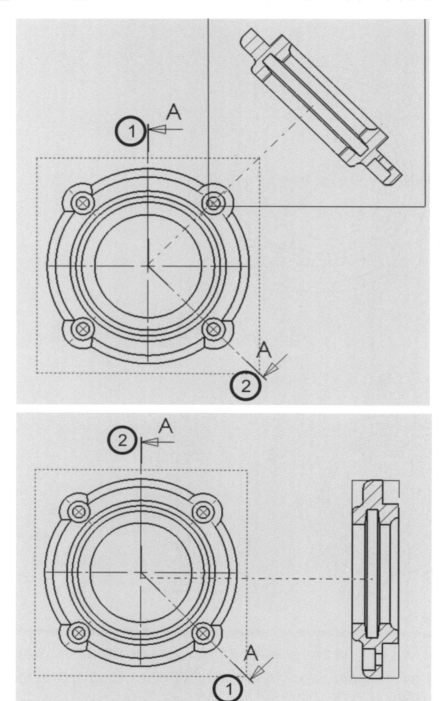

모체뷰와 관계를 끊고 단면도를 다른 곳으로 이동하고자 할 때에는 단면도 뷰에 마우스를 놓습니다. 마우스 오른쪽 버튼을 누르고 정렬에 배열분리를 선택합니다. 선택 후 해당 뷰를 움직여 원하는 곳으로 이동합니다.

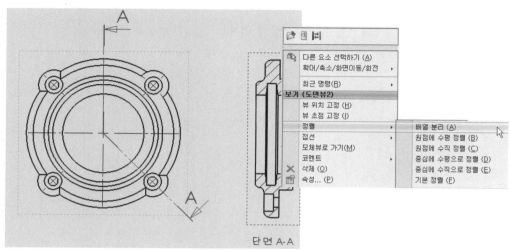

단면 A-A

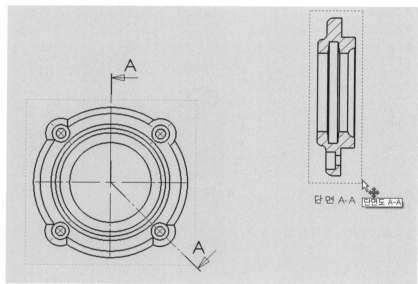

단면 A-A

09 상세도 사용하기

1 도면 도구모음에서 상세도 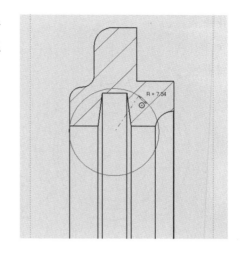를 클릭합니다. 원 도
구 ⊕가 활성되면 상세하고자 하는 부분을 둘러싸도
록 원을 스케치합니다.

2 상세도 PropertyManager

① 상세도 원 : 유형

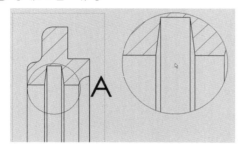

▲ 표준규격대로

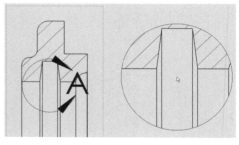

▲ 분할원

- ISO, JIS, DIN, BSI, GB : 지시선 없이
- ANSI : 열린 원

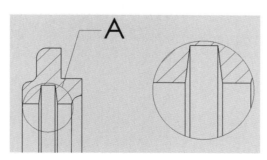

▲ 지시선과 함께

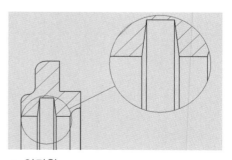

▲ 연결원

❷ 전체 테두리 : 상세도에서 프로파일 테두리를 표시하고자 할 때 선택합니다.

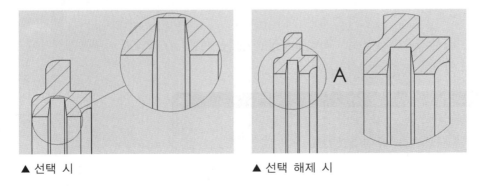

▲ 선택 시   ▲ 선택 해제 시

❸ 핀 위치 : 뷰의 배율을 변경할 때, 도면 시트에서 상세도의 위치를 동일한 위치에 두기 위해 선택합니다.

❹ 해칭 패턴 배율 : 이 옵션을 선택해서 단면도의 배율이 아닌 상세도의 배율을 기준으로 해칭 패턴을 표시합니다. 이 옵션이 단면 뷰에서 작성된 상세도에 적용됩니다.

❺ 상세도의 위치를 지정하고 확인✔을 클릭합니다.

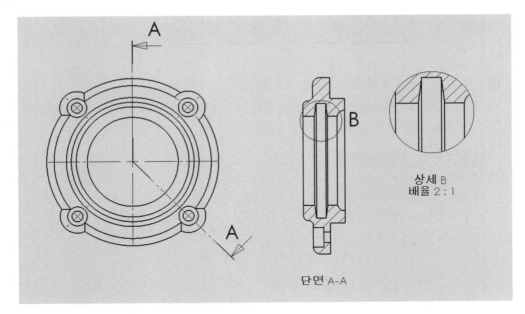

10 표준3도(정면도, 평면도, 우측면도) 작성하기

1 표준3도를 사용하기 전 시트 속성에 투상법 유형은 1각법과 3각법 중 하나를 선택하여 투상법에 맞는 배열이 되도록 합니다.

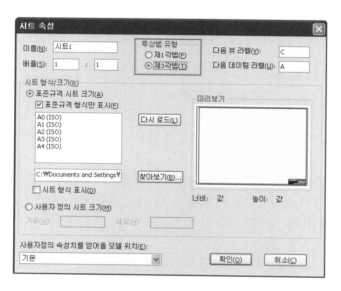

2 도면 도구모음에서 표준3도 ⊞를 클릭합니다.

표준3도 PropertyManager 안에서 문서 열기 아래에서 모델을 선택하거나 찾아보기 버튼을 눌러 모델 파일을 찾아 지정한 후, 확인을 누릅니다.

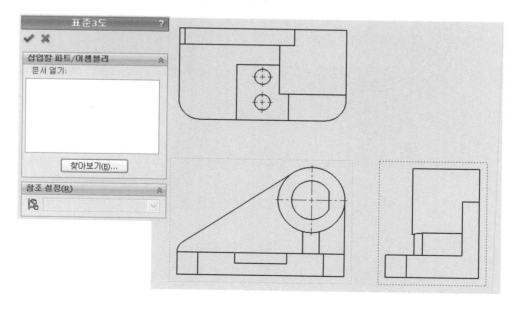

11 부분 단면도

1 도면 도구모음에서 부분 단면도 를 클릭합니다. 포인터 모양이 자유곡선 으로 바뀌면 내부 형상을 볼 부분을 자유곡선을 이용하여 닫힌 프로파일을 만듭니다. 자유곡선, 원, 타원을 이용하여 닫힌 프로파일을 생성 후 부분 단면도를 클릭하여도 됩니다.

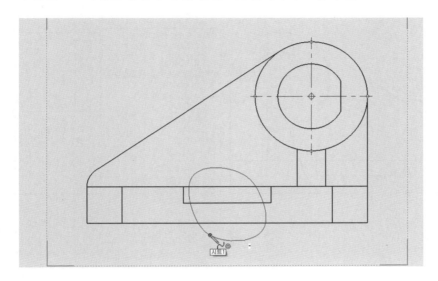

2 부분 단면도 PropertyManager

1 깊이 참조 : 깊이 값을 모를 경우 연관 뷰에서 모서리선이나 축과 같은 지오메트리를 선택합니다.

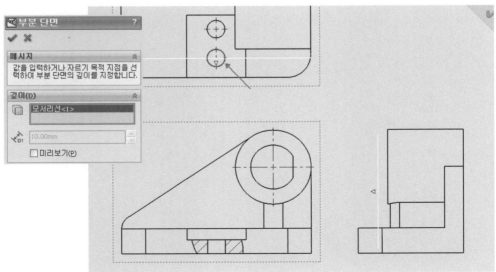

❷ 깊이 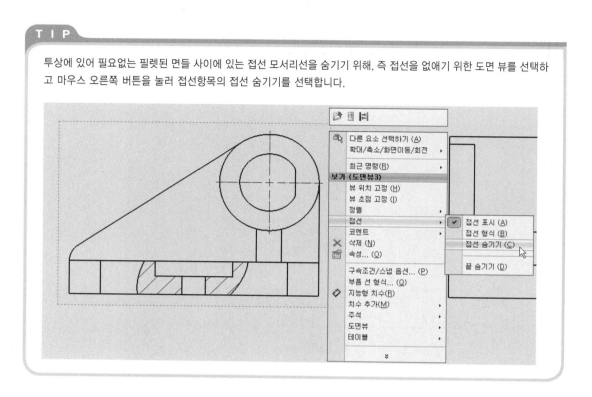 : 정확한 단면 평면 깊이를 지정하기 위해 깊이 난에 수를 입력합니다.

TIP

투상에 있어 필요없는 필렛된 면들 사이에 있는 접선 모서리선을 숨기기 위해. 즉 접선을 없애기 위한 도면 뷰를 선택하고 마우스 오른쪽 버튼을 눌러 접선항목의 접선 숨기기를 선택합니다.

12 부분도

1 부분도를 작성하고자 하는 도면 뷰에, 원, 타원, 자유곡선 같은 닫힌 프로파일을 스케치합니다.

2 도면 도구모음에서 부분도 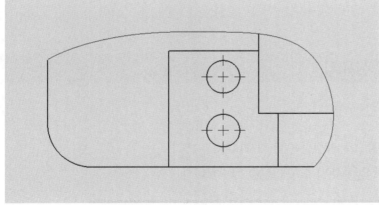를 클릭합니다. 스케치한 부분 밖에 있는 뷰는 제거됩니다.

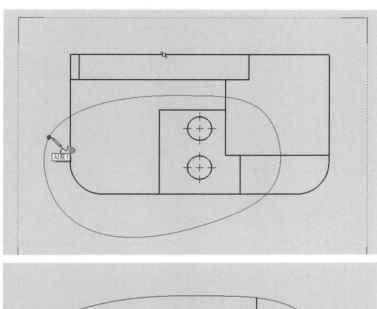

TIP

부분도를 복구하고자 할 때는 부분도 뷰에 마우스 오른쪽 버튼을 누른 후 부분도에서 '부분도 제거'를 클릭합니다.

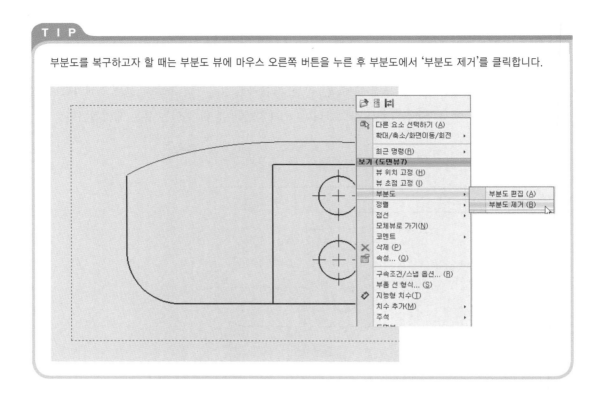

13 중심선, 중심표시

(1) 중심선

1 도면뷰에 중심선 수동으로 작성할 수가 있습니다.

2 도면 문서에서 중심선 ▦(주석 도구모음)을 클릭합니다.

3 중심선 PropertyManager가 열립니다.

4 중심선을 만들기 위한 두 모서리선(평행 또는 비평행), 도면 뷰에 있는 두 개의 스케치 선분(자유 곡선 예외), 면(원통형, 원뿔형, 원환형, 스윕)을 선택하여 중심선을 만듭니다. 중심선 ▦을 먼저 선택할 수도 있고, 중심선을 삽입할 요소를 먼저 선택할 수도 있습니다.

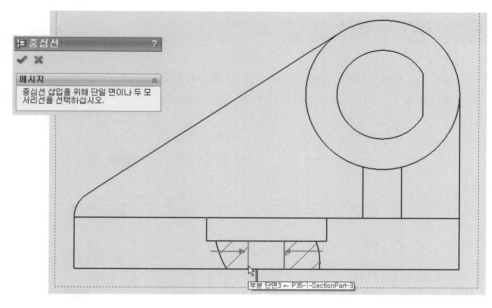

(2) 중심 표시

중심 표시 : 도면에서 원이나 원호에 중심표시를 넣을 수 있습니다.

1 주석 도구모음에서 중심 표시 ⊕를 클릭합니다. 포인터 모양이 ⊕로 바뀌면 중심을 표시할 원
   이나 원호를 선택합니다.

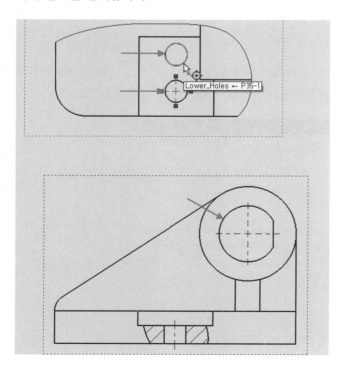

14 시트형식 편집

1 시트형식 : 표제란, 부품란, 윤곽선 등을 만드는 레이어입니다. 시트 형식 레이어에서는 파트나 어셈블리를 불러오거나 수정에 관련된 도면 뷰나 주석 등의 관리는 안 되고 형식만을 관리합니다.

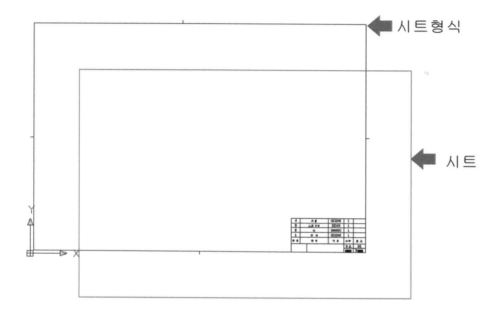

2 원하는 시트형식으로 작업된 것을 계속쓰기 위해서 파일 → 다른 이름으로 저장을 클릭하고, 파일형식을 .drwdot로 지정하여 저장하면 파일을 도면으로 열 때 선택할 수 있습니다.

③ 시트형식을 편집하기 위해서 도면시트에 마우스를 가져가고 마우스 오른쪽 버튼을 누른 후 시트 형식 편집을 클릭하고 스케치 도구모음 이용하여 시트형식을 회사 규정에 맞게 만듭니다.

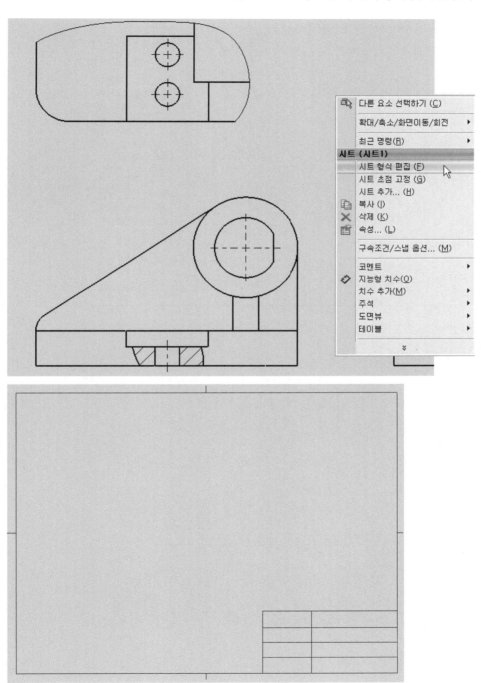

4 시트형식 편집이 끝나면 시트에 마우스 오른쪽 버튼을 클릭하고 시트 편집을 클릭하여 도면시트 레이어로 넘어가 도면작업을 합니다.

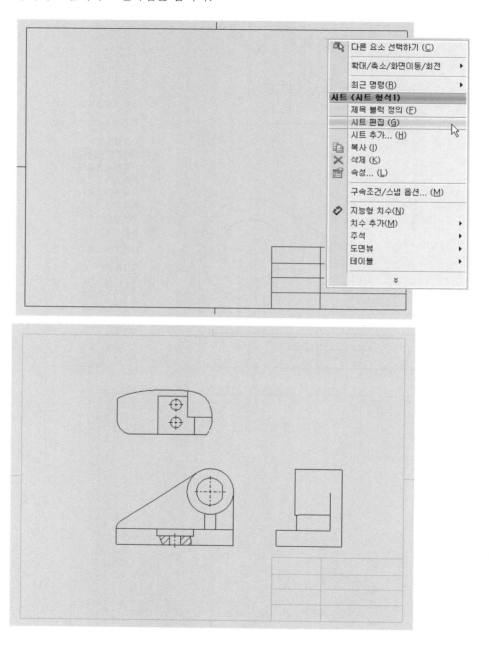

15 　 모델 항목 삽입

파트나 어셈블리에서 작성된 스케치 치수나 피처 관련치수, 참조형상, 주석 등을 도면에 불러온
뷰에 치수를 삽입 할 수 있습니다.

1 주석 도구모음에서 모델 항목 📷 을 클릭합니다.

2 모델 항목 PropertyManager 창에서 원본/대상에 원하는 항목을 선택하여 치수를 가져옵니다.

　1 전체 모델 : 모델 전체에 모델 항목을 삽입합니다.

　2 선택 피처 : 그래픽 영역에서 선택한 피처에만 모델 항목을 삽입합니다.

　3 부품 선택 🗝 (어셈블리 도면만) : 그래픽 영역에서 선택한 부품에만 모델 항목을 삽입합니다.

　4 어셈블리만(어셈블리 도면에만) : 어셈블리 피처만의 모델 항목을 삽입합니다.

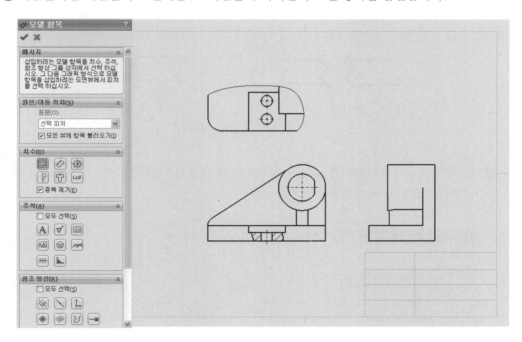

TIP

다른 도면 뷰에서 서로 관련된 치수는 선택 후 + Shift 를 눌러 드래그하면 이동이 되고 선택 후 + Ctrl 을 눌러 드래그
하면 뷰에 복사가 됩니다.

16 파단도

파단도를 사용하면 더 작은 도면 시트에서 파트를 더 크게 표시할 수 있습니다. 참조 치수 및 파단 영역과 연관된 모델 치수는 실제 모델 값을 반영합니다.

1️⃣ 파단도를 만들 도면뷰를 선택하고 파단 🔲(도면 도구모음)을 클릭합니다.

2️⃣ PropertyManager에서 옵션을 수직파단 🔲과 수평파단 🔲을 설정합니다.

3️⃣ 간격 크기 : 파단선 사이의 간격을 지정합니다.

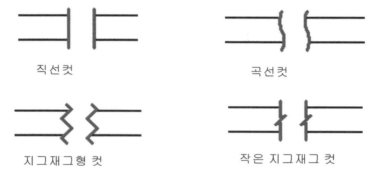

직선컷   곡선컷

지그재그형 컷   작은 지그재그 컷

▲ 파단선 유형

4️⃣ 파단선이 포인터에 부착되면, 뷰 안을 클릭하여 첫 파단선을 배치합니다. 첫 파단선을 배치한 다음, 클릭으로 두 번째 파단선을 배치합니다.

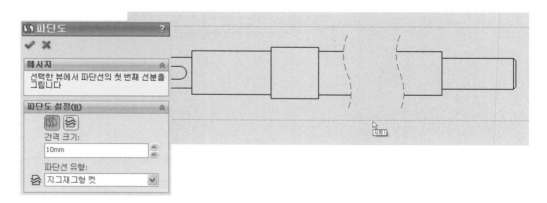

파단선을 형상을 넘어가지 않도록 하려면 도구 → 옵션 → 문서속성 → 도면화 → 선분리에서 연장값을 0으로 기입하고 확인을 누릅니다.

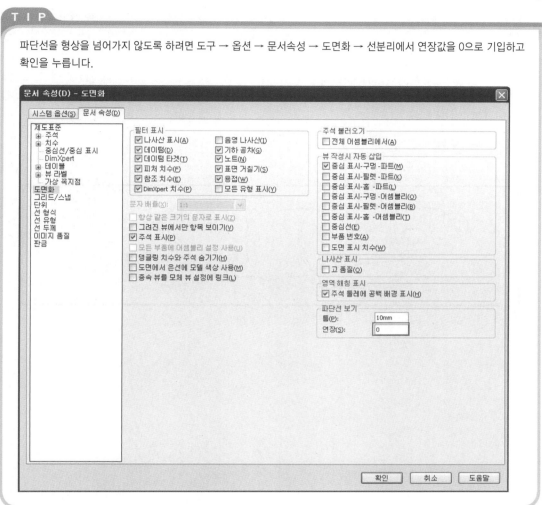

⑤ 파단도를 분할되기 전의 상태로 되돌리려면, 파단도를 우클릭하고 파단 이전 뷰를 선택합니다.

파단도를 수정하는 방법
파단선의 모양을 변경하려면, 파단선을 우클릭하고 바로가기 메뉴에서 유형을 선택합니다.

17 3D 도면뷰

도면뷰에서 3D형상을 보기 위해서 해당 뷰를 선택하고, 빠른보기 도구모음에 3D 도면 뷰 📷를 클릭합니다. 상세도, 파단도, 부분도, 공백도, 분리도는 3D 도면뷰를 활성화할 수 없습니다.

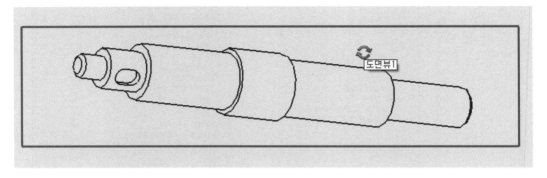

36 어셈블리

어셈블리 : 어셈블리는 SolidWorks 문서에서 두 개 이상의 파트를 결합한 것입니다.

01 어셈블리 시작하기

파일, 새문서, 어셈블리를 클릭하거나 파트/어셈블리에서 어셈블리 작성 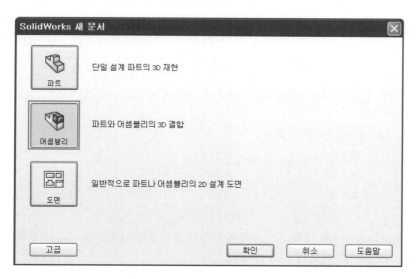(표준 도구모음)이나
파일, 파트에서 어셈블리 작성을 클릭합니다.

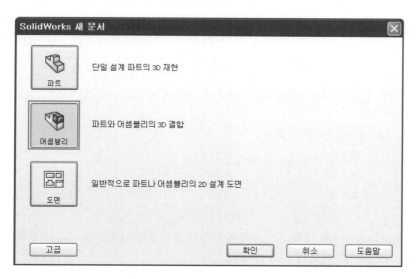

02 부품 삽입하기

1 어셈블리가 열리면서 부품 삽입 PropertyManager가 함께 활성화됩니다.

2 기준부품 고정하기

　① 빠른보기 도구모음의 ⤢ 원점보기를 클릭하여 그래픽 영역에 원점이 표시되도록 합니다.

3 어셈블리시작 PropertyManager에서 문서열기 목록에서 열려 있는 파트나 어셈블리를 선택하거나 찾아보기를 눌러 기존 문서를 엽니다.

4 원하는 부품을 선택하였으면 어셈블리 그래픽 영역에 보이는 원점에 마우스를 가져가면 선택한 부품이 원점에 일치됩니다.

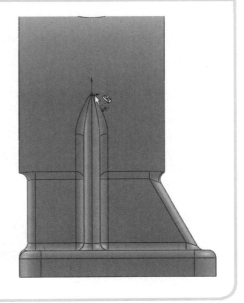

적어도 하나의 어셈블리 부품이 고정되거나 어셈블리 평면
또는 원점에 메이트되는 것이 좋습니다. 그러면 기타 모든 메
이트에 대한 참조 프레임이 형성되어 메이트가 추가될 때 부
품이 잘못 이동하는 것을 막을 수 있습니다.

고정된 부품은 FeatureManager 디자인트리에서 이름 앞에
접두사(f)가 붙습니다. 불완전 정의된 부품인 유동 부품은
FeatureManager 디자인트리에서 이름 앞에 (–)가 붙습니다.

03 부품 추가하기

☐ 부품 삽입 사용하는 방법

❶ 부품 삽입 🖾(어셈블리 도구모음)을 클릭하여 파트나 어셈블리를 추가합니다. 다른 부품
을 삽입하고자 할 때 반복합니다.

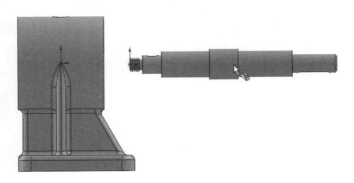

② 작업창을 사용하는 방법

❶ 작업창에 있는 파일 탐색기 [아이콘] 탭은 로컬 컴퓨터의 Windows 탐색기를 중복해 놓은 것으로 다음 디렉터리가 표시됩니다. 원하는 부품을 찾아 어셈블리 창으로 드래그하여 가져다 놓습니다.

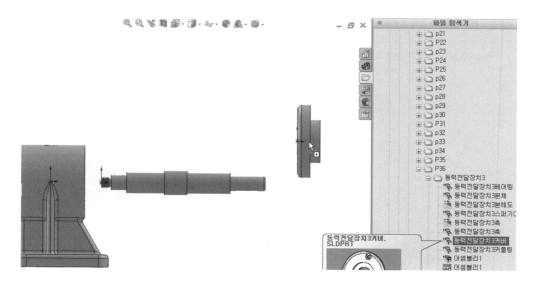

③ Windows 탐색기에서 부품을 끌어놓아 추가하는 방법

Windows 탐색기를 열고, 부품이 있는 폴더를 찾은 다음, 원하는 부품을 찾아 어셈블리 창으로 드래그하여 가져다 놓습니다.

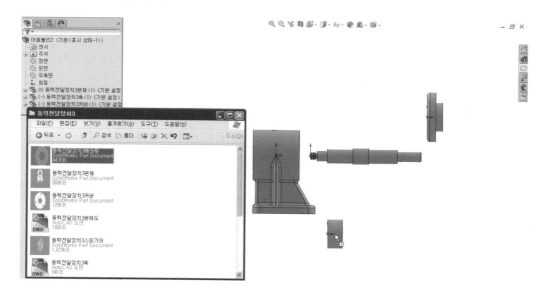

4 열린 문서 창에서 부품 추가하기

주 메뉴의 창에 수평배열이나 수직배열로 놓고 어셈블리 창에 가져갈 부품을 선택한 후 어셈블리 그래픽 창으로 드래그하여 가져다 놓습니다.

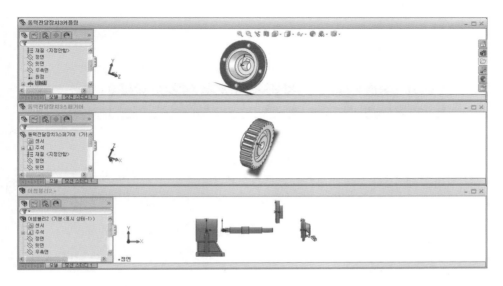

04 마우스로 끌어놓아 같은 부품 항목을 추가하는 방법

같은 부품을 추가할 때는 Ctrl 키를 누른 채 FeatureManager 디자인트리나 그래픽 영역에서 부품을 끌거나 해당 부품을 그래픽 영역에서 선택하고 Ctrl 키를 누른 채 빈 공간의 그래픽영역에 끌어 부품을 추가할 수 있습니다.

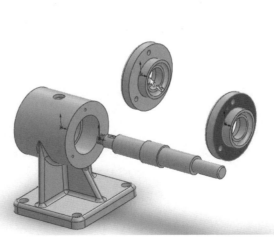

05 부품의 이동 및 회전

부품 이동과 부품 회전은 서로 연관되어 있습니다.

☑ 어셈블리 도구모음에서 부품 이동  을 클릭합니다.

☑ 부품 이동 PropertyManager에서 SmartMates 를 클릭합니다.
   ❶ 사용방법은 메이트를 부여할 하나의 부품을 더블클릭한 후 타당한 메이트 상대를 클릭합니다.
   ❷ 메이트 팝업 도구모음이 나타나 메이트를 추가할 수 있게 됩니다.

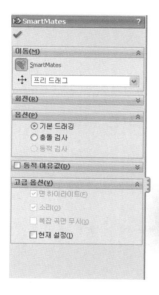
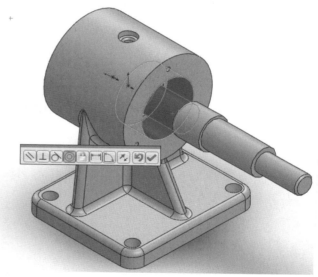

부품 이동 중 메이트를 부여하는 다른 방법으로 부품을 끄는 동안 SmartMates 작성하는 방법이 있습니다.
Alt 를 누른 상태에서 부품을 메이트 파트너 위로 끌어갑니다. 타당한 메이트 대상을 만나면, 부품이 투명해지며 포인터가 변합니다. 이때, 부품을 놓아 메이트를 부가합니다.
미리보기를 확인해 맞추기 조건을 변경할 필요가 있으면 Tab 키를 눌러 정렬을 전환(정렬/반대 정렬)합니다.

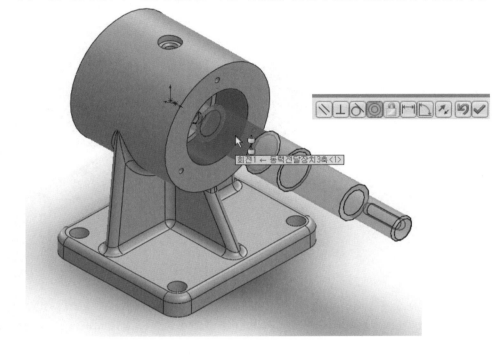

❸ SmartMates 사용 시 포인터의 메이트 모양

- 포인터 : 메이팅 요소 - 두 개의 직선 모서리, 메이트 유형 - 일치

- 포인터 : 메이팅 요소 - 두 평면, 메이트 유형 - 일치

- 포인터 : 메이팅 요소 - 두 꼭짓점, 메이트 유형 - 일치

- 포인터 : 메이팅 요소 - 두 원추면, 두 축 또는 하나의 원추면과 하나의 축
  메이트 유형 - 동심

- 포인터 : 메이팅 요소 - 두 개의 원형 모서리(모서리가 완전 원형일 필요는 없음)
  메이트 유형 - 동심(원추면), 일치(인접 평면)

- 포인터 : 메이팅 요소 - 플랜지의 두 개의 원형 패턴 메이트 유형 - 동심과 일치

3 이동 ✛

1 프리 드래그 : 부품을 선택하고 아무 방향으로나 끕니다.

2 어셈블리 XYZ 따라 : 부품을 선택하고 어셈블리의 X, Y, 또는 Z 방향으로 끕니다. 그래픽 영역에 좌표계가 나타나 방향을 참조할 수 있습니다. 끌기 전에 끌 기준 축을 선택하는데 끌 축 근처를 클릭한 후 선택한 좌표계 방향으로 이동합니다.

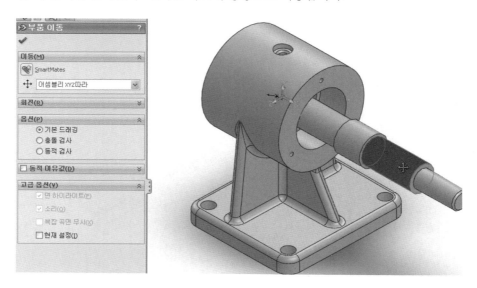

3 요소 따라 : 요소를 선택한 다음 이를 기준으로 끌 부품을 선택합니다. 요소가 선, 모서리 선, 또는 축일 경우 부품을 이동할 각도가 하나로 한정됩니다. 요소가 평면 또는 평평한 면 일 경우 부품을 두 각도로 이동할 수 있습니다.

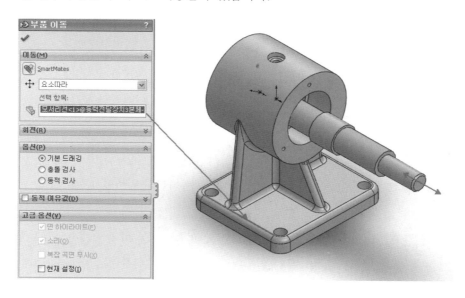

❹ 델타 XYZ에 의해 : PropertyManager에서 X, Y, Z 좌표값을 입력하고 적용을 클릭합니다.
부품이 지정한 만큼 이동합니다. 상대좌표값으로 선택한 부품이 이동합니다.

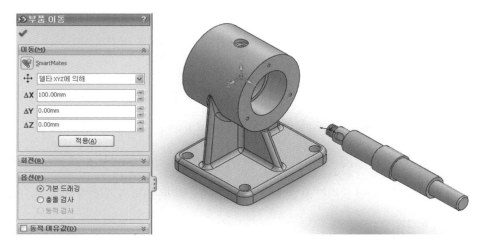

❺ XYZ 위치로 : 부품의 점을 선택하고 PropertyManager에서 X, Y, Z 좌표값을 입력하고 적용
을 클릭합니다. 부품의 점이 지정한 절대좌표값으로 이동합니다. 꼭짓점이나 점 이외의 요
소를 선택하면 부품의 원점이 지정한 좌표에 놓입니다.

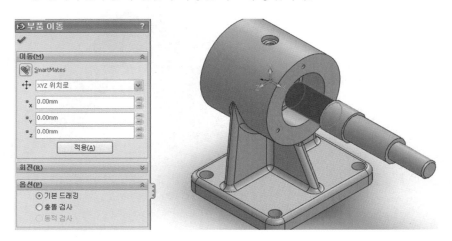

4️⃣ 부품 회전 🔄을 클릭하면 커서가 🔄 모양으로 바뀌고 PropertyManager도 부품 회전하기로 바
뀝니다. 사용 방법은 부품 이동과 같고 서로 연관되어 있습니다.

5️⃣ 충돌검사 : 부품을 이동하거나 회전할 때 다른 부품과 충돌되는지 탐지할 수 있습니다. 검사할
부품 아래 항목에서 부품을 선택하고 움직여 충돌 여부를 검사합니다.

6️⃣ 모든 부품 : 이동하는 부품이 어셈블리 내 다른 어떠한 부품이라도 건드리면 충돌이 탐지됩니다.

7 선택 부품 : 충돌 검사할 부품란에 부품을 선택하고 끌기 복구를 클릭합니다. 이동하는 부품이 목록에 있는 부품을 건드리면 충돌이 탐지됩니다. 선택되지 않은 부품 사이의 충돌은 무시됩니다.

8 끌어온 파트만을 선택하면, 이동으로 선택한 부품과 충돌되는 부품만 검사됩니다. 이 옵션을 선택하지 않으면, 이동하려고 선택한 부품과 선택한 부품의 메이트 결과로 이동하는 다른 모든 부품이 검색 대상이 됩니다.

9 충돌 시 정지 확인란을 클릭하면 부품이 다른 요소에 충돌을 일으키면 부품의 작동을 멈춥니다.

10 면 강조 표시 : 이동하는 부품이 닿는 면을 강조 표시합니다.

11 소리 : 충돌이 생기면 컴퓨터가 소리를 냅니다.

12 복잡한 곡면 무시 : 다음 지정한 곡면에서만 충돌이 사용됩니다.(평면, 원통형, 원추형, 구형, 환형)

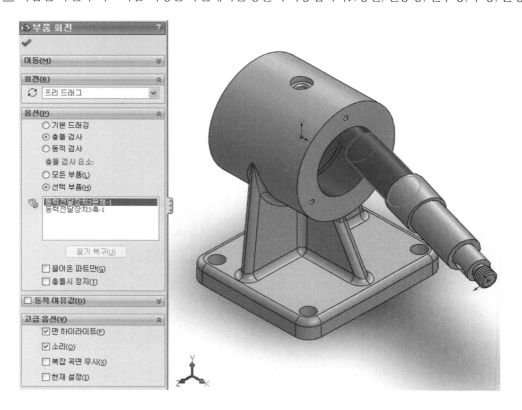

13 동적 여유값

❶ 충돌 검사할 부품 을 클릭하고, 검사할 부품을 선택한 후 끌기 복구를 클릭합니다.

❷ 지정 여유값에서 정지 를 클릭하고 선택한 부품이 지정한 값에서 정지하도록 할 값을 입력합니다.

06 　트라이어드로 부품 이동하기

1 부품을 우클릭하고 좌표계와 이동을 선택합니다.

2 트라이어드 요소 끌기

　XYZ 화살표를 끌어 선택한 축방향으로 이동합니다.

3 직접 좌표계 값이나 거리를 입력하여 부품을 이동하거나 회전하려면 원구 중심에 마우스를 가져
간 후 마우스 우클릭하고 해당 상자를 선택합니다.

❶ XYZ 위치 상자 표시 : 부품을 어셈블리 원점으로부터 절대좌표값으로 지정한 XYZ값만큼
이동합니다.

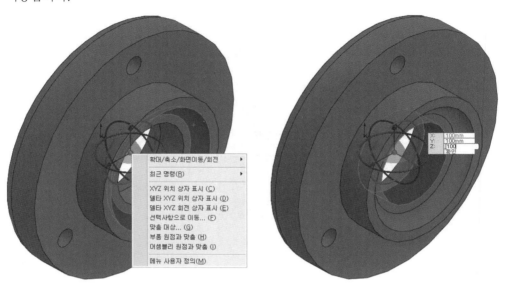

❷ 델타 XYZ 위치/회전 상자 표시 : 부품을 상대좌표값으로 지정한 XYZ값만큼 이동/회전합
니다.

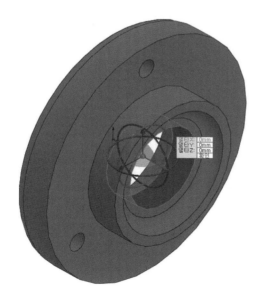

4 초록, 빨강, 파랑 원을 선택하고 드래그하면 선택한 평면에서 회전시킬 수 있습니다.

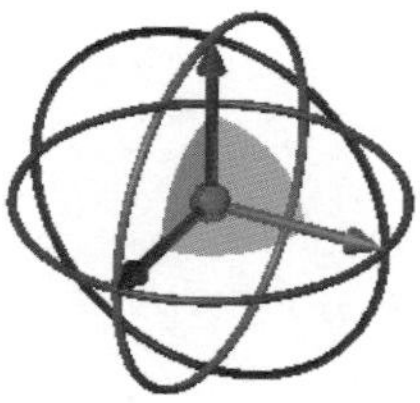

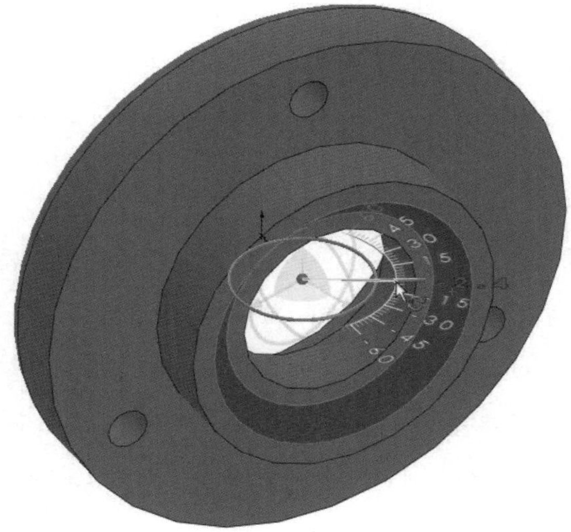

메이트는 어셈블리 부품 간에 기하 구속조건을 작성합니다.

(1) 어셈블리 도구모음에서 메이트를 클릭하거나 삽입 → 메이트를 클릭합니다.

(2) 메이트 PropertyManager

메이트 PropertyManager는 메이트를 추가하거나 편집할 때 표시됩니다.

1 메이트 선택

메이트할 요소 : 메이트하려는 면, 모서리, 평면 등을 선택합니다.

2 표준 메이트

모든 메이트 유형이 PropertyManager에 항상 표시되나, 현재 선택 항목에 적용되는 메이트만 활성됩니다.

❶ 일치 : 선택한 면, 모서리, 평면을(서로 조합하거나 하나의 꼭짓점으로 결합하여) 위치시켜 같은 무한 면을 공유하게 합니다. 두 꼭짓점을 만나게 위치시킵니다.

❷ 평행 : 선택한 파트가 서로 같은 간격으로 떨어져 있도록 파트를 배치합니다.

❸ 직각 : 선택한 항목을 서로 90° 각도가 되도록 놓습니다.

❹ 탄젠트 : 선택한 항목을 인접 메이트로 놓습니다.(선택 항목 중 적어도 하나는 원통형, 원추형, 구형 중 하나여야 합니다.)

⑤ 동심 ⓞ : 선택한 항목을 같은 중심점을 공유하도록 놓습니다.

⑥ 거리 ⊢⊣ : 선택한 항목 간에 특정 거리를 두어 놓습니다.

⑦ 각도 ⬭ : 선택한 항목이 서로 특정 각도를 이루게 놓습니다.

⑧ 묶기 🔒 : 선택한 두 부품의 위치와 방향을 유지시킵니다.

③ 고급 메이트

　❶ 대칭 ▨ : 두 개의 유사한 요소를 평면이나 평면인 면을 기준으로 대칭으로 조절합니다.

　❷ 캠 ⬭ : 원통, 평면, 점을 탄젠트 돌출면에 일치 또는 탄젠트가 되도록 합니다.

　❸ 가로 ⧆ : 너비 메이트가 그루브의 너비 안에서 탭을 가운데에 정렬합니다.

　❹ 기어 ⚙ : 두 부품을 선택한 축을 기준으로 상대적으로 회전해 줍니다.

　❺ 래크와 피니언 ⬚ : 예를 들어 래크의 직선 이동으로 피니언 파트에서 원형 회전이 유발됩니다.

　❻ 제한 ⊢⊣⬭ : 부품을 서로 일정한 각도와 거리 내에서만 메이트할 때 사용합니다.

(3) 메이트를 부여할 부품의 면, 선, 점, 평면 등을 선택하여 필요한 메이트를 부여합니다.

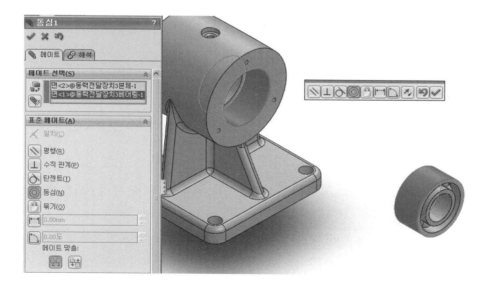

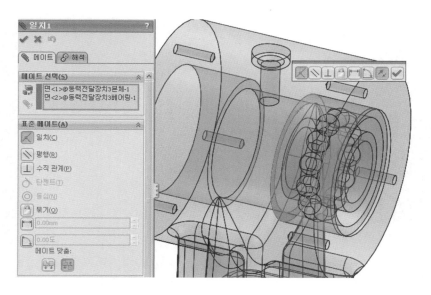

베어링의 6개의 자유도(X축 회전, 이동 Y축 회전, 이동 Z축회전, 이동) 중 하나의 축에 회전을 남겨 두어 마우스로 드래그하면 베어링이 회전되도록 합니다.

위와 같은 방법으로 메이트를 부가하여 여러 개의 부품을 조립합니다.

TIP

복잡하거나 형상의 특성상 메이드 선택요소를 선택하기 힘든 경우 표준 도구모음에서 선택 필터 도구모음 전환 (표준 도구모음)을 클릭하여 선택하고자 하는 점, 면 선 등 필요로 하는 요소만 선택할 수 있습니다.

선택 필터가 활성화될 때, 포인터가 로 바뀌고, 포인터가 필터 항목에 근접하면 그 항목의 포인터가 표시됩니다.

끄고자 하면 를 다시 클릭하거나 F6 을 누릅니다.

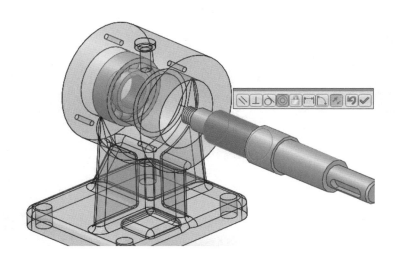

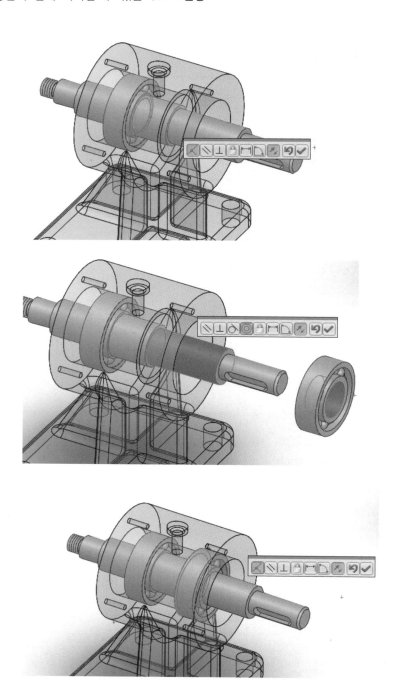

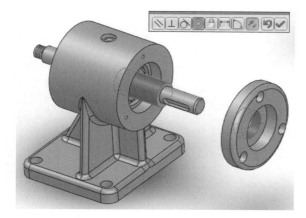

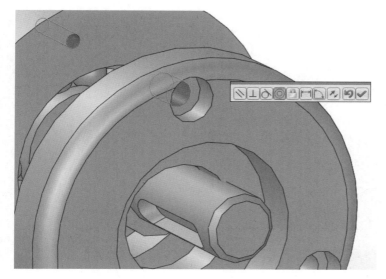

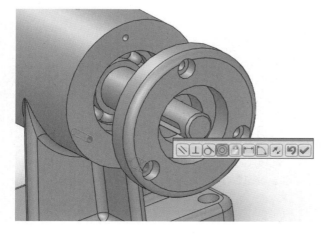

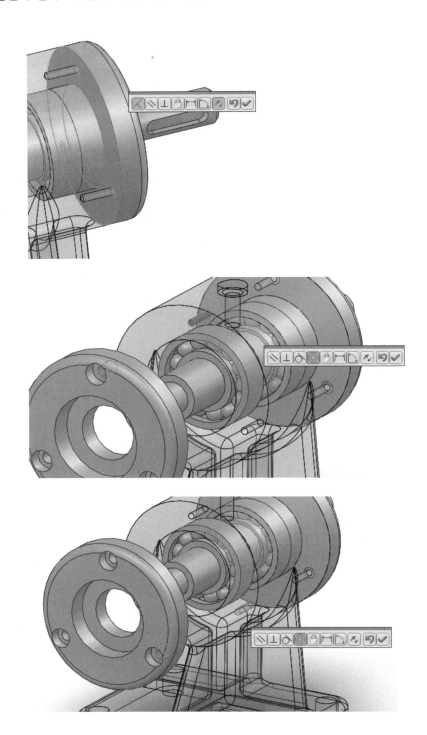

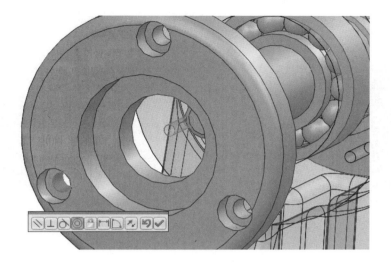

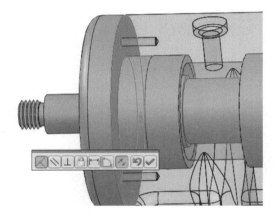

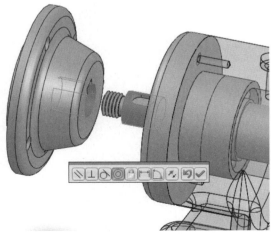

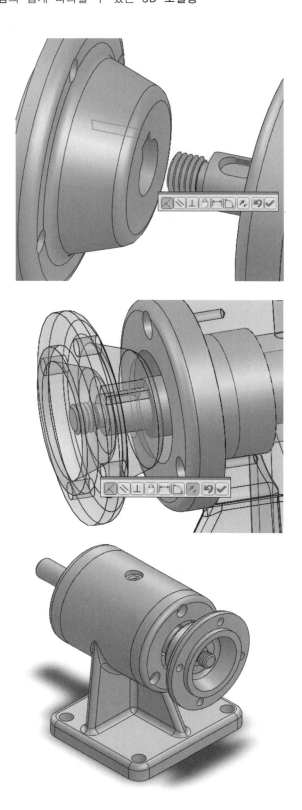

07 어셈블리 내 파트 편집

1 편집할 부품을 클릭하고 어셈블리 도구모음에서 파트 편집 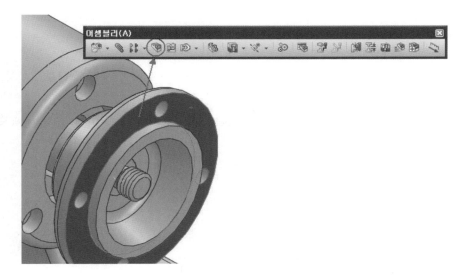을 클릭합니다.

2 FeatureManager에서 해당 파트에 수정할 부분(피처, 스케치 등) 수정하고, 다시 파트 편집 을 클릭하여 어셈블리 창으로 되돌아옵니다.

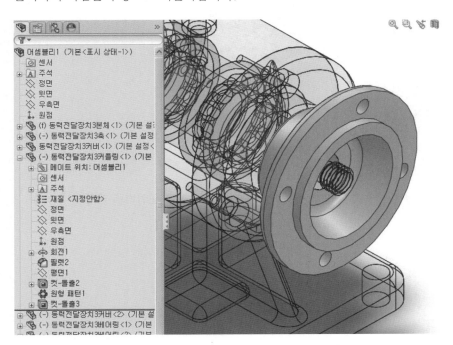

08 분해도

1 어셈블리 도구모음에서 분해도 (어셈블리 도구모음)를 클릭하거나 삽입, 분해도를 클릭합니다.

2 분해 PropertyManager가 나타납니다.

① 그래픽 영역 또는 플라이아웃 FeatureManager 디자인트리에서 첫 번째 분해 단계에 포함할 부품을 한 개 이상 선택합니다.

② 그래픽 영역에 트라이어드가 표시됩니다. PropertyManager에서 설정 아래, 분해 단계 부품에 선택한 부품이 나타납니다.

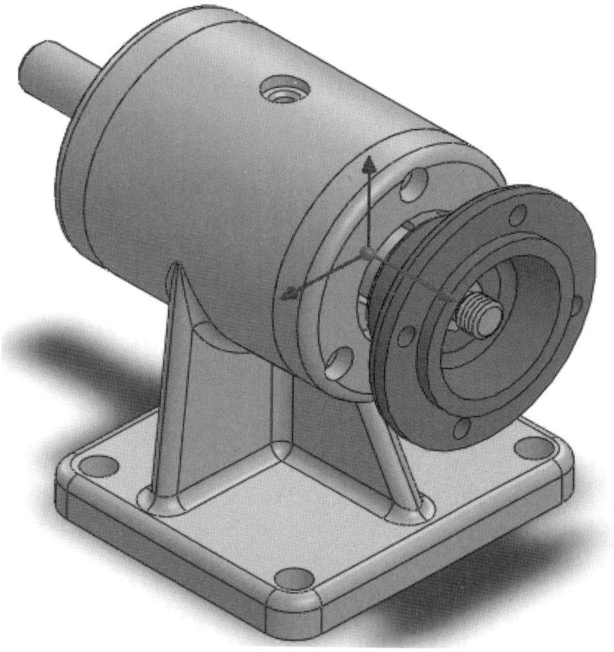

3 부품을 분해하려는 방향을 가리키는 트라이어드 화살표 위로 포인터를 이동합니다.

4 포인터가 로 바뀝니다. 트라이어드 핸들을 끌어 부품을 분해합니다. 분해 단계가 분해 단계
아래 나타납니다.

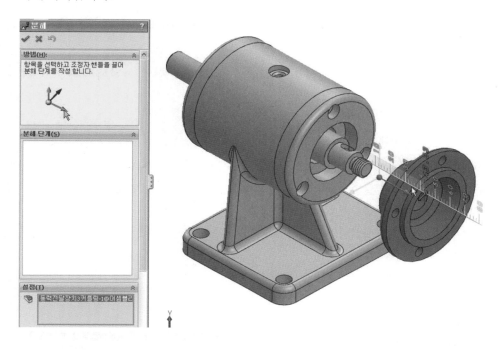

위와 같은 방법으로 분해 순서에 맞게 분해 단계를 하나하나씩 만들어 부품을 분해합니다.

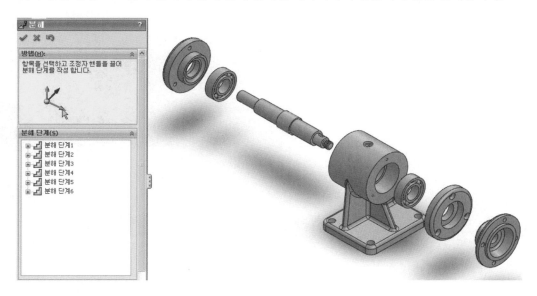

09 분해지시선 스케치

분해지시선 스케치를 사용하기 위해서는 위의 분해도를 작성하여야 합니다.

1 어셈블리 도구모음에서 분해 지시선 스케치 📲를 클릭하거나 삽입 → 분해 지시선 스케치를 클릭합니다.

2 분해 지시선 PropertyManager가 나타납니다.

   ① 분해 지시선 📲과 조그선 █ (분해 스케치 도구모음)을 사용하여 분해 지시선을 원하는 대로 삽입하거나 연결할 항목을 선택하여 분해 지시선을 나타낼 수 있습니다. 분해 지시선은 이점쇄선으로 표시됩니다.

   ② 스케치 도구모음을 사용하여 선을 더 삽입할 수 있습니다. 모든 분해 지시선은 이점쇄선으로 표시됩니다.

   ③ 스케치를 닫습니다.

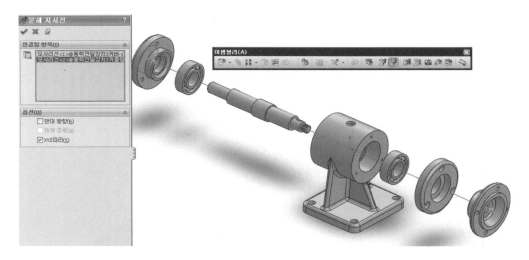

3 FeatureManager 디자인트리에서 어셈블리 이름에 마우스 오른쪽 버튼을 누르고 조립을 선택하면 조립된 형상으로 돌아가고 또는 애니메이션 조립을 선택하면 분해도 작성 순서에 따라 조립되는 형상을 애니메이션으로 볼 수 있습니다.

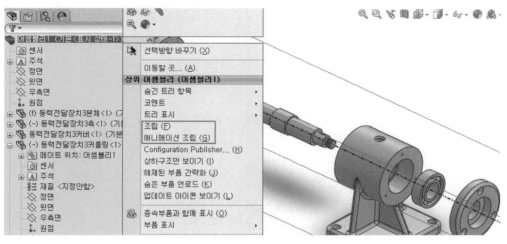

10 도면에서 분해도 만들기

① 다음과 같이 도면시트에 두 개의 어셈블리를 가져다 놓습니다.

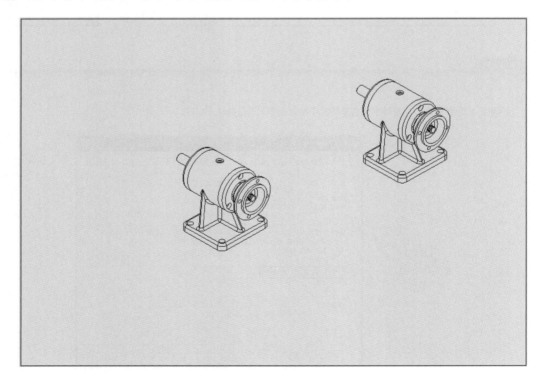

2 분해된 모습을 보일 도면 뷰를 선택하고 마우스 오른쪽 버튼을 누르고 속성으로 들어간 다음 분해된 상태로 보이기를 체크하여 분해된 모습을 나타냅니다.

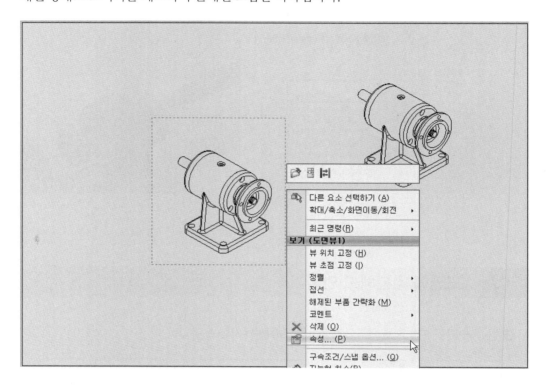

TIP

분해된 상태로 보이기 위해서는 어셈블리에서 분해도를 작성하여야 합니다.

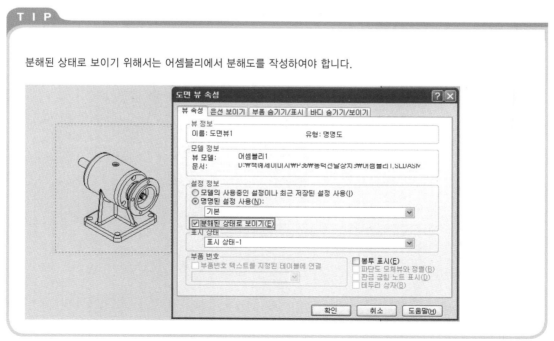

11 부품 번호

1 주석 도구모음에서 자동부품번호 🔧 를 클릭하거나 삽입, 주석, 자동 부품 번호를 클릭합니다.

❶ 자동부품 번호를 삽입할 도면 뷰를 선택하고, 자동부품번호 PropertyManager에서 속성을 지정합니다.

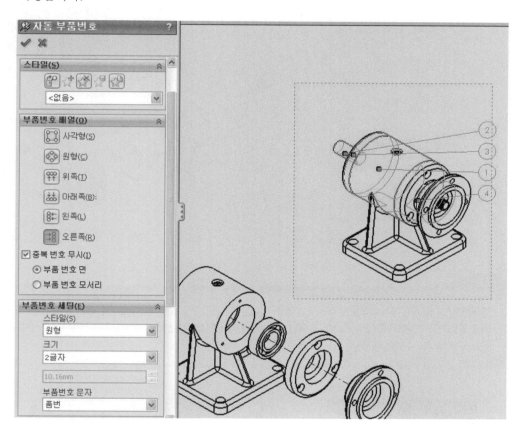

2 주석 도구모음에서 부품 번호 ⓟ를 클릭합니다.

부품번호를 기입할 부품을 선택하고 부품번호의 위치를 하나하나 수동으로 정합니다.

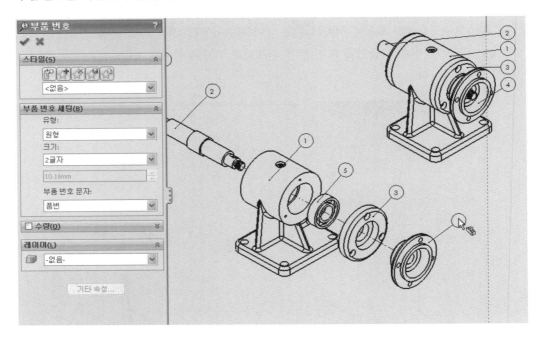

TIP

부품번호는 어셈블리에서 파트를 불러온 순서대로 기입됩니다. 만약 원하는 부품번호를 기입하고자 한다면 부품번호문자를 클릭하고 부품번호 PropertyManager에서 부품번호문자에 텍스트를 선택한 후 사용자 정의 문자란에 원하는 부품번호를 입력하여 수정합니다.

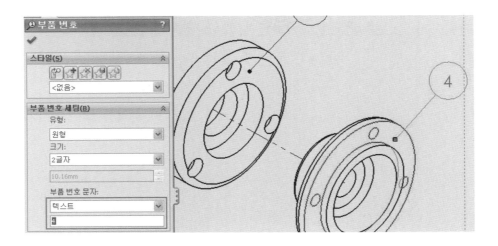

예제 중심의 쉽게 따라할 수 있는 3D 모델링

솔리드웍스

발행일 | 2014년 1월 15일 초판 발행
2015년 1월 15일 2쇄
2016년 3월 15일 3쇄
2017년 3월 15일 4쇄
2018년 9월 15일 5쇄
2021년 3월 10일 6쇄
2024년 3월 20일 1차 개정

저 자 | 이정호·김병남·한원신
발행인 | 정용수
발행처 | 예문사

주 소 | 경기도 파주시 직지길 460(출판도시) 도서출판 예문사
T E L | 031) 955 – 0550
F A X | 031) 955 – 0660
등록번호 | 11 – 76호

정가 : 33,000원

ISBN 978–89–274–5397–0 13550